人工超材料设计与应用

贾秀丽 著

U0178944

科学出版社

北京

内 容 简 介

本书重点介绍人工超材料的结构设计、应用、研究进展等，同时阐述人工超材料的设计思想、基本理论、性能和机制。书中给出许多实例，突出了实用性、先进性、前瞻性和可操作性，为人工超材料技术的研究提供参考。另外，本书还对人工超材料天线设计、吸波结构及隐身技术领域的应用研究情况进行了全面的介绍。封底附有本书彩图二维码。

本书可供从事微波天线技术、吸收器、隐身技术和新材料等方向的科研人员和工程技术人员参考，同时也可作为高等院校和科研院所相关专业学生的参考书。

图书在版编目（CIP）数据

人工超材料设计与应用 / 贾秀丽著. —北京：科学出版社，2020.6
ISBN 978-7-03-065264-5

Ⅰ. ①人… Ⅱ. ①贾… Ⅲ. ①工程材料-研究 Ⅳ. ①TB3

中国版本图书馆 CIP 数据核字（2020）第 088599 号

责任编辑：姜　红　韩海童 / 责任校对：樊雅琼
责任印制：赵　博 / 封面设计：无极书装

科 学 出 版 社 出版
北京东黄城根北街 16 号
邮政编码：100717
http://www.sciencep.com
北京凌奇印刷有限责任公司印刷
科学出版社发行　各地新华书店经销
＊

2020 年 6 月第 一 版　开本：720×1000　1/16
2024 年 5 月第四次印刷　印张：13 1/2
字数：272 000

定价：99.00 元
（如有印装质量问题，我社负责调换）

前　　言

随着中国国民经济的快速发展，市场对新型材料的需求日益旺盛，与之相应的科学研究力度也在不断加强。超构材料（metamaterials，也称人工超材料）是一类具有天然材料所不具备的超常物理性质的人工复合结构材料。通过对材料细微观结构的设计，可以表现出负折射率、负磁导率、负介电常数、逆多普勒效应和逆切连科夫辐射等超常物理性质。同时，作为全新的材料设计思路，通过在材料结构关键尺寸上的有序设计，可使人类能够在某种程度上操纵电磁波的传输。人工超材料的设计思想可以实现全新的物理现象，在军事和民用领域产生巨大的经济价值，促进了新技术、新材料等的发展。人工超材料理论及其应用价值引起了世界各国军事界、学术界和产业界的广泛关注。人工超材料的研究领域跨度大，包含了材料科学、光学、工程电子与电气、应用物理、化学物理、物理数学、电信学等领域。人工超材料在光纤、隐身材料、超级透镜、低阈值激光振荡器、光频超磁性材料、高效率发光二极管、定向辐射、微波天线等方面有着广泛的应用和发展前景。作者撰写本书是为了系统地总结近年来人工超材料技术研究领域前沿基础科研和理论成果，推广宣传人工超材料技术的研究，为解决实际应用中有关人工超材料的理论问题提供参考。

书中系统地阐述了人工超材料理论以及目前人工超材料的发展概况，在总结国内外人工超材料及其应用研究成果的基础上，介绍了作者所在科研团队近年来在红外光和可见光波段的人工超材料研究所取得的成果。本书主要对人工超材料及其应用进展等关键技术问题进行论述与探讨，如：人工超材料在设计和应用时与电介质物理、金属光学、功能材料等基础学科的兼容性；人工超材料频带宽、损耗低、体积小、稳定性高等关键的技术指标特性；人工超材料的有效工作频段如何向太赫兹波、红外光和可见光等高频段推移；以及人工超材料中各种单元共振机制的融合、促进和增强等。这些问题对人工超材料技术的发展和应用都具有重要的科学意义和研究价值。以上问题都在本书中进行了深入的探讨，人工超材料概论、人工超材料结构设计原理、人工超材料研究进展、人工超材料应用等也都是本书论述的内容，本书突出了人工超材料的实用性、先进性、前瞻性和可操作性。

全书共 6 章。第 1 章是绪论，介绍人工超材料的概念及其特性，及其在民用和国防工业中的潜在应用。第 2 章介绍人工超材料超常电磁特性的设计与实现。第 3 章主要介绍从微波波段到光波波段人工超材料的设计与制备技术及实例。

第 4 章主要介绍在不同波段的动态可调人工超材料。第 5 章介绍几个典型的人工超材料应用案例。第 6 章主要介绍人工超材料的研究进展与发展趋势。

作者写作过程中参考了大量国内外有关著作和论文,并引用其相关数据图表等,具体文献已在每章后列出。本书的研究工作得到了国家自然科学基金物理专项项目(项目编号:11847007)和辽宁省自然科学基金博士启动项目(项目编号:20180540035)的资助,本书出版还得到了渤海大学物理学科建设经费的资助,在此一并表示衷心感谢。

本书涉及多学科知识,涵盖领域广,介绍的研究理论及内容均属前沿科技,内容新颖。由于作者水平有限,书中不足之处在所难免,恳请读者批评指正!

贾秀丽

2020 年 1 月 3 日

目　　录

前言

1 绪论 ……………………………………………………………………… 1

　1.1 人工超材料基本概念与类型 ………………………………………… 3
　　1.1.1 异常折射率人工超材料 ………………………………………… 3
　　1.1.2 表面等离激元类人工超材料 …………………………………… 9
　　1.1.3 可调人工超材料 ………………………………………………… 11
　1.2 人工超材料的超常物理特性 ………………………………………… 13
　1.3 人工超材料在民用和国防工业中的潜在应用 …………………… 16
　参考文献 ……………………………………………………………………… 20

2 人工超材料的超常电磁特性 …………………………………………… 24

　2.1 超常电磁特性的设计研究 …………………………………………… 24
　　2.1.1 负介电常数的实现 ……………………………………………… 24
　　2.1.2 负磁导率的实现 ………………………………………………… 25
　　2.1.3 手性结构超常电磁特性的实现 ………………………………… 27
　　2.1.4 小结 ……………………………………………………………… 30
　2.2 影响人工超材料超常电磁特性的因素 …………………………… 30
　　2.2.1 介质对超常电磁特性的影响 …………………………………… 31
　　2.2.2 结构对超常电磁特性的影响 …………………………………… 34
　　2.2.3 小结 ……………………………………………………………… 44
　2.3 负折射率人工超材料的基本理论及实现方法 …………………… 44
　　2.3.1 手性结构设计 …………………………………………………… 44
　　2.3.2 手性结构的多频带负折射率分析 ……………………………… 46
　　2.3.3 手性结构的表面电磁场分析 …………………………………… 49
　　2.3.4 手性结构的旋光性和电磁特性分析 …………………………… 51
　　2.3.5 小结 ……………………………………………………………… 54
　2.4 零折射率人工超材料的基本理论及实现方法 …………………… 54
　　2.4.1 笼目结构的设计 ………………………………………………… 54
　　2.4.2 笼目结构的双频带等效零折射率分析 ………………………… 59

2.4.3 小结 ……………………………………………………………… 64

参考文献 ……………………………………………………………………… 65

3 不同波段人工超材料的设计与制备技术及实例 ……………………… 69

3.1 微波波段人工超材料的设计与制备技术及实例 …………………… 72
3.1.1 光刻工艺硬件系统 ……………………………………………… 72
3.1.2 光刻工艺流程 …………………………………………………… 76
3.1.3 光刻工艺的质量要求及常见问题 ……………………………… 79
3.1.4 光刻工艺制备微波波段人工超材料实例 ……………………… 81
3.1.5 小结 ……………………………………………………………… 83

3.2 太赫兹波段人工超材料的设计与制备技术及实例 ………………… 83
3.2.1 太赫兹波段人工超材料的制备技术 …………………………… 84
3.2.2 激光转印技术制备太赫兹波段人工超材料实例 ……………… 87
3.2.3 小结 ……………………………………………………………… 95

3.3 光波波段人工超材料的设计与制备技术及实例 …………………… 96
3.3.1 电化学沉积技术的硬件系统 …………………………………… 97
3.3.2 电化学沉积技术制备光波波段人工超材料实例 ……………… 99
3.3.3 小结 ……………………………………………………………… 102

参考文献 ……………………………………………………………………… 103

4 不同波段的动态可调人工超材料 …………………………………… 105

4.1 基于置入二极管的变容微波波段动态 可调人工超材料 ………… 105
4.1.1 基于二极管变容动态可调人工超材料实例 …………………… 105
4.1.2 研究结果分析 …………………………………………………… 108
4.1.3 小结 ……………………………………………………………… 109

4.2 基于置入微机电系统的太赫兹波段动态 可调人工超材料 ……… 109
4.2.1 基于微机电系统动态可调电磁诱导透明人工超材料实例 …… 110
4.2.2 研究结果分析 …………………………………………………… 112
4.2.3 小结 ……………………………………………………………… 115

4.3 基于置入活性媒质的光波波段动态 可调人工超材料 …………… 116
4.3.1 石墨烯的参数理论 ……………………………………………… 116
4.3.2 无石墨烯置入的人工超材料结构 ……………………………… 119
4.3.3 石墨烯置入人工超材料结构的可调吸收设计 ………………… 124
4.3.4 石墨烯置入人工超材料结构随石墨烯温度变化的稳定吸收特性 … 132
4.3.5 小结 ……………………………………………………………… 136

参考文献 ··· 137

5　人工超材料的应用 ··· 141

5.1　人工超材料天线 ··· 141

5.1.1　K 波段人工超材料的设计及其在微带天线中的应用 ··········· 142

5.1.2　结果及分析 ··· 145

5.1.3　小结 ·· 146

5.2　人工超材料吸收器 ··· 146

5.2.1　基于四臂阿基米德螺旋结构的三频带吸收 ···················· 147

5.2.2　基于椭圆结构的宽带近完美吸收和多带完美吸收 ············· 151

5.2.3　小结 ·· 164

5.3　人工超材料隐身技术 ··· 165

5.3.1　人工超材料吸波原理 ·· 165

5.3.2　宽带吸波人工超材料天线罩设计 ····························· 167

5.3.3　人工超材料天线罩样件测试 ··································· 169

5.3.4　小结 ·· 170

参考文献 ··· 170

6　人工超材料研究进展与发展趋势 ·································· 172

6.1　宽带人工超材料 ··· 172

6.1.1　宽带人工超材料研究进展 ····································· 172

6.1.2　超宽带人工超材料研究实例 ··································· 176

6.1.3　小结 ·· 180

6.2　可调人工超材料 ··· 180

6.2.1　可调人工超材料的发展趋势与应用前景 ····················· 181

6.2.2　可调人工超材料的研究进展 ··································· 182

6.2.3　小结 ·· 192

6.3　微型化人工超材料 ··· 193

6.3.1　微型化电谐振人工超材料的研究进展 ························ 193

6.3.2　微型化磁谐振人工超材料的研究进展 ························ 197

6.3.3　小结 ·· 199

参考文献 ··· 200

1 绪 论

人工超材料的研究要追溯到 1968 年，苏联科学家 Veselago[1]提出关于介电常数和磁导率同时为负值时将会出现很多新奇特性的假设，然而这种材料并不存在于自然界中。2006 年，人工超材料被 Pendry 等[2]证实。关于人工超材料的研究涵盖范围非常广泛，这种材料既能像自然材料那样对电磁波进行响应，同时还存在许多自然材料所没有的超常物理性质。人工超材料具有以下特征：第一，人工超材料多由两种以上的材料组合而成，这些材料上多包含特殊的结构图案；第二，人工超材料对于结构图案的要求较高，既要求具有共振特性，又要求几何尺寸的大小，例如微波波段的人工超材料多是微米量级的，而红外光和可见光波段多是几百纳米量级甚至更小；第三，这些人工超材料包含自然材料没有的超常物理性质并可以随电磁参数调节；第四，人工超材料的超常物理性质主要依赖于结构的设计和材料的选择。

自然材料的电磁响应均取决于电磁波与原子或分子的相互作用，而电磁波作为宇宙中普遍存在的一种能量在无线电波、微波、红外光、可见光、紫外光、X射线和 γ 射线等领域都有广泛的应用，如图 1.1 所示。尤其是可见光波段，作为电磁波的重要组成部分和人类最早认识并利用的电磁波，可见光是人类生存的重要能量来源。但是可见光波长比自然界材料原子或分子要大几个数量级，微观原子具有极化和磁化特性，因此电磁场在原子尺寸上的波动很大，有效响应范围非常小，这使得自然材料在可见光波段只有电响应没有磁响应，磁响应只发生在微波波段，并且强度很小，然而这一切都随着人工超材料的提出而得到解决。人工超材料的单元结构类似于自然材料的原子或分子，虽然尺寸比原子或分子大得多，但是远小于电磁波的波长，因此对人工超材料的研究可以用等效介质来做平均处理，材料的电磁特性参数是对整个结构等效而得来的，我们用等效介电常数 ε_{eff} 和等效磁导率 μ_{eff} 来表征。如图 1.2 所示，自然材料是由原子或分子组成的，而人工超材料是由多个人工单元结构或周期的人工结构按一定的规则排列而成的，从而满足一定的电磁响应条件。相比自然材料人工超材料的优势就是通过单元结构的自主设计实现对电磁场的控制，能够产生一些新奇灵活的电磁特性，这些特殊的电磁响应是自然材料所没有的，这就为许多特殊的应用与需求提供了帮助。

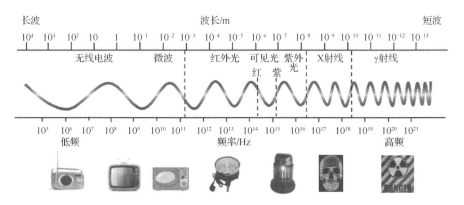

图 1.1 电磁波谱及其不同波段的典型应用

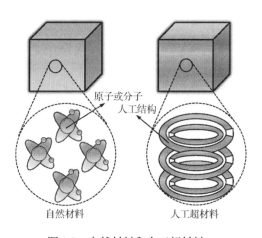

图 1.2 自然材料和人工超材料

随着人工超材料研究的飞速发展，人工超材料在 2003 年凭借首次实现"负折射率"入选 *Science* 年度十大科技进展，在 2006 年凭借"隐身斗篷"[3]再度成功入选 *Science* 年度十大科技进展，在 2007 年因其革命性的材料设计理念入选材料类权威期刊 *Materials Today* 评选的过去 50 年材料科学领域的十大进展，在 2010 年又被 *Science* 评选为 21 世纪前 10 年的十大科技突破。

在人类生活的物质世界中，光与物质的相互作用尤为重要，而人工超材料作为其中重要的物质得到了广泛关注，多次被国际顶级期刊评为全球重大科学进展[2,4]。

1.1 人工超材料基本概念与类型

人工超材料是一类具有自然材料所不具备的超常物理性质的人工单元结构组成的复合材料,而"metamateirals"这个名词的出现,是美国得克萨斯大学的Walser[5]于2001年提出的,指的就是具有天然材料所不具备的超常物理性质的人工复合结构或复合材料。随后,Engheta等[6]于2006年给出了人工超材料的正式定义,即人工超材料是一些具有人工设计的结构并呈现出自然界现有材料所不具备的超常物理性质的复合材料。目前人工超材料主要包括异常折射率人工超材料、表面等离激元类人工超材料及可调人工超材料,下面我们将依次对这三种人工超材料进行介绍。

1.1.1 异常折射率人工超材料

左手材料作为人工超材料研究的开端,在整个人工超材料的研究中具有里程碑式的意义。电磁波在其传播时,波矢 k、电场强度 E 和磁场强度 H 之间的关系符合左手定律,因此称为"左手材料",如图1.3所示。

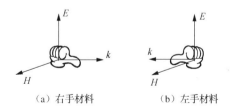

(a) 右手材料　　　　　(b) 左手材料

图1.3 波矢 k、电场强度 E 和磁场强度 H 之间的关系

另外,当电磁波从右手材料1(介电常数 $\varepsilon_1 > 0$,磁导率 $\mu_1 > 0$,折射角为 θ_1,折射率 n_1)入射到左手材料2(介电常数 $\varepsilon_2 > 0$,磁导率 $\mu_2 > 0$,折射角 θ_2,折射率 n_2)时,$\varepsilon_2 < 0$,$\mu_2 < 0$,折射光线在法线左侧,折射角 θ_2 为负值。根据Snell定律,有 $n_1 \sin\theta_1 = n_2 \sin\theta_2$,$\sin\theta_2 < 0$,因此折射率 n_2 必须取负值,则Snell定律才能成立:

$$\frac{\sin\theta_2}{\sin\theta_1} = \frac{n_1}{n_2} = \frac{\sqrt{\varepsilon_1\mu_1}}{\sqrt{\varepsilon_2\mu_2}} \tag{1.1}$$

从式(1.1)也可以看出,当两种介质均为右手材料或左手材料时,在界面上发生的都是正折射效应;而当两种介质中一种为右手材料另一种为左手材料时,

在界面上将会发生负折射效应，这并不违反 Snell 定律[7]。"左手材料"又被称为"负折射率材料"（negative refractive index materials，NIM），是指一种介电常数和磁导率同时为负值的材料。根据这种左手材料的特性，人们又引入"双负材料"（double negative materials，DNM）或"回波材料"等术语描述这种同时具有负介电常数和负磁导率的材料[7,8]。

根据 Pendry 等[9]的理论，按周期性排列的金属线阵列对电磁波的响应与等离子体对电磁波的响应一致，在电磁波频率低于等离子体共振频率时产生负的介电常数，而按周期性排列的圆形开口谐振环阵列在磁场的作用下会出现环电流，共振频率处磁场在环电流的作用下强弱交替，产生负的磁导率，大多数负折射率材料多基于此原理。实验制备的最经典的负折射率材料是由周期性排列组合的金属线阵列和方形开口谐振环阵列组成的，Shelby 等[10]在 2001 年成功制备了这种材料，证实了负折射率存在于 8～12 GHz 波段范围，在 10.5 GHz 处负折射率为-2.7，如图 1.4 所示。这是首次实验证实负折射率现象的存在，但是由于金属线阵列和方形开口谐振环阵列中存在着强烈的磁极化和电极化，它们之间存在相互耦合作用，因此这种组合结构的负介电常数和磁导率并不是由金属线阵列和方形开口谐振环阵列各自独立产生的，也不是两者数值简单的乘积。这样就导致了负的磁导率对应的波段比较窄，产生负折射率的条件也很苛刻。

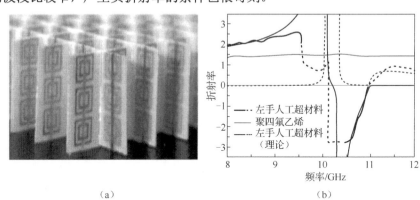

（a）　　　　　　　　　　　　　　　　（b）

图 1.4　金属线阵列和方形开口谐振环阵列结构[11]

金属线阵列和方形开口谐振环阵列结构在大面积制备上存在很大困难，为此国内外学者提出了各种各样的简化结构来实现负折射率。其中之一就是将金属线阵列和方形开口谐振环阵列共存于一个面内来实现电共振和磁共振，张洪欣课题组提出并通过场-路理论分析了单面十字环形结构的负折射率特性[11]，梁昌洪课题组提出了三角短线结合型宽带低损负折射率材料[12]，刘书田课题组采用拓扑优化方法提出了类π型负折射率材料等[13]。这些结构都是利用了将磁谐振器与共面电谐振金属线阵列相结合的思想进行设计的，在单元结构小型化上存在一定困难，所以这些结构都是在较低频段实现负折射率。赵晓鹏课题组基于化学分子自组装工艺从仿生学角度出发提出了树枝形结构负折射率材料，该方法可以解决平版印刷技术落后所带来的不能大量制造人工超材料的难题，进而可以解决小型化的技术难题，如图 1.5 所示[14]。

图 1.5　分子自组装树枝形结构[14]

通常介电常数为负很容易实现，而磁导率为负则较难实现，特别是在高频段，因此在光波波段的负折射率人工超材料的实现比微波波段更难且形成机制不同。要获得高频段有效的磁共振，多采用多对金属棒或线交织组合的方式，根据这种方式 Soukoulis 课题组制备了"渔网"结构，该结构工作在红外光和可见光波段，可获得品质因数接近 3 的低损耗负折射率人工超材料[15]。近期 Choi 实验室采用聚焦离子束铣削技术制造了可见光波段灵活独立的"渔网"结构[16]。这些研究成果如图 1.6 所示。

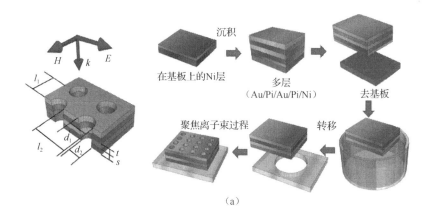

（a）

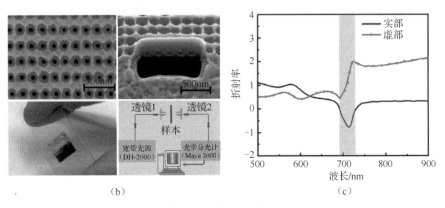

图 1.6 "渔网"结构

大量负折射率人工超材料的工作频率都是在微波波段，除了在微波波段有大量应用外，另一个原因是双负（负介电常数和负磁导率）人工超材料在微波波段很容易制备。相反，双负人工超材料在高频段却很难大规模生产，且受平版印刷技术的制约，很难将单元尺寸做到几十纳米或者更小，这就大大限制了红外光和可见光波段等高频段人工超材料的发展。微波技术在红外光和可见光波段等高频段无法克服金属材料对电磁波的强烈损耗，且高频段负折射率人工超材料具有频带窄、物理特性依赖于结构形状及尺寸不可调节等缺点，使其在应用阶段还有一定的局限性。目前，大量研究表明手性结构也可以实现负折射率，不需要同时存在负的等效介电常数和负的等效磁导率，只需要有足够大的手性。与双负人工超材料机制不同，对于手性结构，当电磁波入射时除了自极化外还会产生交叉极化，即电场不仅可以实现手性结构的电极化，而且能够引起磁极化，因此具有较强的旋光性，这里所说的旋光是指人工结构的手性引起的光学空间色散。利用人工手性单元结构实现负折射率使负折射率材料向光波波段推进成为可能，我们称其为手性负折射率人工超材料。手性负折射率人工超材料具有低损耗、易加工等特点，因此成为这个领域的一个研究重点。

对于手性结构，负折射率能够在太赫兹波、红外光及可见光这样的高频段得到实现。手性负折射率人工超材料可以分为开口谐振环结构、互补结构两大类，对于互补结构我们熟悉的有"十"字形结构、"U"形结构、"旋转玫瑰"形结构等，如图 1.7 所示。2009 年，Dong 等[17]所设计的"十"字形手性结构在传统结构基础上加入了旋转手性，在手性结构的作用下实现了红外光波段的负折射率并具有极大的旋光性。这种旋光性受几何结构参数的影响，旋光角在结构厚度为 150 nm 时可达到 70°，右旋圆偏振光的负折射率可达-2.6。此种结构对红外光通信波段有非常高的应用价值，其结构简单，更适合实现高频段的负折射率，特别是可见光波段。2010 年，Xiong 等[18]采用光刻技术制作的由双层金属所组成的"U"形手性结构使红外圆偏振光实现负折射率，入射光在这种特殊金属微结构中感应出表面电流形成一个感应的电磁场，在共振频率处，由电偶极子和磁偶极子共振机制可以得到强旋光性。2014 年，Liu 等[19]设计了一种新型"U"形手性负折射率材料人工超材料并在红外光和可见光波段进行光学研究，"U"形镂空设计使其具有较高的负折射率。除上面的平面结构外，近些年来也有一些研究者设计出高频段的三维手性结构，例如 2009 年，Zhang 等[20]提出了一种在太赫兹波段的三维手性负折射率人工超材料，通过 LC 振荡电路分析，共振处同样实现了电偶极子和磁偶极子的强耦合共振机制。考虑两个偶极子之间的夹角，分别于 0° 和 180° 时等效手性参数较大，在 1 THz 处实现左旋圆偏振光的折射率为负，约为-5。考虑可见光波段材料的高损耗，2013 年，Wu 等[21]只采用金属制成了太赫兹波段手性负折射率人工超材料，手性负折射率人工超材料摒弃了传统负折射率材料中的介质层，除了该手性负折射率人工超材料更容易制备外，其对电磁波的传输损耗也大大降低，传输损耗常用品质因数表示，该手性负折射率人工超材料的品质因数为 4.2。2014 年，Giloan 等[22]仿真模拟了纳米三角不对称六角晶格排列手性负折射率人工超材料，模拟显示左旋和右旋圆偏振光在 350～400 THz 频段出现负折射率。

（a）"十"字形结构 （b）"U"形结构 （c）"旋转玫瑰"形结构

图 1.7 常见互补手性负折射率人工超材料结构

目前，负折射率人工超材料的研究成果已经从"一维""二维"发展到"三维"，从射频（300 kHz～30 GHz）、太赫兹（0.1～10 THz）、近红外（120～380 THz）、可见光（380～790 THz）一直发展到近紫外等频段（790～1500 THz），甚至还有较低的无线电频段（从极低频 3～30 Hz 到超高频 3～30 GHz）[23-26]。随着负折射率人工超材料的发展，人工超材料的内涵不断得到丰富，领域也不断向外扩展，目前已衍生出磁性人工超材料、介电人工超材料和手性人工超材料等亚类，以及声学人工超材料和力学人工超材料等门类。其中，声学人工超材料和力学人工超材料借鉴了负折射率人工超材料的概念和研究方法等，只是研究的是声波范围和力学范围的问题，相关特性参数也出现了负值等超常物理特性。也有将光子晶体和频率选择表面等纳入人工超材料范畴的研究。

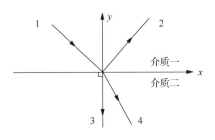

图 1.8　正折射与零折射

零折射率人工超材料（zero index metamaterials，ZIMs）与负折射率人工超材料相似，当介电常数或磁导率其中一项或两项同时接近零时，根据 Snell 定律材料的折射率接近于零，即电磁波的出射方向将与出射界面垂直，如图 1.8 所示。在零折射率人工超材料中，光波的相位保持不变，相速度可以达到无穷大，光通过零折射率人工超材料后其相位在空间中不发生变化[27]。

在零折射率人工超材料中，零折射率的点类似于石墨烯的狄拉克点[28]，如图 1.9 所示，狄拉克点在量子领域对于研究能带的结构非常重要。脉冲附带的中心频率落在狄拉克点附近的有限带宽的脉冲在零折射率人工超材料中传输后，脉冲尾部将出现振荡，称为光子颤振效应，如图 1.10 所示，这种方法不但证明了量子力学的经典物理现象，而且为研究量子相对论效应提供了可能[29]。2013 年，Maas 等[30]在可见光波段研究了 Ag/SiN 一维光子晶体零折射率人工超材料，该光子晶体具有良好的阻抗匹配和对光波的传输性能，在微纳光学器件中有许多应用。亚波长结构材料对电磁波的损耗很大，且 $\mu = 0$ 时可导致材料的阻抗无穷大，因此上述零折射率人工超材料都是通过 $\varepsilon = 0$ 实现的[31]。而 ε 和 μ 都为零的材料不但能够解决阻抗不匹配问题，而且零折射率点就相当于一个狄拉克点，此点上存在光子颤振响应，这为我们在光学领域研究凝聚态领域问题提供了帮助。

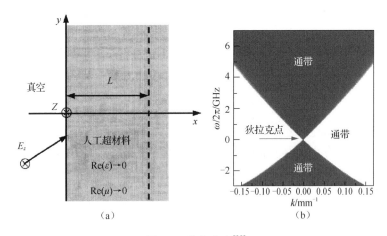

图 1.9　狄拉克点[29]

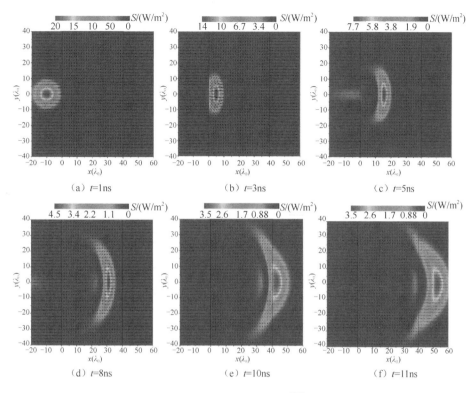

图 1.10 光子颤振效应[29]

S 为坡印廷矢量

1.1.2 表面等离激元类人工超材料

表面等离激元（surface plasmon，SP）是指光子在金属与电介质界面处产生的表面电荷振荡相互作用而形成的激发态，通常这种激发态是混合的。入射光照射在金属电介质分界面上，当光子的能量和表面等离激元的本征能量彼此接近时会发生两者的耦合，这种耦合作用激发了 SP。因此 SP 既有金属表面自由电子集体振荡方面的性质，又有表面局域场方面的性质。目前，人工超材料对 SP 的利用主要是其局域场增强效应。

传播型表面等离激元（propagative surface plasmon，PSP）的电磁场形式是麦克斯韦方程组在金属-介质界面处的一个本征解。由于 PSP 的电磁场要通过垂直于界面的电场才能激发，因此横电偏振光是无法激发出 PSP 的，只有横磁偏振光才可以在金属-介质界面处激发 PSP。PSP 的电磁场是一种局域在金属-介质界面处的二维横磁电磁波，如图 1.11（a）所示。电磁场沿着界面垂直方向呈指数形式衰减，如图 1.11（b）所示，PSP 在金属和电介质中的穿透深度不同，其中金属的穿透深度非常小，所以通常在 PSP 的电磁场分布上看，能量主要集中在电介质中，而损耗无论是从电子密度波还是从电磁波的角度考虑都是发生在金属内部，因为金属介电常数虚部比电介质的介电常数虚部大，因此也能得到相同结论。通常两个 PSP 会相互作用而使能级产生劈裂现象，这也是大部分基于此类机制的人工超材料会产生多频带超常物理特性的主要原因。因此，通常设计具有金属电介质交替的多层结构使金属的表面自由电子所产生的集体运动和入射光子相互作用，耦合成叠加态，我们称这种产生叠加态的结构为杂化的 PSP 结构。如果 PSP 的两个能量相同，在这种叠加态的作用下，会导致 PSP 本身能量的改变。总的说来，激发 PSP 的方法有以下五种：带电粒子激发、棱镜耦合激发、光栅耦合激发、强聚焦光束激发和近场激发。

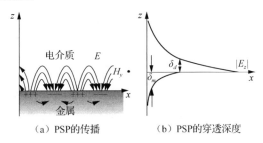

（a）PSP 的传播　　　　　　（b）PSP 的穿透深度

图 1.11　传播型表面等离激元

局域表面等离激元（localized surface plasmon，LSP），是指金属结构的粒子内存在的自由电子在共振频率下做集体振荡，这种集体振荡作为一种激发态可以与照射在人工超材料表面的入射光光子之间相互作用，产生一种混合的激发态。LSP 与 PSP 不同，PSP 使自身的自由电子局限在金属与电介质的分界面处，会产生可以传播的等离子体波，而 LSP 的自由电子被局限在金属粒子内，通常是金或银等贵金属粒子，产生局域场的增强。在金属粒子附近，LSP 的电磁场增强和消光效应显著，因此在拉曼散射、太阳能电池、光摄等方面都有重要的应用[32]。从最近的研究来看，研究人员感兴趣的是在 LSP 共振下的吸收和散射问题。如图 1.12（a）所示，当金属粒子在入射光的照射下，内部的电子剧烈共振，激发 LSP 产生电子云。

根据金属粒子的形状和排列以及外加电磁场的影响，通常金属粒子都会显示多电偶极子共振，包括电偶极子共振、电四极子共振和电八极子共振等，如图 1.12（b）所示，通常电偶极子共振的强度比较大，而多电偶极子共振产生的强度更高。根据此激励，改变金属粒子的材料、形状和大小等都会影响 LSP 的激发，从而改变局域表面等离激元的吸收和散射。当金属粒子的尺寸由小变大时，电子的热阻尼变大，有利于材料的吸收性能，但同时辐射阻尼也增大，增加了材料的反射。从粒子的测不准原理来看，增大金属粒子的尺寸还会导致 LSP 激发的寿命变短。

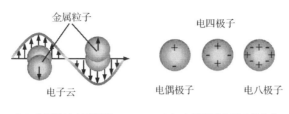

（a）金属粒子电子振荡　　　　（b）金属粒子电子云的分布

图 1.12　局域表面等离激元

　　不管是 PSP 共振还是 LSP 共振都能够使局域的电磁场增强。这种局域场增强机制可以有非常多的应用，例如超高吸收材料。本书也对表面等离激元类近完美或完美吸收人工超材料有一些研究，具体我们将在后面的章节中进行介绍。

1.1.3　可调人工超材料

　　人工超材料的超常物理特性强烈依赖于结构的设计和材料的选择，一旦结构设计完成，材料和几何参数被确定，那么超常物理特性是确定不变的。目前多数基于共振的吸收都是被动的，即当结构设计完成后其吸收性能也随之确定了。而在复杂的电磁应用中需要其吸收性能在一定的范围内可调控，我们称之为可调人工超材料。可调人工超材料常用的调节方法如微波波段可在结构中结合二极管、太赫兹波段可在结构中结合微机电系统（micro electro mechanical systems，MEMS）等。事实上，这种机械的调整方法在红外光和可见光这样的高频段并不容易，因为人工超材料的单元结构几何尺寸在高频段通常只有几百纳米，甚至达到十几纳米，传统方法是很难制备的。同时极小的单元结构又容易受到环境的影响，非常容易产生失真等现象，机械调节电磁特性的精度和变化范围都很难保证和测量。而掺杂半导体的太赫兹波器件，其半导体基底和表面金属粒子结构形成肖特基二极管，在上下表面加载偏置电压使电子向半导体中的空穴发生移动，空穴湮没而形成阻抗层，根据这种机制能够实现对人工超材料开关的控制。掺杂半导体产生二极管的机制虽然对电压或电流的响应速度快，可是实现人工超材料电磁响应特性的连续动态调节方法过于单一，且结构复杂、制备难度大。因此考虑像液晶、石墨烯等材料，其自身的电磁特性就能够随外加激励进行快速有效的反应，并且材料小巧轻薄，便于在纳米量级小型化器件。2013 年，Shrekenhamer 等[33]将液晶置入人工超材料单元结构中，在 2.62 THz 波段使吸收幅值提高 30%，吸收频带拓宽 4%。2013 年，Cao 等[34]利用 $Ge_2Sb_1Te_4$ 的两相态即晶态与非晶态在外加偏置电压下可以自由转化，而晶态和非晶态之间介电常数差异明显，通过这样的不同态之间的转变可以调节结构的电磁特性在中红外波段实现了可调吸收，调节范围在 10% 左右。

　　上述两种液晶结构由于结构设计复杂的局限性，调节状态单一，调节性能较差。而石墨烯的特殊能带结构使其具有特殊的电磁性质，石墨烯对电磁波吸收的动态调节作用已被研究人员所证实。在可见光波段，单层石墨烯约有 2.3%的吸收率，石墨烯具有和 Drude 类似的材料色散关系，其复杂的物理参数在很大频率区间上受其化学势或费米能的影响，而化学势可以通过外加偏置电压改变石墨烯内部的载流子密度而进行调节，石墨烯这种可调的电磁特性正好弥补了可见光波段调控手段的匮乏。最近几年，石墨烯置入亚波长结构太赫兹波段吸收器的相关报道很多，例如 2012 年，Alaee 等[35]提出利用石墨烯亚波长条带结构实现太赫兹波段吸收频率随石墨烯化学势变化的可调广角完美吸收特性。2013 年，Xu 等[36]将三层亚波长结构中置入单层石墨烯，利用这种单层石墨烯置入该结构，通过改变石墨烯的偏置电压 12 V 时，在 1.9 THz 处得到了近完美的窄带吸收特性，同时利用多层叠加结构可以使吸收频带得到扩展。2016 年，Wu[37]设计了基于单层石墨烯费米能的太赫兹波段可调超窄带吸收器，该吸收器在介质光栅和布拉格光栅之间加入单层石墨烯，因此吸收器中存在介质光栅和布拉格光栅的光子禁带的耦合效应，通过调节石墨烯的费米能即可调节吸收器的吸收性能，该吸收器可应用于石墨烯光电设备。张会云等[38]实现了基于石墨烯互补超表面的可调谐太赫兹波段吸波器，当调节石墨烯的费米能为 0.6 eV、基底厚度为 13 μm、石墨烯条带长和宽分别为 2.9 μm 和 0.1 μm 时，吸收器在 1.865 THz 可以实现 99.9%的完美吸收，石墨烯费米能从 0.4 eV 增大到 0.9 eV，吸波体共振频率从 1.596 THz 蓝移到 2.168 THz，且伴随共振吸收率的改变，吸收率在 0.6 eV 时达到最大，通过改变费米能实现的最大吸收率调制度达 84.55%。相比以上关于单层石墨烯的研究，多层石墨烯在宽带可调吸收方面的作用更为卓越，例如 Amin 等[39]设计的多层石墨烯条带亚波长结构，每条石墨烯带上都均匀地分布着矩形孔，孔的位置偏离中心位置，以增强表面等离激元谐振的局域场，通过调节偏置电压三层石墨烯结构可以实现带宽为 6.9 THz 的宽带吸收，这已经比之前的单层石墨烯吸收器吸收性能有较大的提高，如图 1.13 所示。

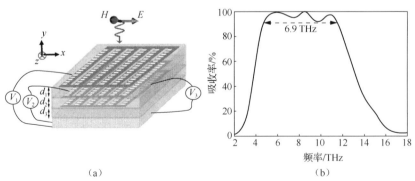

（a）　　　　　　　　　　　　　（b）

图 1.13　三层石墨烯结构[39]

1.2 人工超材料的超常物理特性

如图 1.14 所示，根据材料的电磁响应特性（介电常数ε和磁导率μ），可以将材料划分到四个象限。

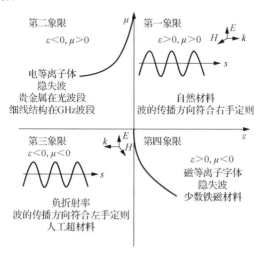

图 1.14 材料的电磁响应特性

在第一象限$\varepsilon>0,\mu>0$，自然材料均满足此特性。贵金属金和银等、掺杂型半导体、具有极性的材料等在特定波段都能满足$\varepsilon<0,\mu>0$，处于第二象限，可以支持表面等离激元谐振波传播。表面等离激元谐振是固体介质表面电子的集体运动，能够与光子相耦合，具有局域场增强和显著的消光现象，广泛地应用于完美吸收人工超材料。第三象限$\varepsilon<0,\mu<0$，没有自然材料与之对应，只有用人工超材料才能实现。通常人工超材料又称为双负介质、左手材料等，能够实现负折射率。与此相类似，当介电常数和磁导率同时为零或一方为零就形成了零折射率人工超材料。第四象限$\varepsilon>0,\mu<0$，在自然材料中很少有能够满足此类电磁特性的，只有铁磁材料发生磁共振时可能出现。人工超材料的电磁特性，这里主要指介电常数ε和磁导率μ通过结构的设计均具有可调性，因此我们可以得到任意电磁特性的材料。

能够实现第三象限电磁特性的人工超材料除了具有负折射效应（图 1.15）外，还对其中传播的隐失波具有增强作用，称为完美透镜效应（图 1.16）、逆多普勒效应（图 1.17）、逆切连科夫辐射效应（图 1.18）和逆古斯汉欣位移（图 1.19）等。

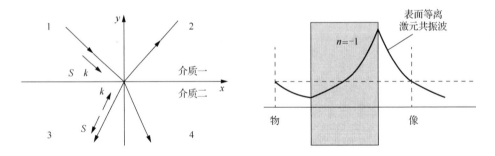

图 1.15　负折射率材料与自然材料的反射、折射　　　　图 1.16　完美透镜效应

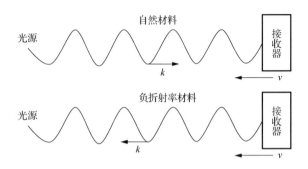

图 1.17　逆多普勒效应

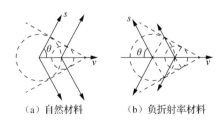

（a）自然材料　　　　（b）负折射率材料

图 1.18　逆切连科夫辐射效应

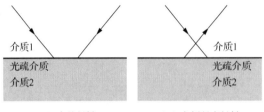

（a）自然材料　　　　（b）负折射率材料

图 1.19　逆古斯汉欣位移

在零折射率人工超材料中，光波的相位保持不变，相速度可以达到无穷大，

光通过这种材料后其相位在空间中不发生变化，如图 1.20 所示，好像光没有经过该材料一样，进而达到"隐身"效果[27]。

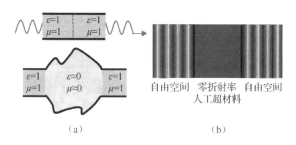

（a）　　　　　　　　　（b）

图 1.20　零相移[27]

传播于介电常数为零的零折射率人工超材料中的电磁波的波长为无穷大，在弯曲处或连接点的反射损耗可以很小甚至为零，因此零折射率人工超材料可以用在两个波导的连接处作为耦合器件，能够极大地提高两个波导之间耦合效率，并且允许耦合器件的截面为任意形状，如图 1.21 所示，Silveirinha 等[40]称其为超耦合，并在实验上证明了它的存在。但是伴随而来的是本征阻抗为无穷大与自然材料阻抗不匹配等问题，但这个问题可以通过缩小耦合器的物理尺寸和调节磁导率进行处理。

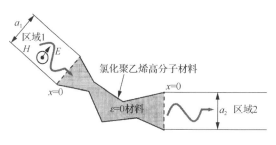

图 1.21　超耦合[40]

零折射率人工超材料可以增强电磁辐射过程中的方向性[41]，理论上电磁波在折射率为零的人工超材料中传播时的相位无变化，出射波的波阵面与界面平行。因此可以通过改变零折射率人工超材料的界面来调整电磁波传播的波阵面，如图 1.22 所示。

根据零折射率人工超材料对电磁波的整形作用，如果将一个点源置于零折射率人工超材料中，由 Snell 定律可知，出射光线将垂直于出射界面，如图 1.23 所示。根据这一特性，Enoch 等[42]提出，可以用零折射率人工超材料来增强天线辐射的方向性。

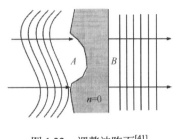 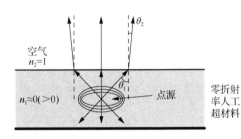

图 1.22　调整波阵面[41]　　　　　　　　图 1.23　定向辐射[42]

1.3　人工超材料在民用和国防工业中的潜在应用

随着工业发展对特殊材料的需求越来越多，我们对材料特殊性的要求，自然材料早已无法满足，因此开发制备新的具有特殊功能或异常性质的复合材料便成为当今科学界热门的研究课题。目前已经开发出的新型复合材料中，人工超材料是最受研究人员关注和期待的。特别是在红外光和可见光等高频段，民用和国防工业对人工超材料的应用需求非常大。例如，折射率异常人工超材料的隐身功能可以让敌人根本找不到攻击目标，其在军事领域可将航天器、军用飞机、舰艇、战车、军事设施及士兵隐形；其在民用领域可将有碍观瞻的建筑物等遮蔽起来，使人们的人文生存环境更美观。同时，人工超材料颠覆了传统凸透镜与凹透镜中汇聚与发散现象，使凹透镜的发散作用转变为汇聚作用且对隐失波有增强放大作用。传统的透镜中隐失波是不能参与成像的，因此人工超材料可提高成像的分辨率及其成像系统等。最近几年，诸多与表面等离激元类人工超材料相关的新颖效应在基础科学研究和工业应用中所占的比重逐渐加大，表面等离激元多发生在红外光和可见光波段，并具有谐振局域场增强效应等非线性光学性质，表面等离激元在完美吸收人工超材料中有非常多的应用。

负折射率人工超材料的典型应用就是超分辨成像。Pendry[43]认为，当人工超材料的折射率为-1时，可实现隐失波振幅放大到亚波长分辨率的完美成像。Pendry教授的理论得到许多实验结果的证明，Grhic 等[44]理论分析得出在二维平面内可以得到结构几何参数在亚波长尺寸的超分辨率成像。Fang 等[45]采用贵金属银的单负特性在近场区域得到人工超材料的超分辨率成像，2006 年，Taubner 等[46]使用SiC 材料在红外光波段实现了超分辨成像，如图 1.24 所示。

变换光学理论能够描述任意虚拟空间与实物空间的电磁场分布空间，就好像向一个充气的气球一样形成一个"空"的区域，入射电磁波沿着"空"区域边缘

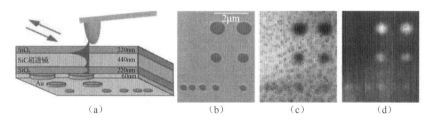

图 1.24 超分辨成像[46]

向前传播，电磁波向该区域传播后，经过该区域时其电磁场分布与"空"区域前一致，即保持电磁波原路径继续向前传播，形成一种"隐身斗篷"。这种隐身机制与传统的反射和吸收电磁波隐身机理完全不同，因此被称为真正的隐身[47]。通常，这种"隐身斗篷"的电磁场空间分布可由变换光学得到电磁特性参数，这些电磁特性参数都是各向异性并具有很大梯度变化，自然材料的电磁特性是无法满足的，目前认为只有人工超材料才能满足这种电磁特性分布的需求。根据以上理论，Schurig 等[48]所制备的圆柱形的"隐身斗篷"在微波实现隐身功能，这种形成"隐身斗篷"的人工超材料的电磁特性依赖于谐振单元的谐振频率，其工作带宽很窄。2009 年，Liu 等[49]使用非谐振式人工超材料在微波波段完成了地面隐身的实验，该"隐身斗篷"摆脱了谐振的束缚，因此可以在较宽频带工作，如图 1.25所示。

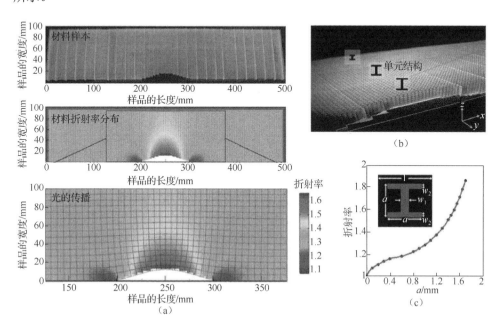

图 1.25 隐身斗篷[49]

在微波波段，负折射率人工超材料可以用于天线，提高定向性、提高辐射效率并使天线小型化等，在太赫兹波段负折射率人工超材料可以用于功能器件的制造，如理想吸收器、太赫兹波片、太赫兹波开关、太赫兹波振幅和相位调制器、太赫兹波记忆人工超材料、纳米尺寸波导、相位法补偿等。

零折射率人工超材料目前的一些应用还包括调控电磁波在波导中的传播，实现电磁波的完美弯曲和透射[49]，在零折射率人工超材料中嵌入介质柱可以实现电磁波的全透射和全反射[50]、光束自准直[51]、波前相位调控[52]及非线性光学的相位匹配等[53]。人工超材料的电磁参数原则上是可任意调节的，只要具有合适的共振结构。例如周期性双层垂直金属丝网格可以实现介电常数为零，在此结构基础上周期正方形网格结构的偶极子共振机制对电磁波有强烈的汇聚作用，对在天线应用中实现高增益、定向性偶极子有很大帮助。当电磁波入射介电常数为零的零折射率人工超材料时，反射波的相位仍然与入射波的相位一致并保证电场方向不变。这种零相移特性广泛应用于光电和电磁探测器件等方面。2012 年，Chan 课题组设计了特定结构的二维电介质光子晶体，使得该光子晶体能够在特定波段的能带 Γ 点的类狄拉克点处实现 ε 和 μ 的双零，该结构很好地解决了损耗和阻抗匹配的问题[54]。近年来研究者发现零折射率人工超材料可由自组装光子晶体组成，且能带结构可通过外磁场调节，具有响应快速、重复性好等优点。上海市现代光学系统重点实验室根据水基 Fe_3O_4 磁流体的实验数据，建立了磁流体光子晶体的理论模型，并分析、探讨特定频段的近零折射行为及其可调谐性[55]。为了避免金属所带来的损耗，Staude 等[56]和 Evlyukhin 等[57]研究人员采用纯电介质光子晶体结构的 Mei 共振实现了零折射率，这种结构同时还可以控制电磁响应。到目前为止，零折射率人工超材料都在几何平面内构建，连同功能层一起堆放在底衬层上，光垂直入射到样品表面，这种结构不仅限制了相互作用波长而且结构不能任意改变。2015 年，Li 等[58]首次将镀金硅柱结构零折射率人工超材料整合在聚合物芯片上，如图 1.26 所示，结构中的光速可认为是无限大，波长认为是无限长，即相速度无限大。把零折射率人工超材料整合到芯片上的这种尝试可以将波导和光子器件等组合在一起，通过不同芯片的作用对光束进行挤压扭曲等操作，有望在量子计算领域有巨大的应用前景，同时这种组合解决了传统器件对光能约束软弱无效的问题，为集成光子电路在不同波导结构中约束电磁能量提供了一个解决方案。

反射、折射和吸收是电磁波与物质相互作用的主要表现形式，而完美吸收人工超材料是指可以几乎完全地吸收一定波长的电磁波，电磁波被完全吸收，因此不存在透射和反射。在微波波段，完美吸收主要是通过金属劈裂环的电磁共振来实现的。在可见光和红外光波段，完美吸收主要是通过表面等离激元谐振来实现的。表面等离激元谐振在完美吸收人工超材料中发挥重要的作用，例如开口谐振环结构在入射光的照射下金属粒子内部形成环形电流，环形电流的感应磁场与入射光的磁场发生耦合磁谐振，即表面等离激元谐振，在谐振处形成完美吸收同时改变等效折射率[59]，这种完美吸收人工超材料常用于折射率传感器。表面等离激元的谐振频率依赖于金属纳米粒子的尺寸、形状、体积分数及介质折射率等[60,61]。

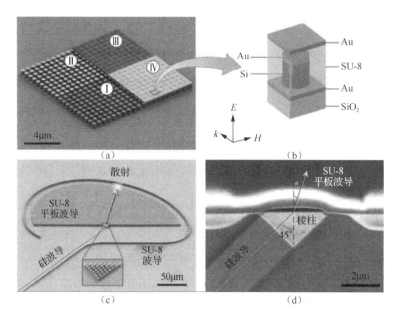

图 1.26　整合在芯片上的零折射率人工超材料[58]

等离激元谐振完美吸收被广泛应用于各类传感器，其中窄带传感器有：Mandal[62] 所设计的传感器对波长为 625 nm 的可见光具有高于 95% 的吸收性能，对波长为 550 nm 的可见光具有约 90% 的偏振不敏感广角吸收性能，该结构的吸收依赖于表面材料的折射率，因此可在折射率传感器和表面拉曼增强领域得到应用。Lu 等[63] 所设计的基于金属纳米环结构完美吸收高度敏感的等离子体传感器在红外光波段具有 99.99% 的完美吸收性能，吸收峰依赖于结构表面材料的折射率，因此可用来测量折射率，又因为该结构这种高敏感和结构简单的特性，可以在化学和生物传感器上得到应用。金属由于固有的高损失和辐射阻尼使得吸收频带比较窄，Yong 等[64]设计了一种与传统的金属–电介质–金属结构不同的全金属结构的等离激元窄带完美吸收器，该吸收器带宽小于 8 nm，偏振不敏感吸收在 99% 以上，其灵敏度 885 nm/RIU，品质因数高达 110，这种结构的窄带完美吸收能够应用在折射率传感器、生物传感器、滤波器和非线性光学等潜在应用上。Luo 等[65] 提出了金属纳米条带周期排列结构的窄带完美吸收器和传感器，该结构在波长为 1.11 nm 的红外光波段实现了超窄带 99.9% 的完美吸收，在红外光 0° ～50°

的广角斜入射该结构仍有超过 95%的近完美吸收，同时拥有 1170 nm/RIU 传感灵敏度和超高品质因数。多带传感器有：Liu 等[66]提出的双频窄带红外光完美吸收等离子体传感器，当入射平面波作为亮膜激励两边较短的金属条，中间的金属条又被两边的金属条激励，因为这种强烈的杂化耦合作用，光谱中出现两个吸收率在 99%以上的吸收峰，在两个吸收峰处的品质因数分别为 41.76（198.47 THz）和 71.42（207.79 THz），两个吸收峰之间的距离 9.32 THz，这种双频窄带完美吸收特性可以用作滤波器和双带的等离子激元传感器。Liu 等[67]提出了金属-电介质-金属纳米腔多谱线窄带吸收结构，该结构的多局域等离子体腔模式实现了偏振无关和广角多频带完美吸收，为多光谱纳米光学设备包括完美吸收器和多色过滤器的应用提供借鉴。另外，Hägglund 等[68]设计的等离子激元共振和纳米腔共振强耦合结构除会发生强耦合之外，还会遗传基本共振结构的共振特性，这种强耦合的补偿特性可以补偿不同共振模式所带来的共振劈裂和阻尼振荡，使两个共振光学系统中的阻抗达到匹配，从而两个近完美吸收峰合并为一个宽带吸收光谱区域。与上述结构不同，Cheng 等[69]设计了三维红外光等离子体偏振无关的完美吸收器，该结构的共振发生在四个立柱之间，吸收峰对结构尺寸和等离子体共振和周围介质的折射率变化非常敏感，灵敏度高达 1445 nm/RIU，用作超强敏感折射率传感器，如图 1.27 所示。

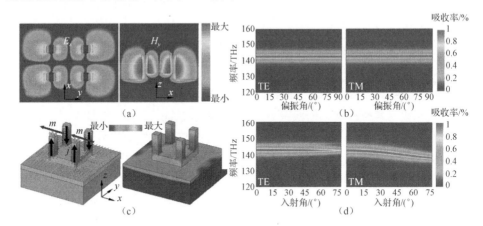

图 1.27　三维红外光等离子体偏振无关完美吸收器[69]

参 考 文 献

[1] Veselago V G. The electrodynamics of substances with simultaneously negative values of ε and μ [J]. Soviet Physics Uspekhi, 1968, 10(4): 509.

[2] Pendry J B, Schurig D, Smith D R. Controlling electromagnetic fields[J]. Science, 2006, 312(5781): 1780-1782.

[3] 祝叶华. 未来世界由超材料建构[J]. 科技导报, 2016, 34(18): 14-26.

[4] Breakthrough of the year: the runners-up[J]. Science, 2003, 302(5653): 2039-2045.

[5] Walser R M. Electromagnetic metamaterials[C]// Complex Mediums II: Beyond Linear Isotropic Dielectrics. International Society for Optics and Photonics, San Diego, CA, United States: The International Society for Optical Engineering, 2001: 931-934.

[6] Engheta N, Ziolkowski R. Metamaterials: physics and engineering explorations[M]. Manhattan: Wiley, 2006.

[7] Lindell I V, Tretyakov S A, Nikoskinen K I, et al. BW media-media with negative parameters, capable of supporting backward waves[J]. Microwave & Optical Technology Letters, 2001, 31(2): 129-133.

[8] Ziolkowski R W, Heyman E. Wave propagation in media having negative permittivity and permeability[J]. Physical Review E Statistical Nonlinear & Soft Matter Physics, 2001, 64(2): 056625.

[9] Pendry J B, Holden A J, Robbins D J, et al. Magnetism from conductors and enhanced nonlinear phenomena[J]. IEEE Transactions on Microwave Theory and Techniques, 1999, 47(11): 2075-2084.

[10] Shelby R A, Smith D R, Schultz S. Experimental verification of a negative index of refraction[J]. Science, 2001, 292(5514): 77-79.

[11] 杨晨, 张洪欣, 王海侠, 等. 十字环型左手材料单元结构设计与仿真[J]. 物理学报, 2012, 61(16): 164101.

[12] Zhu C, Liang C H, Li L. Broadband negative index metamaterials with low-loss[J]. AEU-International Journal of Electronics and Communications, 2011, 65(9): 724-727.

[13] Xu W K, Liu S T, Dong Y Z. Design of structural left-handed material based on topology optimization[J]. Journal of Wuhan University of Technology-Materials Science Edition, 2010, 25(2): 282-286.

[14] Zhu W R, Zhao X P, Gong B. Left-handed metamaterials based on a leaf-shaped configuration[J]. Journal of Applied Physics, 2011, 109(9): 3504-3508.

[15] Dolling G, Enkrich C, Wegener M, et al. Low-loss negative-index metamaterial at telecommunication wavelengths[J]. Optics Letters, 2006, 31(12): 1800-1802.

[16] Choi M, Choe J H, Kang B, et al. A flexible metamaterial with negative refractive index at visible wavelength[J]. Current Applied Physics, 2013, 13(8): 1723-1727.

[17] Dong J F, Zhou J F, Koschny T, et al. Bi-layer cross chiral structure with strong optical activity and negative refractive index[J]. Optics Express, 2009, 17(16): 14172-14179.

[18] Xiong X, Sun W H, Bao Y J, et al. Construction of a chiral metamaterials with a U-shape resonator assembly[J]. Physics Letters E, 2010, 81(7): 075119.

[19] Liu Y, Cheng Y Z, Zheng Z C. A numerical parameter study of chiral metamaterial based on U-shaped structure in infrared region complementary[J]. Optik-International Journal for Light and Electron Optics, 2014, 125(3): 1316-1319.

[20] Zhang S, Park Y S, Li J, et al. Negative refractive index in chiral metamaterials[J]. Physical Review Letters, 2009, 102(2): 023901.

[21] Wu J F, Ng B G, Turaga S P, et al. Free-standing terahertz chiral meta-foils exhibiting strong optical activity and negative refractive index[J]. Applied Physics Letters, 2013, 103(14): 14110.

[22] Giloan M, Astilean S. Negative index optical chiral metamaterial based on asymmetric hexagonal arrays of metallic triangular nanoprisms[J]. Optics Communications, 2014, 315(2014): 122-129.

[23] Soukoulis C M, Wegener M. Past achievements and future challenges in the development of three-dimensional photonic metamaterials[J]. Nature Photon, 2011, 5(9): 523-530.

[24] 龚伯仪, 周欣, 赵晓鹏. 光频三维各向同性左手人工超材料结构单元模型的仿真设计[J]. 物理学报, 2011, 60(4): 4101-4105.

[25] Tang J W, He S L. A novel structure for double negative NIMs towards UV spectrum with high FOM[J]. Optics Express, 2010, 18(24): 25256-25263.

[26] Shi Z C, Fan R H, Zhang Z D, et al. Random composites of nickel networks supported by porous alumina toward double negative materials[J]. Advanced Materials, 2012, 24(17): 2349-2352.

[27] Mahmoud A M, Engheta N. Wave-matter interactions in epsilon-and-mu near-zero structures[J]. Nature Communications, 2014, 5: 5638.

[28]　Wang L Q, Wang Z G, Zhang J X, et al. Realization of Dirac point with double cones in optics[J]. Optics Letters, 2009, 34(10): 1510-1512.

[29]　Wang L G, Wang Z G, Zhu S Y. Zitterbewegung of optical pulses near the Dirac point inside a negative-zero-positive index metamaterial[J]. Euro physics Letters, 2009, 86(4): 47008.

[30]　Maas R, Parsons J, Engheta N, et al. Experimental realization of an epsilon-near zero metamaterial at visible wavelengths[J]. Nature Photon, 2013, 7(11): 907-912.

[31]　Engheta N. Pursuing near-zero response[J]. Science, 2013, 340(6130): 286-287.

[32]　Juan M L, Righini M, Quidant R. Plasmon nano-optical tweezers[J]. Nature Photonics, 2011, 5(6): 349-356.

[33]　Shrekenhamer D, Chen W, Padilla W. Liquid crystal tunable metamaterial absorber[J]. Physical Review Letters, 2013, 110(17): 177403.

[34]　Cao T, Zhang L, Simpson R, et al. Mid-infrared tunable polarization-independent perfect absorber using a phase-change metamaterial[J]. Journal of the Optical Society of America B, 2013, 30(6): 1580-1585.

[35]　Alaee R, Farhat M, Rockstuhl C, et al. A perfect absorber made of a graphene micro-ribbon metamaterial[J]. Optics Express, 2012, 20(27): 28017-28024.

[36]　Xu B, Gu C, Li Z, et al. A novel structure for tunable terahertz absorber based on graphene[J]. Optics Express, 2013, 21(20): 23803-23811.

[37]　Wu J. Tunable ultranarrow spectrum selective absorption in a graphene monolayer at terahertz frequency[J]. Journal of Physics D-Applied Physics, 2016, 49(21): 215108.

[38]　张会云, 黄晓燕, 陈琦, 等. 基于石墨烯互补超表面的可调谐太赫兹吸波体[J]. 物理学报, 2016, 65(1): 018101.

[39]　Amin M, Farhat M, Bağc H. An ultra-broadband multilayered graphene absorber[J]. Optics Express, 2013, 21(24): 29938-29948.

[40]　Silveirinha M G, Engheta N. Theory of supercoupling, squeezing wave energy and field confinement in narrow channels and tight bends using epsilon-near-zero metamaterials[J]. Physics Letters E, 2007, 96(24): 245109.

[41]　Silveirinha M G, Engheta N. Design of matched zero-index metamaterials using nonmagnetic inclusions in epsilon-near-zero media[J]. Physics Letters E, 2007, 75(7): 075119.

[42]　Enoch S, Tayeb G, Sabouroux P, et al. A metamaterial for directive emission[J]. Physical Review Letters, 2002, 89(21): 213902.

[43]　Pendry J B. Negative refraction makes a perfect lens[J]. Physical Review Letters, 2000, 85(18): 3966-3969.

[44]　Grhic A, Eleftheriades G V. Overcoming the diffraction limit with a planar left-handed transmission-line lens[J]. Physical Review Letters, 2004, 92(11): 117403.

[45]　Fang N, Lee H, Sun C, et al. Sub-diffraction-limited optical imaging with a silver superlens[J]. Science, 2005, 308(5721): 534-537.

[46]　Taubner T, Korobkin D, Urzhumov Y, et al. Near-field microscopy through a sic superlens[J]. Science, 2006, 313(5793): 1595.

[47]　Li J, Pendry J B. Hiding under the carpet: a new strategy for cloaking[J]. Physical Review Letters, 2008, 101(20): 203901.

[48]　Schurig D, Mock J J, Justice B J, et al. Metamaterial electromagnetic cloak at microwave frequencies[J]. Science, 2006, 314(5801): 977-980.

[49]　Liu R, Ji C, Mock J J, et al. Broadband ground-plane cloak[J]. Science, 2009, 323(5912): 366-369.

[50]　Nguyen V G, Chen L, Halterman K. Total transmission and total reflection by zero index metamaterials with defects[J]. Physical Review Letters, 2010, 105(23): 233908.

[51]　赵浩, 沈义峰, 张中杰. 光子晶体中基于有效折射率接近零的光束准直出射[J]. 物理学报, 2014, 63(17): 174204.

[52]　林海笑, 俞昕宁, 刘士阳. 基于零折射磁性特异电磁介质的波前调控[J]. 物理学报, 2015, 64(3): 034203.

[53]　Suchowski H, O' Brien K, Wong Z J, et al. Phase-mismatch free nonlinear propagation in zero-index optical materials[J]. Science, 2013, 342(6163): 1223-1226.

[54]　Chan C T, Hang Z H, Huang X. Dirac dispersion in two-dimensional photonic crystals[J]. Advances in OptoElectronics, 2012, 2012: 313984.

[55] 耿滔, 吴娜, 董祥美, 等. 基于磁流体光子晶体的可调谐近似零折射率研究[J]. 物理学报, 2016, 65(1): 181-186.

[56] Staude I, Miroshnichenko A E, Decker M, et al. Tailoring directional scattering through magnetic and electric resonances in subwavelength silicon nanodisks[J]. ACS Nano, 2013, 7(9): 7824-7832.

[57] Evlyukhin A B, Eriksen R L, Cheng W, et al. Optical spectroscopy of single Si nanocylinders with magnetic and electric resonances[J]. Scientific Reports, 2014, 4: 4126.

[58] Li Y, Kita S, Muñoz P, et al. On-chip zero-index metamaterials[J]. Nature Photon, 2015, 9(11): 738-742.

[59] Watts C M, Liu X, Padilla W J. Metamaterial electromagnetic wave absorbers[J]. Advanced Optical Materials, 2012, 24(23): 98-120.

[60] Patra A, Balasubrahmaniyam M, Laha R, et al. Localized surface plasmon resonance in Au nanoparticles embedded dc sputtered ZnO thin films[J]. Journal of Nanoscience and Nanotechnology, 2015, 15(2): 1805-1814.

[61] Kumar M, Sandeep C S, Kumar G, et al. Plasmonic and nonlinear optical absorption properties of Ag: ZrO_2 nanocomposite thin films[J]. Plasmonics, 2014, 9(1): 129-136.

[62] Mandal P. Plasmonic perfect absorber for refractive index sensing and SERS[J]. Plasmonics, 2016, 11(1): 223-229.

[63] Lu X Y, Wan R G, Liu F, et al. High-sensitivity plasmonic sensor based on perfect absorber with metallic nanoring structures[J]. Journal of Modern Optics, 2016, 63(2): 177-183.

[64] Yong Z D, Zhang S L, Gong C S, et al. Narrow band perfect absorber for maximum localized magnetic and electric field enhancement and sensing applications[J]. Scientific Reports, 2016, 6: 24063.

[65] Luo S, Zhao J, Zuo D, et al. Perfect narrow band absorber for sensing applications[J]. Optics Express, 2016, 24(9): 9288-9294.

[66] Liu Y, Zhang Q Y, Jin S, et al. Dual-band infrared perfect absorber for plasmonic sensor based on the electromagnetically induced reflection-like effect[J]. Optics Communications, 2016, 371(15): 173-177.

[67] Liu Z Q, Liu G Q, Fu G L, et al. Common metal-dielectric-metal nanocavities for multispectral narrowband light absorption[J]. Plasmonics, 2016, 11(3): 781-786.

[68] Hägglund C, Zeltzer G, Ruiz R, et al. Strong coupling of plasmon and nanocavity modes for dual-band, near-perfect absorbers and ultrathin photovoltaics[J]. ACS Photonics, 2016, 6(3): 456-463.

[69] Cheng Y Z, Mao X S, Wu C J, et al. Infrared non-planar plasmonic perfect absorber for enhanced sensitive refractive index sensing[J]. Optical Materials, 2016, 53: 195-200.

2 人工超材料的超常电磁特性

人工超材料具有自然界材料所不具备的电磁参数，并且拥有可设计性和灵活性的特点，因此人工超材料可以现实对电磁波传播性能进行调控。根据电磁响应特性的四个象限（介电常数ε和磁导率μ），人工超材料主要是对第三象限$\varepsilon<0$，$\mu<0$和第四象限$\varepsilon>0$，$\mu<0$的电磁特性进行人工设计。第三象限，没有自然材料与之对应，只有用人工超材料才能实现，通常又称为双负介质、左手材料等，能够实现负折射率。第四象限，自然界中很少有能够满足此类电磁特性的材料，只有铁磁性材料发生磁共振时才有可能实现该象限的电磁特性。

2.1 超常电磁特性的设计研究

2.1.1 负介电常数的实现

对于实现负的介电常数，按 Pendry 等[1]提出的金属线阵列结构对电磁波的响应与等离子的响应行为相似，在工作频率低于电等离子体频率时实现负的等效介电常数，结构如图 2.1 所示。

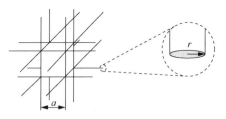

图 2.1 Pendry 等提出的金属线阵列结构

等离子体是由大量接近自由运动的带电粒子所组成的体系，在整体上呈现电中性[2]。等离子体的等效介电常数一般用 Drude 模型[3]表示：

$$\varepsilon_{\text{eff}} = \varepsilon_0 \left(1 - \frac{\omega_{\text{p}}^2}{\omega^2} \right) \tag{2.1}$$

式中，ε_{eff}表示等离子体的等效介电常数；ε_0表示真空中的介电常数；ω表示工作频率；ω_p 表示等离子体频率。在等离子体中，如果小范围内出现正负电荷分离，因离子质量大，可视为固定不动，构成均匀正电背景，电子则在静电力作用下集体振荡，这就是等离子体振荡，振荡频率 ω_p 称为等离子体频率，并且

$$\omega_p^2 = \frac{n_e e^2}{\varepsilon_0 m_{\text{eff}}} \tag{2.2}$$

式中，n_e 表示电子数密度；m_{eff} 表示电子等效质量；e 表示电子电量。

在图 2.1 的金属线阵列结构中，等离子体频率的大小为

$$\omega_p = \sqrt{\frac{Nq^2}{m\varepsilon_0}} \approx 56.4\sqrt{N} \tag{2.3}$$

式中，m 为电子质量；N 为平均电荷密度。由 Drude 模型可见，等离子体的等效介电常数随工作频率变化而变化。当频率低于 ω_p 时，$\varepsilon_{\text{eff}} < 0$，我们得到了负的等效介电常数：

$$\varepsilon_{\text{eff}} = \frac{\omega_p^2}{\omega^2 - \omega_e^2 + \mathrm{i}\omega\varGamma} \tag{2.4}$$

式中，ω 是频率；$\varGamma$ 是损耗因子；ω_e 是电谐振频率。此时：

$$N = \frac{\pi r^2 n_e}{\alpha^2} \tag{2.5}$$

式中，n_e 为电子数密度；r 为金属线半径；α 是金属线阵列间距。当接收电路的固有频率与收到的电磁波频率相同时，接收电路中产生的振荡电流最强，这种现象称为电谐振。当谐振频率出现在 ω_e 和 ω_p 之间时，等效介电常数 ε_{eff} 就会出现负值。

2.1.2　负磁导率的实现

1999 年，Pendry 等[4]提出另外一种结构，周期排列且单元尺寸远小于波长的亚波长尺寸的开口谐振环结构如图 2.2 所示，该结构在一定频率范围内能实现负的等效磁导率。在微波磁场的作用下，开口谐振环会感应出环电流，原磁场在环电流的影响下或加强或减弱，在谐振频率处会出现负磁导率，且等效磁导率 μ_{eff} 满足：

$$\mu_{\text{eff}} = 1 - \frac{F\omega_0^2}{\omega^2 - \omega_p^2 + \mathrm{i}\omega\varGamma} \tag{2.6}$$

式中，F 为开口谐振环的填充因子；ω_0 为依赖于开口谐振环结构的磁谐振频率；ω 是工作频率；$\varGamma$ 是损耗因子。

Pendry 等[4]还给出了等效磁导率 μ_{eff} 与频率 ω 的关系，如图 2.3 所示。

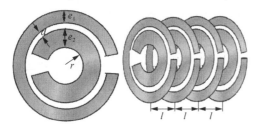 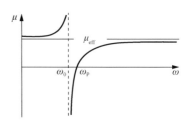

图 2.2　Pendry 等提出的开口谐振环阵列　　　图 2.3　开口谐振环阵列中等效磁导率与
　　　　　　　　　　　　　　　　　　　　　　　　　　　　　　频率的关系

由图 2.3 虚线显示磁谐振频率的位置，在磁谐振频率两侧当频率低于磁谐振频率 ω_0 并接近虚线时，等效磁导率提高；当频率高于谐振频率 ω_0 并向虚线接近时，等效磁导率降低；当频率在 $\omega_0 \sim \omega_p$ 时，μ_{eff} 为负值，实现了等效负磁导率。

传统材料负的等效折射率的基本原理如下。平面单色波在各向同性无源介质中传播时满足的 Maxwell 方程组及本构方程：

$$\left. \begin{aligned} \nabla \cdot B &= 0 \\ \nabla \cdot D &= 0 \\ \nabla \cdot E &= -\frac{\partial B}{\partial t} \\ \nabla \cdot H &= J + \frac{\partial D}{\partial t} \end{aligned} \right\} \tag{2.7}$$

$$\left. \begin{aligned} D &= \varepsilon_{\text{eff}} E \\ B &= \mu_{\text{eff}} H \end{aligned} \right\} \tag{2.8}$$

式中，B、D、E、H、J、ε_{eff}、μ_{eff} 分别表示磁感应强度、电位移矢量、电场强度、磁场强度、电流密度、等效介电常数、等效磁导率。

从波动方程，即

$$\nabla^2 E - \mu_0 \varepsilon_0 \frac{\partial^2}{\partial t^2} E = 0 \tag{2.9}$$

我们可以得到色散关系：

$$\omega^2 \mu_{\text{eff}} \varepsilon_{\text{eff}} = k^2 \tag{2.10}$$

式中，ε_0、μ_0 为真空中的磁导率和介电常数；$\mu_{\text{eff}} \varepsilon_{\text{eff}} = n_{\text{eff}}^2$ 表示为折射率的平方。对于等效折射率 n_{eff}，k 为波矢，当 ε_{eff} 和 μ_{eff} 同时大于零时，符合色散关系，波动方程有解。若同时改变等效介电常数和等效磁导率的符号，使得 ε_{eff} 和 μ_{eff} 同时小于零，可以看到它们的乘积数值相同，波动方程同样也会有解，这并不违反麦克斯韦方程组。

如$[E(r), H(r)]=[E_0\mathrm{e}^{-ikr}, H_0\mathrm{e}^{-ikr}]$的平面电磁波在介质中传播时可写为[5]

$$k \times E = \frac{\mu_{\mathrm{eff}}\omega}{c}H, k \times H = -\frac{\omega}{c}E \qquad (2.11)$$

从式（2.10）和式（2.11）可以得到，当$\varepsilon_{\mathrm{eff}}$和$\mu_{\mathrm{eff}}$同时为负时，$E$、$H$、$k$三者构成左手关系，相速度的方向与在常规介质中的方向相反。

2.1.3　手性结构超常电磁特性的实现

　　传统的负折射率人工超材料利用了开口谐振环阵列和金属线阵列组合结构，这种结构在材料制备上存在一定的困难，虽然渔网结构使得光波波段负折射率人工超材料的制备更加容易，但是要在共振频率处同时实现负的等效介电常数和负的等效磁导率的条件仍然十分苛刻。然而，通过研究发现手性结构也能实现负的折射率，且负折射率只与手性结构产生的手性大小有关，因此手性结构实现负折射率人工超材料的条件相对宽松，可极大地简化加工工艺，更有利于光波波段人工超材料的制备。手性人工超材料不仅相对于自然手性材料具有更强的旋光性，而且还可以产生圆二向色性等特性。Pendry[2]和Tretyakov等[3]先后提出了利用介质的手性结构实现负的等效折射率的方法，从理论上证明了手性结构实现负的等效折射率的可能性。Pendry手性理论如图2.4所示。手性是指物体经过平移、旋转等任意空间操作均不能与其镜像完全重合的特性，而旋光与圆二向色性则是手性结构最主要的特性。自然界中手性结构的旋光性是由其内在具有螺旋特性的分子或由原子的螺旋排列引起的，其旋光性的根源是圆双折射，强度一般很弱。而对于人工手性结构，旋光性不是由分子手性引起的而是由手性结构引起的，因此其旋光性的根源是手性结构引起的光学空间色散。与自然手性结构相比，人工手性结构具有更大的旋光性和等效手性参数[5-9]。

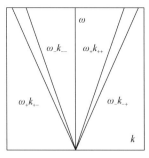 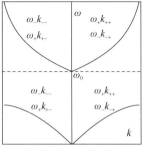 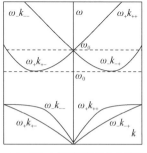

（a）均匀各向同性手性介质的　　（b）包含一组电偶极子的均匀各　　（c）引入电偶极子的手性介质的
　　色散关系　　　　　　　　　　向同性介质中的色散关系　　　　　　色散关系

图 2.4　Pendry 手性理论

手性结构对不同的偏振光存在不同的折射率，波失 k 随 ω 的色散关系如图 2.4（a）所示，引入张量 χ_A：

$$\chi_A = \begin{bmatrix} \chi_{EE} & \chi_{EH} \\ \chi_{HE} & \chi_{HH} \end{bmatrix} \tag{2.12}$$

介质对电磁场的本构关系：

$$\left. \begin{aligned} D &= \chi_{EE}E + \chi_{EH}H \\ B &= \chi_{HE}E + \chi_{HH}H \end{aligned} \right\} \tag{2.13}$$

在均匀各向同性介质中引入电偶极子，色散关系如图 2.4（b）所示，引入张量 χ_B：

$$\chi_B(\omega) = \begin{bmatrix} 1 + \dfrac{\alpha^2}{\omega_0^2 - \omega^2} & 0 \\ 0 & 1 \end{bmatrix} \tag{2.14}$$

在手性结构中引入电偶极子，色散关系如图 2.4（c）所示，引入张量 χ_C：

$$\chi_C(\omega) = \begin{bmatrix} \chi_{EE} + 1 + \dfrac{\alpha^2}{\omega_0^2 - \omega^2} & \chi_{EH} \\ \chi_{HE} & \chi_{HH} \end{bmatrix} \tag{2.15}$$

在图 2.4（c）中，色散关系为分裂退化的横模式，在低于 ω_0 建立了一个群速度 $v_g = \partial\omega/\partial k$ 与相速度 $v_p = \omega/k$ 相反的区域，使偏振出现负的等效折射率 n_{eff} 等：

$$\begin{aligned} (n_{eff})_+ &= c_0 k_+ / \omega \\ (n_{eff})_- &= c_0 k_- / \omega \end{aligned} \tag{2.16}$$

手性结构中存在两支传播本征波：一支相速度为 $v_p = \omega/k_+$ 的 RCP，另一支相速度为 $v_p = \omega/k_-$ 的 LCP。其中波数定义为

$$\begin{aligned} k_+ &= k_0\sqrt{\varepsilon_{eff}\mu_{eff}} + \kappa_{eff} \\ k_- &= k_0\sqrt{\varepsilon_{eff}\mu_{eff}} - \kappa_{eff} \end{aligned} \tag{2.17}$$

式中，真空中的波数 $k_0 \equiv \omega/c$；κ_{eff} 是等效手性参数。两个本征波的折射率表示为

$$\begin{aligned} (n_{eff})_+ &= \sqrt{\varepsilon_{eff}\mu_{eff}} + \kappa_{eff} \\ (n_{eff})_- &= \sqrt{\varepsilon_{eff}\mu_{eff}} - \kappa_{eff} \end{aligned} \tag{2.18}$$

从式（2.16）中可以明显看出，当 $\kappa_- > \sqrt{\mu_{eff}\varepsilon_{eff}}$ 时，左旋偏振光（left circular polarization，LCP）将出现负的等效折射现象 $(n_{\text{eff}})_- = \sqrt{\mu_{\text{eff}}\varepsilon_{\text{eff}}}-k$；当 $\kappa < -\sqrt{\mu_{\text{eff}}\varepsilon_{\text{eff}}}$ 时，右旋偏振光（right circular polarization，RCP）将出现负折射现象 $(n_{\text{eff}})_+ = \sqrt{\mu_{\text{eff}}\varepsilon_{\text{eff}}}+k$，RCP 用下角标"+"表示，LCP 用下角标"−"表示。

手性结构还具有圆二向色性 $\varDelta$、旋光角 θ 和椭偏度 η 等特性，这些特性均可以由 S 参数计算得出。圆二向色性表征的是手性结构中传播的 RCP 与 LCP 透射光谱之间的差异，如

$$\varDelta = \left| T_{++} \right| - \left| T_{--} \right| \tag{2.19}$$

式中，T_{++} 为 RCP 透射系数；T_{--} 为 LCP 透射系数。$\varDelta$ 值越大，表明手性结构的旋光性越好。

旋光角 θ 指手性结构对入射光的偏振面经过单位长度的旋转角度，即

$$\theta = \frac{\left[\arg\left(T_{--}\right) - \arg\left(T_{++}\right)\right]}{2} \tag{2.20}$$

式中，arg 代表相位角；θ 为旋光角。

椭偏度 η 反映了偏振状态由原来的线偏振改变为椭圆偏振的程度，它们产生的机理是手性结构之间的电磁耦合 η 的大小表示手性结构旋光性的强弱。椭偏度 η 可表示为

$$\eta = \frac{1}{2}\arctan\left(\frac{\left|T_{++}\right|^2 - \left|T_{--}\right|^2}{\left|T_{++}\right|^2 + \left|T_{--}\right|^2}\right) \tag{2.21}$$

利用 S 参数反演理论反演计算，可以反演得到手性结构的等效波阻抗 Z_{eff} 和对 RCP 和 LCP 的等效折射率 n_{eff}：

$$Z_{\text{eff}} = \sqrt{\frac{\left(1+R\right)^2 - T_{++}T_{--}}{\left(1-R\right)^2 - T_{++}T_{--}}} \tag{2.22}$$

$$\left(n_{\text{eff}}\right)_+ = \frac{-\text{i}}{k_0 d}\ln\left[\frac{1}{T_{++}}\left(1 - \frac{Z_{\text{eff}}-1}{Z_{\text{eff}}+1}R\right)\right]$$

$$\left(n_{\text{eff}}\right)_- = \frac{-\text{i}}{k_0 d}\ln\left[\frac{1}{T_-}\left(1 - \frac{Z_{\text{eff}}-1}{Z_{\text{eff}}+1}R\right)\right] \tag{2.23}$$

式中，k_0 表示真空中的波数；d 表示手性结构的厚度。通过等效波阻抗 Z_{eff} 和等效折射率 n_{eff}，可以得到手性结构中的手性参数 κ、等效磁导率 μ_{eff}、等效介电常数 ε_{eff} 和品质因数（fgure of merit，FOM）[10,11]：

$$\kappa = \left(\left(n_{\text{eff}}\right)_+ - \left(n_{\text{eff}}\right)_-\right)/2 \tag{2.24}$$

$$\mu_{\text{eff}} = Z_{\text{eff}} \left((n_{\text{eff}})_+ - (n_{\text{eff}})_- \right) / 2 \tag{2.25}$$

$$\varepsilon_{\text{eff}} = \left((n_{\text{eff}})_+ - (n_{\text{eff}})_- \right) / 2Z_{\text{eff}} \tag{2.26}$$

$$\text{FOM} = \frac{\left| \text{Re}(n) \right|}{\left| \text{Im}(n) \right|} \tag{2.27}$$

2.1.4　小结

本节分别介绍了实现负介电常数和负磁导率的经典模型，以及负折射率的 Pendry 手性结构模型，分析了各模型的优缺点。

2.2　影响人工超材料超常电磁特性的因素

影响人工超材料超常电磁特性的因素包括金属材料和介质材料的选择以及结构的设计等。对于金属材料，通常在微波波段（0.3～300 GHz）人工超材料设计金属选择铜，在太赫兹波段（0.1～10 THz）和光波波段（3×10^{11}～3×10^{16} THz）选择贵金属银或金。对于银和金，它们的光学特性由其介电常数来表征。介电常数是光波频率的函数且为复数，在光波段范围内实部小于零，虚部大于零，这里虚部表征了光波在金属中的损耗。这些金属的磁导率为 1，电导率被考虑在介电常数的虚部之中，因此介电常数可以表示金属的光学特性。1972 年，Johnson 等[12]发表了的金、银、铜的介电常数在光子能量为 $E = 0.5$～6.5 eV 的光谱范围内的实验数据。理论研究中，人们利用理论近似可以推导出介电常数的 Drude 模型表达式[13-15]，再对实验数据进行拟合来确定各拟合常数。不同的研究小组提出了多种拟合形式和拟合参数，这些拟合表达式在一定的波段范围内与 Johnson 等的实验数据基本吻合。

在微波系统中，人工超材料尺寸通常在微米量级，这在人工超材料制备方面很容易实现。但在光学系统中，元件的尺寸效应是一个非常重要的概念。在传统光学元件中，元件尺寸远远大于光波的波长（10^{-3}～10^{-8} m），光的传播遵循几何光学的 Fermat 传播定律。当光学元件的尺寸与工作波长可以比拟的时候，就要考虑光的衍射效应，而矢量衍射对于数学运算相当复杂，所以通常采用标量衍射理论，这些衍射理论包括：Kirchhoff 衍射理论、Fresnel-Kirchhoff 衍射理论、Rayleigh-Sommerfeld 衍射理论。当进一步减小光学元件的尺寸时，理论上必须运用严格的电磁场理论来求解。人工超材料结构属于亚波长结构，亚波长是指结构的特征尺寸具有工作波长相当或更小的周期（或非周期）结构。亚波长结构的特征尺寸小于工作波长，它的反射、透射、偏振特性和光谱特性等都显示出与常规衍射光学元件截然不同的特征，因而具有更大的应用潜力。到目前为止，人工超材料的这种亚波长结构主要用作抗反射表面、偏振器件、窄带滤波器和位相板等。一般的亚波长抗反射微结构是一种浮雕结构的亚波长光栅。通过调节光栅的材料、沟槽深度、占空比和周期等结构参数可以使光栅具备近乎零反射。对于亚波长结构的周期尺寸还有一种更加直观有效的理论进行近似计算，称其为等效介质理论[16-23]。

2.2.1 介质对超常电磁特性的影响

介质作为人工超材料结构的重要组成部分，探索其对人工超材料响应特性的控制规律具有重要的理论及现实意义。作为人工超材料的重要组成部分，介质对人工超材料设计尤为重要，介质是影响人工超材料响应特性的关键因素。在此之前，前人已经进行一些相关研究。Azad 等[24]将介质由介电常数为 3.8 的石英玻璃换成介电常数为 11.9 的硅时发现双开口谐振环谐振器的响应频率从 0.8 THz 移动到 0.51 THz。此外，Grbovic[25]的实验结果表明，当介质的厚度在 0.35～1.6 μm 范围变化时，由 Al/SiO$_x$/Al 构成的人工超材料吸收器的吸收率将随着介质厚度的增加而增大。以上成果显示，介质似乎具有同时控制响应频率和吸收率的能力。通过改变人工超材料单元尺寸和排列方式，可以实现对人工超材料响应频率的控制，但是都只能控制人工超材料的响应频率，而无法同时控制人工超材料的吸收率，从而给人工超材料设计带来不便[26,27]。因此，通过固定其影响因素不变，研究人员研究介质对人工超材料的影响，结果显示响应频率主要取决于介质的介电常数的实部大小，而其吸收率则主要取决于介质的厚度。下面举例说明这个问题[28]。

1. 结构设计

在不考虑介质材料其他属性的情况下，围绕介电常数和介质厚度这两个主要参数，研究介质对人工超材料响应特性的具体影响。该实例首先基于 LC 等效电路模型[29]和平板电容公式从理论上推导出人工超材料的响应频率与介电常数之间的关系方程，并通过系统的仿真计算和对比文献结果验证所推方程的正确性和适用性，这里不再赘述。人工超材料可以与电磁辐射产生两种形式的谐振[30]，即电场谐振和磁场谐振。开口谐振环（split ring resonator，SRR）是一种典型的磁场谐振结构。但是，与传统的 SRR 采用线形的底层金属[31]不同，该实例的 SRR 结构的底层改用 Au 薄膜，如图 2.5（a）所示。这种结构对入射电磁波的透射率近似为 0，增大了人工超材料对入射电磁波的吸收率，同时避免了衬底的影响，有利于对变量的讨论。

人工超材料的表层金属谐振结构参数如图 2.5（b）所示。其中，$a = 20$ μm、$b = 18$ μm、$d = 4$ μm、$g = 3$ μm，Au 薄膜的电导率 $\sigma = 4.56 \times 10^7$ S/m。SRR 和底层 Au 薄膜的厚度 t_1 相同，均固定为 200 nm，而介质厚度 t_0 在文中则作为变量进行讨论。该实例使用 CST Microwave Studio 电磁仿真软件中的频域仿真器对设计模型进行仿真计算，设定 x 和 y 方向为周期边界条件，波矢 k 沿 z 方向垂直入射。

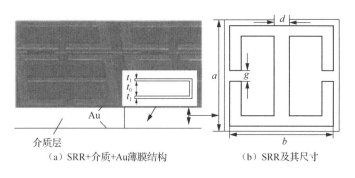

（a）SRR+介质+Au薄膜结构　　　　　　（b）SRR及其尺寸

图 2.5　开口谐振环结构

2. 介质厚度与吸收率的关系

为了排除厚度的影响，首先固定介电常数，研究介质厚度变化对人工超材料响应特性的影响规律。一方面，固定介质的介电常数为 5，将介质的厚度从 2 μm 逐渐增大到 8 μm，仿真结果如图 2.6 所示。由图 2.6 可知，相比于厚度为 2 μm 的人工超材料的响应频率，当厚度增大到 8 μm 之后，人工超材料的响应频率从 2.64 THz 向低频移动到 2.18 THz，仅减小了 0.46 THz。由此可知，介质的厚度变化对人工超材料响应频率的影响明显较小。其中，厚度增大导致的频率移动主要是由于人工超材料表层 SRR 结构与底层 Au 薄膜之间存在的寄生电容改变引起的。所以，相对于介质的厚度，介质的介电常数对人工超材料的响应频率起着决定性作用。另一方面，通过深入分析图 2.6 所示的仿真结果可以发现介质的厚度对人工超材料吸收率的影响非常明显。其中，当介质厚度为 2 μm 时，人工超材料低频响应的吸收峰值为 15%，高频响应的吸收峰值为 99%。但是，当介质厚度增大到 8 μm 时，人工超材料低频响应的吸收峰值明显地增大到 98%，而高频响应的吸收峰值则剧烈地减少到 20%。说明介质厚度变化使人工超材料的高频部分与低频部分的吸收率的变化趋势恰好相反，存在明显的频率差异。综合以上分析证明介质的厚度变化能明显地影响人工超材料的吸收率。

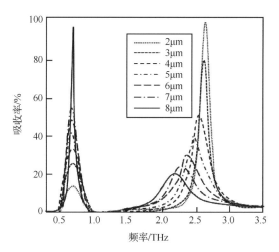

图 2.6 不同介质厚度下的吸收率

3. 介电常数与响应频率的关系

固定人工超材料结构的介质厚度为 2 μm，使介质的介电常数 ε 从 2 逐渐增加到 6，仿真得到人工超材料不同的反射系数 R，如图 2.7 所示。由图 2.7 可知，当 $\varepsilon = 2$ 时，如图 2.7 所示的人工超材料结构在 0.1～4 THz 范围内存在两个响应频率，分别为 0.97 THz 和 3.9 THz。为便于分析，该实例把这两个响应频率分别称为低频响应和高频响应。从图 2.7 可以看出，随着介质介电常数的增大，人工超材料的低频响应频率及高频响应频率均逐渐向更低的频率方向移动，表明介电常数变化对响应频率具有较大影响，介电常数对人工超材料的响应频率起着决定性作用。

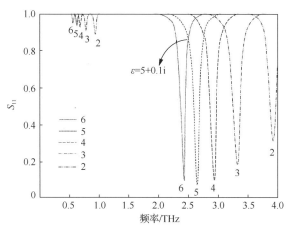

图 2.7 不同介电常数下人工超材料的反射系数 R 曲线

2.2.2　结构对超常电磁特性的影响

传统的人工超材料多为开口谐振环结构，开口谐振环是一种磁性人工超材料。Pendry[2]指出，一对同心的亚波长大小的开口谐振环可以有效提高磁导率。事实上，开口谐振环这一术语早在 20 世纪就被创建了。20 世纪 80 年代初期，W. N. Hardy 用一种类似的结构和同样的术语描述了带有一条线状的缺口空心圆柱体在约 1 GHz 的频率上产生磁谐振[31]。Pendry[2]把这种结构改造成如今这种形式，这种设计在当今的人工超材料研究中被广泛作为人工超材料中能够产生磁谐振响应的基本结构。

一个金属环在与其垂直的磁场变化中会产生感应电磁场，但并非谐振的系统。为了谐振加强磁效应，我们需要引入电容，因为电感和电容一起才能形成谐振电路（金属环可看成电感）。为此，我们在每个金属环上加入一个缺口，就形成了电容。电荷会在两端积累，这样这个开口谐振环就类似于一个带有两个电容的谐振电路。之所以用两个开口谐振环，是因为单个开口谐振环积累的电荷会产生电偶极矩，削弱了我们所需要的电磁极矩。两个开口反向放置的开口谐振环所产生的电偶极矩会相互抵消，不会削弱电磁极矩。因此，在人工超材料的设计中，我们经常使用双开口谐振环结构，如图 2.8 所示。这种结构可以用电路中的 LC 振荡电路来理解，开口相当于一个空间电容，在 z 方向上会有一个空间电感，所以在特定频率下，电磁波就会谐振，从而改变电磁波的传播，这种效果可以用一个宏观的参数来定义，就是等效介电常数和等效磁导率。双开口谐振环的等效磁导率随着工作频率变化而变化，在一定的工作频率下甚至会出现负等效磁导率和零等效磁导率[32]。

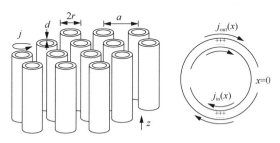

图 2.8　双开口谐振环结构

Pendry[2]首次提出利用手性结构实现等效负折射率的方法，将厚 0.1 mm 的金属层按倾斜角为 5°，半径为 5 mm，卷曲 10 砸形成"瑞士卷"（Swiss roll）结构，该手性结构能够在 100 MHz 实现等效负折射率，这种手性结构产生等效负折射率的机制源于结构本身的自感和相邻金属层之间的电容，当电流沿手性结构传输时，不仅可以产生磁极化，金属层之间的平行电流还可以产生电极化。与双负人工超材料形成机制不同，对于手性结构，当电磁波入射时除了自极化还会产生交叉极化，即电场不仅可以实现手性结构的电极化，而且能够引起磁极化，因此具有较强的旋光性。研究表明对于手性结构的等效折射率无论等效介电常数和磁导率是否为负，只要当等效手性参数足够大时即可实现等效负折射率现象，因此利用手性结构实现等效负折射率条件相对简单，且损耗小。手性结构避免了电磁谐振所带来的损耗，是实现可见光波段等效负折射率人工超材料的一种有效方法，而且理论研究还表明，手性负折射率人工超材料平板可实现圆极化波的亚波长聚焦，人们已经提出了手性负折射率人工超材料的许多潜在应用，如波导、极化旋转器、天线等[33]。

1. 传统手性结构负折射率人工超材料的新进展

传统的手性负折射率人工超材料结构有"U"形结构、"旋转玫瑰"形结构、"＋"字形结构和交叉金属层结构等[34-37]。2012 年，Kenanakis 等[38]利用已有的手性结构，通过改变材料和几何参数将微波波段手性负折射率人工超材料延伸到太赫兹波段，这 4 种传统手性结构如图 2.9 所示。在仿真频率范围内，4 种结构分别出现单频如图 2.9（a）和图 2.9（c）所示、多频如图 2.9（b）和图 2.9（d）所示的负折射率现象，其中$(n_{eff})_+$和$(n_{eff})_-$分别对应右旋圆偏振光和左旋圆偏振光的等效折射率。

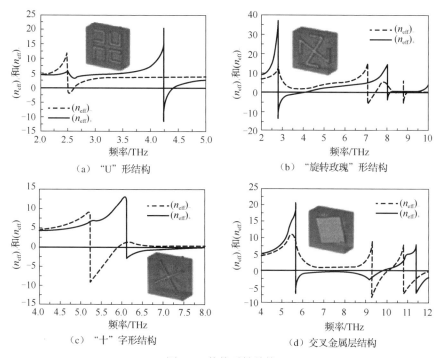

（a）"U"形结构　　　　　　　　（b）"旋转玫瑰"形结构

（c）"十"字形结构　　　　　　　（d）交叉金属层结构

图 2.9　传统手性结构

近年来，通过结构和材料选择的优化使这些传统结构得到了一定的发展，如 2012 年，Li 等[39]在传统"旋转玫瑰"结构基础上与"田"字形结构结合实现了等效负折射率，如图 2.10（a）所示。其中手性结构部分（"旋转玫瑰"）在响应频带获得较大等效手性参数和介电常数，可实现负折射率，而"田"字形结构能够对响应起到加强作用，即使在响应频率附近也能得到等效负折射率，因此拓宽了负折射率频带范围。通过仿真和实验显示，该结构具有很高的品质因数（FOM=|Re(n)|/|Im(n)|，即材料对光波传输的损耗），其中 RCP 在 5.36～5.58 GHz 品质因数达到 50，LCP 在 5.13～5.29 GHz 品质因数达到 18，证明该结构对光波传输的损失非常小。高的品质因数在负折射率人工超材料的设计中非常重要，尤其是在红外光波段和可见光波段，品质因数越大损耗越低，越有可能实现高频波段负折射率材料。2010 年，Li 等[37]又研究了双层"4U"形开口谐振环结构，上下两层结构旋转角为 90°。实验结果表明，此结构具有很好的旋光性和圆二向色性，在谐振频率为 5.1 GHz 和 6.3 GHz 处，RCP 和 LCP 的透射光谱有明显的差别，在 5.1 GHz 附近 LCP 的透射光谱要比 RCP 的透射光谱大 7～8 dB，而在 6.3 GHz 附近，RCP 的透射光谱要比 LCP 的透射光谱大 3～4 dB，并得到实验验证。2014 年，Liu 等[40]采用 Babinet 原理设计了一种新型互补"U"形孔洞手性负折射率人工超材料，如图 2.10（b）所示，金属选用金，电介质采用聚酰亚胺，这两种材料对光波损耗小，是目前在红外光波段和可见光波段实现负的等效折射率最为常用的材料。仿真模拟显示该结构在 140～300 THz 红外光波段通过调节"U"形孔洞的宽度实现了负的等效折射率，说明负的等效折射率的大小依赖于结构尺寸具有可调性，同时具有较强的旋光性，该结构在光学器件方面有很广泛的潜在应用。

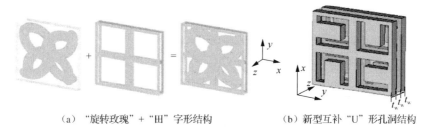

（a）"旋转玫瑰"+"田"字形结构　　（b）新型互补"U"形孔洞结构

图 2.10　传统手性结构的新进展

2. 新型手性结构负折射率人工超材料的进展

目前，研究者设计实现的新型手性结构负折射率人工超材料很多，具有代表性的有：2012 年，Song 等[41]设计的带开口的"田"字形结构，如图 2.11（a）所示，该结构能使较宽范围入射角的电磁波实现 90°的极化旋转，这种结构旋光性非常强，旋光角可达 3400°/λ。通过仿真和实验得到的电磁场的分布情况可知，该结构的巨大旋光性来自电偶极子和磁偶极子的交叉极化。Panpradit 等[42]在微波波段实现了高品质因数大负折射率的手性负折射率人工超材料，该人工超材料由双层共轭"C₈"手性平面结构组成，如图 2.11（b）所示，通过改变"C₈"结构的弯曲角及双层"C₈"之间的旋转角等几何结构参数得到较大的手性，并在微波波段实现-170 左右的负的等效折射率。2013 年，Xu 等[43]采用扭曲的希尔伯特手性结构（Hilbert-shaped）制造了 X 波段（8～12 GHz）双频段圆极化波起偏器，如图 2.11（c）所示，该结构比传统四重对称性结构（C₄）对极化敏感，产生等效手性参数很大，可在多个频带间实现共极化和交叉极化的转变，且线性极化波转化为圆极化波效率很高，同时具有大于 20 dB 的极化消光比，在多功能设备上有重要应用。2014 年，Giloan 等[44]仿真了双层不对称六边形排布的纳米金属三角结构，如图 2.11（d）所示，该结构的响应机制来源于手性对等离子体杂交模式的敏感，等效手性参数在对称和反对称等离子体模式中得到提高，使得 LCP 在 340 THz、RCP 在 380 THz 附近出现负的等效折射率（$n_{\mathrm{eff}} = -4$），从给出的 LCP、RCP 在响应频率下的电场分布情况看，同一平面内的两个三角金属片形成平行电偶极子，而上下两层的三角金属片则形成反平行电偶极子。2014 年，Li 等[45]设计了两个旋转的开口谐振环结构（一对夹角为 45°，另一对夹角为 90°），如图 2.11（e）所示，仿真和实验显示 RCP 在 7.9 GHz 和 8.9 GHz、LCP 在 9.95 GHz 和 10.9 GHz 具有较强的旋光性，且响应频率对旋转角 φ 很敏感，通过调节 φ 可以很容易实现多频带的可调谐手性负折射率人工超材料。

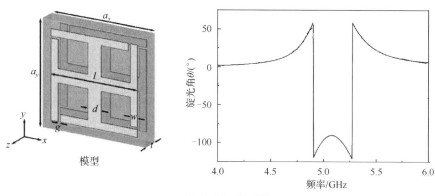

（a）带开口的"田"字形结构

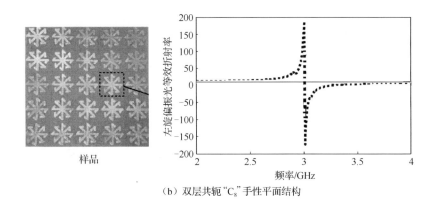

（b）双层共轭"C$_8$"手性平面结构

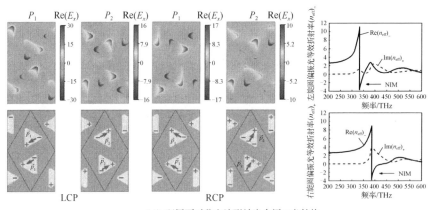

（c）扭曲的希尔伯特手性结构

（d）双层不对称六边形纳米金属三角结构

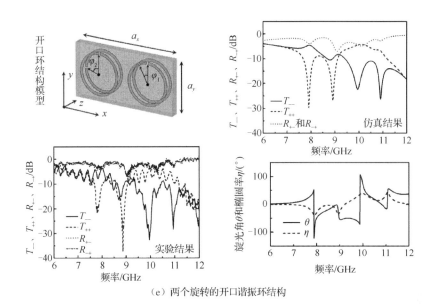

（e）两个旋转的开口谐振环结构

图 2.11　新型手性结构

　　综合上面的文献可见，目前手性负折射率人工超材料的研究工作已经涵盖仿真、制备和器件设计等方面，其中制备方法包括光刻技术、打印技术、光纤拉丝技术、模板沉积技术等微纳米加工技术[46]。这些技术各有优缺点，打印和光纤拉丝技术不用掩模板或模板，制作过程得到简化，但是光纤拉丝技术受最小制作尺寸限制，高频波段负人工超折射率材料的单元结构尺寸在纳米量级，所以光纤拉丝技术无法制作高频波段负人工超折射率材料。模板沉积技术不需要光刻胶，制备过程简单，材料质量较其他方法有所提高，但是沉积过程会造成模板污染。目前二维平面负折射率人工超材料多采用光刻技术。此外，多层光刻技术是制备三维立体负折射率人工超材料的主要方法。但鉴于现有的实验条件、金属的趋肤深度和损耗等影响，目前在实验室中只能够制造出微波波段毫米量级的手性负折射率人工超材料[43-47]。更高频波段手性负折射率人工超材料也不断被设计制作出来，2009 年，Zhang 等[48]指出：采用手性微型电感电容（LC）谐振电路可以在太赫兹波段实现负的等效折射率。该手性谐振器如图 2.12 所示，其中，图 2.12（a）是金制谐振器结构图（尺寸在微米量级）；图 2.12（b）是手性谐振器等效 LC 谐振电路；图 2.12（c）和 2.12（d）是在一定倾斜角度下扫描电镜（scanning electron microscope，SEM）图像。该结构在 1～1.2 THz 左旋圆极化波存在一个负的等效折射率频带。

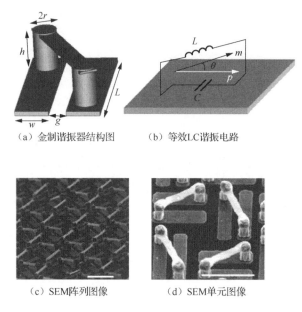

（a）金制谐振器结构图　　　　（b）等效LC谐振电路

（c）SEM阵列图像　　　　　　（d）SEM单元图像

图 2.12　手性谐振器

3. 可调谐手性负折射率人工超材料

在实际应用中，双频、多频人工超材料具有广泛的应用前景，如多频吸波器、多频工作的微波毫米波器件以及多模多频通信射频集成电路等，因此设计研制双频、多频已成为目前人工超材料研究重要方向之一。虽然手性结构负折射率人工超材料与双负人工超材料相比能够实现上述双频、多频特性，但是其工作频段依旧相对较窄且不能调节，这极大地限制了人工超材料的实际应用。初期，通过调节单元结构尺寸和材料可以实现对工作频率的调谐，但是这种调谐是非动态的[49]，因此，为了实现动态可调谐的多频人工超材料，国内外众多学者提出了许多改进方法，如基于液晶、亚铁磁性材料、变容二极管、超导材料、结构位移等连续可调谐的电磁人工超材料[5]。2012 年，Zhou 等[50]在 *Physical Review B Condensed Matter* 上发表文章指出采用飞秒脉冲激光激励硅基底可调谐手性负折射率人工超材料来提高人工超材料的传输和旋光性，并降低了极化失真，如图 2.13（a）所示。同时，通过脉冲激光的激励，硅基底的传导系数增加抑制了结构材料的谐振响应，使手性减小，等效折射率从负变为正，如图 2.13（b）所示，不同的手性结构尺寸下可调谐范围也在变化，如图 2.13（c）所示。该种可调谐手性负折射率人工超材料可以应用于超速开关、频率调节器、相位调节器、记忆装置、电化学开关和主动偏振片等。

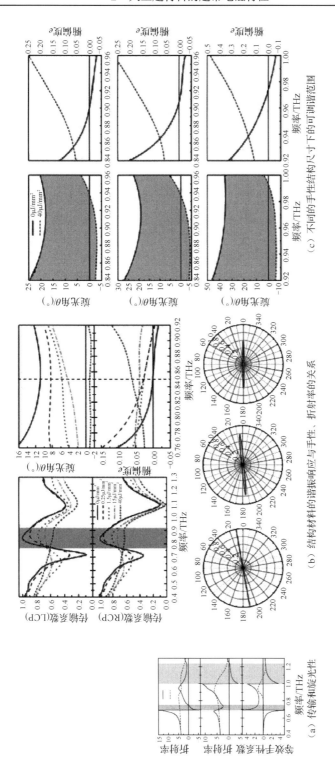

（a）传输和旋光性

（b）结构材料的谐振响应与手性、折射率的关系

（c）不同的手性结构尺寸下的可调谐范围

图 2.13　可调谐手性负折射率材料

4. 手性负折射率人工超材料的应用进展

（1）手性负折射率人工超材料波导的新进展。

电磁波在负折射率人工超材料波导中的传播具有不同于常规波导中的传播特性，该波导中电磁波的双模特性为相位匹配提供了条件，其具有的固定模式的截止频率和超常的传播常数能够运用到多通道网络中，因此利用手性负折射率人工超材料波导在设计光波耦合器和光子开关等应用中具有更大的灵活性。手性负折射率人工超材料在信息、通信等领域有十分广阔的应用前景。所以，研究负折射率人工超材料波导特别是手性负折射率人工超材料波导对电磁器件和光子器件的研究和制备具有重要意义。董建峰课题组有着多年从事手性负折射率超材料波导的研究经验，该课题组在已有平板波导[51,52]、平行板波导[53]、金属衬底平板波导[54]等理论研究的基础上提出了填充手性负折射率人工超材料的平行板波导[55]，对导模特性曲线及功率和能流进行的研究表明波导中出现了表面波模、功率流动方向与相位传播方向相反的后向波、功率储存、传播常数三值、模式交叉等现象。此外，还发现在某波段电磁波，没有任何模式存在，即此波导中存在电磁波传播的禁带等超常物理特性。

（2）手性负折射率人工超材料偏振转换器件的新进展。

三维手性负折射率人工超材料显示出圆双折射和圆二向色性，而二维手性负折射率人工超材料只显示出圆转换二向色性。对于三维手性负折射率人工超材料，圆双折射特性将改变入射电磁波的偏振态，圆二向色性可使右旋圆偏振光和左旋圆偏振光具有不同的透射率，这两种现象都与光的传播方向无关。左旋圆偏振光和右旋圆偏振光在二维手性负折射率人工超材料中具有不同的圆转换效率，当光反向通过二维手性负折射率人工超材料时，圆转换效率倒置，因此相同旋性的圆偏振光正反两个方向通过二维手性负折射率人工超材料时透射率不同，导致非对称传输。2013 年，Song 等[56]设计了一种频率可调谐的 90° 偏振转换器件，在微波波段、太赫兹波段和光波波段有重要应用，该材料结构由臂宽不均匀的旋转结构和金属线阵列组成，如图 2.14（a）所示，图中 RF-30、RF-60 为高频电路板型号，FR-4 为基板材料型号。2014 年，Cheng 等[57]设计并制备了一种完美圆偏振起偏器，该起偏器由双层旋转 90° 的不对称开口谐振环手性单元组成，如图 2.14（b）所示，这种结构可以调整入射电场的垂直成分以区分 y 极化波沿 z 轴负方向传播的部分，并通过电子束光刻法制备了 20×20 个单元（200 mm × 200 mm × 1.2 mm）组成的圆偏振起偏器，仿真和实验结果显示在 7.8 GHz 形成 RCP，在 10.1 GHz 形成 LCP，同时具有 30 dB 的偏振消光比[58]。

（3）手性负折射率人工超材料吸收性能的新进展。

手性负折射率人工超材料由于本身谐振会带来巨大损耗，因此是很好的吸波材料，同时又具有等效手性参数可调、频带宽等优点，大多数手性人工超材料具有正反面互易、双面吸收的特点，因此具有巨大的应用前景。图2.15是基于手性结构设计的一种极化不敏感和双面吸波的人工超材料吸波体。理论和仿真结果表明：该人工超材料吸波体在5.83 GHz对入射电磁波具有95.9%的双面强吸收，且对极化不敏感。

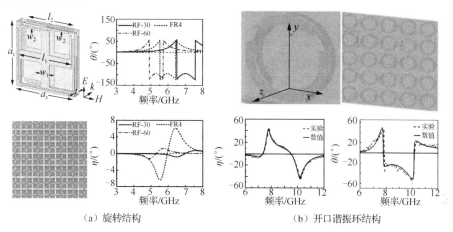

（a）旋转结构　　　　　　　　　　（b）开口谐振环结构

图2.14　手性偏振转换器

图2.15　手性吸波体的结构

对比具有代表性的传统手性结构和新型手性结构，就其实现负的等效折射率的机制、优点、仿真和实验制备的情况，总结如下：第一，手性负折射率人工超材料的机制已经为研究者所掌握，所以单纯的仿真模拟旨在指导实验制备和高频波段等效负折射率特性的探索；第二，如何实现手性负折射率人工超材料是目前研究的热点；第三，高频波段实现手性负折射率人工超材料是难点，特别是在可见光波段。综上所述，未来手性负折射率人工超材料的研究方向有：理论上，可深入研究基本特性、物理机制，构建更合理的结构模型；在对工作频段和方向性控制上，目前大多数的负折射率人工超材料的工作频段只能达到红外光波段，且只能在一定角度的入射波下实现负的等效折射，如果要实现隐身特性至少应该覆盖可见光波段，材料的各向同性特性也需要考虑，才能使不同方向入射波在较宽的频段上得到控制；在实验室制备上，目前平面工艺局限于很小的面积上，处于实验室测试阶段，如果要使手性负折射率人工超材料实现产业化，还需提高相关制备工艺，向大体积、三维空间发展；在继续探索与新型手性负折射率人工超材料设计及性能优化相关模拟仿真方法和光学器件的设计下，还要寻求新机制、新方法和新材料来解决因为材料损耗等因素所带来的无法在可见光波段实现负的等效折射率等难题。

2.2.3　小结

本节讨论了影响人工超材料超常电磁特性的因素，包括介质对超常电磁特性的影响和结构对超常电磁特性的影响。通过讨论发现介质的介电常数和厚度分布独立地影响着人工超材料的超常电磁特性。即在其他参数固定的情况下，介电常数主要控制人工超材料的响应频率，而介质厚度则主要控制人工超材料对入射电磁波的吸收率。人工超材料结构对超常电磁特性的影响主要体现在谐振机制上，双负人工超材料主要采用开口谐振环阵列和金属线阵列组合结构。前者实现等效磁导率为负，后者实现等效介电常数为负，且只有当等效介电常数和等效磁导率同时为负时才可以实现负的等效折射率。而手性结构只要手性足够大，不需要等效介电常数和等效磁导率同时为负就可以实现负的等效折射率。

2.3　负折射率人工超材料的基本理论及实现方法

传统的双负型负折射率人工超材料利用了开口谐振环阵列和金属线阵列组合结构，这种结构在人工超材料制备上存在一定的困难，虽然渔网结构使得光波波段负折射率人工超材料的制备更加容易，但是要同时在共振频率处同时实现负的等效介电常数和负的等效磁导率的条件仍然十分苛刻。然而，通过研究发现手性结构也能实现负的等效折射率，且负的等效折射率只与手性有关，因此手性结构实现负折射率人工超材料的条件相对宽松，可极大地简化加工工艺，更有利于光波波段人工超材料的加工。手性人工超材料不仅相对于自然手性材料具有更强的旋光性，还可以产生圆二向色性等特性，这里我们将通过一种手性结构来实现可见光波段多频带负的等效折射率。

2.3.1　手性结构设计

本节在互补共轭"U"形结构[11]的基础上提出了双层共轭 C_4 形镂空开口谐振环手性结构，如图 2.16 所示。该手性单元结构尺寸 $x = y = 500$ nm，材料由金/聚酰亚胺/金（Au/polyimide/Au）三层组成，如图 2.16（b）所示。其中金属层厚度 t

为 50 nm，介质厚度 d 为 50 nm，环宽为 g，开口角度为 α。正面和背面金属层均刻有四个镂空的 "C" 形开口谐振环，如图 2.16（a）和（c）所示，正面上的四个 "C" 形开口谐振环开口依次旋转 90°，背面金属层为正面金属层沿 y 轴旋转 180° 所得。介质聚酰亚胺的介电常数为 3.5，损耗正切角 $\tan\delta = 0.003$，金属的介电常数采用 Drude 模型，如 $\varepsilon = 1 - \omega_p^2/(\omega^2 + i\gamma_e\omega)$，其中等离子体频率为 $\omega_p = 1.37 \times 10^{16}$ s^{-1}，电谐振频率 $\gamma_e = 2.04 \times 10^{14}$ s$^{-1[59]}$。仿真采用基于时域有限差分（finite difference time domain，FDTD）法的电磁场仿真商用软件 CST Microwave Studio 完成，仿真范围为 $1.5 \times 10^{14} \sim 9.0 \times 10^{14}$ Hz，相当于波长 333～2000 nm。

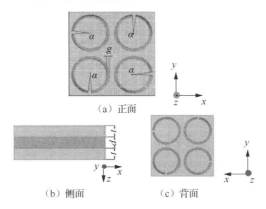

（a）正面

（b）侧面　　　　　　（c）背面

图 2.16　双层共轭 "C$_4$" 形镂空开口谐振环手性结构

所有关于人工超材料与电磁波的相互作用都可以用麦克斯韦方程组来求解。在多层纳米介质薄膜结构的厚度方向上，尺寸小于波长或和波长可以比拟时，人工超材料可用等效介质理论对电磁特性进行宏观描述[60-62]。用来数值计算的基本数据均来源于人工超材料的反射系数和透射系数，反射系数和透射系数可通过对人工超材料的仿真获得，目前电磁仿真软件很多，表 2.1 多种电磁仿真软件对比列举了一些常用的电磁仿真软件并归纳总结了它们的应用领域和计算速度等特点[63-67]。

表 2.1　多种电磁仿真软件对比

软件名称	公司名称	算法	特点	速度（网格数）
Microwave Office	Advancing The Wireless Revolution	method of moment	场路理论	三次方关系
XFDTD	Remcom 公司	finite difference time domain	三维全波	正比关系
HFSS	ANSOFT 公司	finite element method	三维全波	指数关系
CST Microwave Studio	德国 CST 公司	finite difference time domain	三维全波高频	线性关系

本结构的仿真计算选用的 CST Microwave Studio 2013 是德国 CST（Computer Simulation Technology）公司出品的三维高频电磁场仿真软件，在移动通信、蓝牙系统、集成信号和电磁兼容等领域应用广泛。微波工作室包括时域和频域两种求解模块，使用简洁，方便用户进行高频段设计需求，电磁特性更加直观。另外 CST Microwave Studio 采用时域有限差分法（FDTD），即先计算时域，用宽频信号去激励模型，在时域计算后再反演到频域，故可以计算相当大的宽带结果。另外，CST Microwave Studio 的专有理想边界拟合技术使 CST Microwave Studio 软件不但保持了 FDTD 的快速计算，而且还使其精度大为提高。CST Microwave Studio 不但计算速度快同时还解决了传统仿真软件考虑趋肤效应和材料的复杂性等所带来的失准等问题，仿真的准确性有了很大的提高。

CST Microwave Studio 最大的优点是特有的宽频求解功能和理想的边界拟合条件（perfect boundary approximation，PBA）。对我们所研究的周期性单元结构可将周期边界条件设置为 Unit cell 来模拟无限大材料的电磁特性，这种设置能够获得更接近材料实际的电磁特性。此外，在可见光波段，金属受趋肤效应的影响具有强烈的色散，这时电磁参数随频率波动剧烈常常会使仿真软件出现失真的状况。而 CST Microwave Studio 的 FDTD 技术，考虑了高频段金属的趋肤效应，在计算这些色散强烈的材料时，CST Microwave Studio 的频域求解器通过导入相应频率处电磁参数再进行计算，可以得到更准确、更实际的计算结果，CST Microwave Studio 就相当于带理想边界拟合条件的有限积分技术，因此仿真既快又准。

2.3.2　手性结构的多频带负折射率分析

（1）手性结构的反射系数和透射系数。

在单元大小不变的情况下，依次调整环宽 g 分别取 10 nm、15 nm 和 20 nm，开口角度 α 依次取 15°、10° 和 5°，以及金属和电介质厚度分别为 40 nm 和 50 nm 时仿真得到的多个样本的反射系数和透射系数如图 2.17 所示，曲线 R 为反射系数，曲线 T_{++} 为右旋圆偏振光的透射系数，曲线 T_{--} 为左旋圆偏振光的透射系数。

图 2.17（a）仿真显示，环宽 g 分别取 10 nm、15 nm 和 20 nm 时的样本在 $1.5 \times 10^{14} \sim 9.0 \times 10^{14}$ Hz 的仿真频率范围内出现 9 个谐振频率（透射峰值），并且谐振频率随着环宽 g 的增加逐渐向更高频方向移动。反射系数 R 和透射系数 T_{++} 或 T_{--} 显示当反射系数最小时透射系数达到最大值，并且在接近 5.0×10^{14} Hz，波长在接近 600 nm 左右处反射系数 R 出现极小值和透射系数 T_{++} 或 T_{--} 出现极大值，证明在整个仿真频率区域下，该结构材料对接近 600 nm 左右的可见光波损失最小。在手性结构影响下，右旋圆偏振光的透射系数 T_{++} 和左旋圆偏振光的透射系数 T_{--} 存在明显差异彼此分离，证明手性结构对右旋圆偏振光和左旋圆偏振光的透射情况有所不同。

图 2.17（b）仿真显示的是开口角度 α 分别取 15°、10° 和 5° 时各个样本的反射系数和透射系数。可见，减小开口角度谐振频率并没有发生移动（不同于调节环宽 g），但是反射系数 R 明显先减小后增大。该结构为镂空结构，按常规思维是镂空面积越大透光性越好，反射越少，例如增大环的宽度 g，反射系数越小，透射系数越大，如图 2.17（a）中 g = 20 nm, α = 10° 所示。但是当我们依次减小开口角度 α，试图进一步增大镂空面积时发现并不是开口越小透光性越好，而是有一定的限度，如图 2.17（b）中 α = 15°、10°、5° 所示，其中 α = 10° 的反射系数越小透射系数越大。

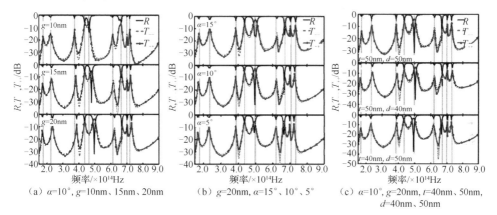

图 2.17 多个样本的反射系数和透射系数

通过优化环宽 g 和开口角度 α 发现，环宽 g 决定了共振频率的大小，且环宽的增加在一定程度上提高了电磁波的透射系数。而开口角度 α 不影响共振频率，只在一定程度上影响电磁波的透射系数。该手性结构的开口谐振环可视为 LC 振荡电路，形成电偶极子传递电能，环之间形成磁偶极子传递磁能。电场的能量和磁场的能量分别可以表示为 $Q^2/2C$ 和 $LQ'^2/2$[68]。因此透射的能量 τ 应该包含电场能量和磁场能量两部分，即

$$\tau = \frac{Q^2}{2C} + \frac{LQ'^2}{2} \tag{2.28}$$

式中，Q 是电量；电感 L 和电容 C 与几何参数 g 和 α 有关，可以通过传输线理论计算得出，$L = alL_{pul}(g)$，$C = bS/g^2$。其中，a 和 b 为常数；L_{pul} 为每单位的电感；l 是环的周长；S 是电容器极板的面积。

随着 g 的增加，电感 L 增加，电容 C 降低，磁场的能量和电场的能量均增加，根据式（2.28）透射能量增加，这与我们所得到的对反射系数和透射系数分析结论相一致，即透射系数 t 增大，反射系数 R 减小。电容的大小与开口角度 α 也存在一定关系，增大开口角度 α，环的周长 l、电容器极板的面积 S、电感 L 和电容

C 都会增大，磁场能量增加，电场能量降低，透射能量是非线性变化的，与我们所得到的对反射系数和透射系数分析结论也是一致的，即透射系数先增大后减小。

如图 2.17（c）所示，当 $g = 20$ nm, $\alpha = 10°$ 不变，改变金属和电介质的厚度 t 和 d，我们得到三个样本 $t = 50$ nm, $d = 50$ nm，$t = 50$ nm, $d = 40$ nm 和 $t = 40$ nm，$d = 50$ nm 的 S 参数。图 2.17（c）显示电介质的厚度对 S 参数没有影响，相反金属的厚度 t 对反射系数和透射系数影响很大，尤其是在高频段的左旋透射系数 T_{--}。当 $t = 40$ nm 时，我们看到左旋圆偏振光透射系数 T_- 的下降仅发生在较高的频率处，如 6.5×10^{14} Hz，数值比 $t = 50$ nm 时下降 20 dB，但是右旋圆偏振光透射系数 T_{++} 变化不明显。在较低频率区域，如 4.0×10^{14} Hz，T_- 的数值和其他样本的基本相同。在高频段透射系数下降，反射系数没有较大变化，说明结构在高频段损耗较大，这是因为金属在高频段受趋肤深度的影响。可见光波段人工超材料中的金属结构尺寸小至十几纳米甚至几纳米，金属在极小尺寸下具有强烈的吸收，因此损耗很大。

综上所述对不同尺寸下样本的反射系数和透射系数分析得出结构参数为 $g = 20$ nm, $\alpha = 10°$, $t = 50$ nm, $d = 50$ nm 是该结构的最优化结构，其共振频率为 1.7×10^{14} Hz、2.4×10^{14} Hz、3.8×10^{14} Hz、4.4×10^{14} Hz、5.0×10^{14} Hz、6.2×10^{14} Hz、6.7×10^{14} Hz、7.0×10^{14} Hz 和 7.3×10^{14} Hz，共 9 个。

（2）手性结构的等效手性参数和等效折射率。

固定其他结构参数不变，根据手性结构的 S 参数反演理论得到改变开口角度 a 和环宽 g 时多个样本的等效手性参数 κ_{eff}、左旋圆偏振光的等效折射率 $(n_{eff})_-$ 和右旋圆偏振光的等效折射率 $(n_{eff})_+$，分别如图 2.18 所示。

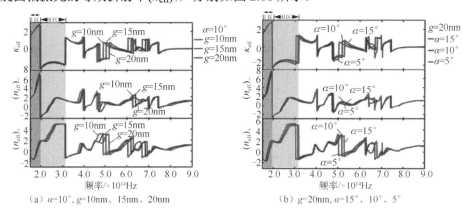

（a）$\alpha = 10°$; $g = 10$nm、15nm、20nm　　　　（b）$g = 20$nm, $\alpha = 15°$、10°、5°

图 2.18　等效手性参数和等效折射率

由图 2.18 中 κ_{eff} 可见，等效手性参数在共振频率处出现极值，并且在一定的频段内保持稳定的数值，如Ⅰ区和Ⅱ区所示，在整个仿真频段内类似这样的区域连续地依次交替出现。改变环宽 g 和开口角度 α 尺寸大小只改变了谐振频率并没有在数值上对 κ_{eff} 有明显的调节作用,这主要是因为我们选择的尺寸改变量较小,虽然尺寸改变了但基本手性结构没有改变。由图 2.18 中 $(n_{eff})_-$ 可见,该手性结构在 $1.5 \times 10^{14} \sim 9 \times 10^{14}$ Hz 仿真频率范围内出现了六个负的等效折射率区域,并且每个负的等效折射率区域涵盖的频率范围都比较大。改变环宽 g 和开口角度 α 对负折射率具有一定的调节作用,增大环宽 g 使整个负的等效折射率区域向高频方向移动,负的等效折射率有减小趋势,$(n_{eff})_-$ 的极值可达-2.5。调整开口角度 α 对负的等效折射率频率范围和数值的影响不大。由图 2.18 中 $(n_{eff})_+$ 可见,该手性结构在 $1.5 \times 10^{14} \sim 9 \times 10^{14}$ Hz 仿真频率范围内同样出现了六个负的等效折射率区域,并且每个负的等效折射率区域涵盖的频率范围也比较大。改变环宽 g 和开口角度 α 对负的等效折射率具有明显的调节作用,增大环宽 g 和开口角度 α 均能够使整个负的等效折射率区域向高频方向移动,在负的等效折射率的数值上,$(n_{eff})_+$ 的极值达到-1.9。通过对负的等效折射率频率范围的计算,左旋圆偏振光和右旋圆偏振光的负折射率频带分别占整个可见光波段的 22% 和 25%。

纵向对比图 2.18 中 κ_{eff}、$(n_{eff})_-$ 和 $(n_{eff})_+$ 发现,左旋圆偏振光负的等效折射率 $(n_{eff})_-$ 出现在等效手性参数的极小值处,并在等效手性参数保持一定负的极小值区域内(Ⅱ区)持续出现负的等效折射率。右旋圆偏振光负的等效折射率 $(n_{eff})_+$ 出现在等效手性参数的极大值处,并在等效手性参数保持一定极大值区域内(Ⅰ区)持续出现负折射率。说明了手性结构对左旋圆偏振光或者右旋圆偏振光负的等效折射率具有对其中一个偏振光促进,对另一个偏振光抑制的作用。对于折射率曲线中所发生的突变,原因可能来自两方面:一方面是光通过具有一定厚度的结构时光程变化导致的相位变化;另一方面是结构缺陷所形成的禁带。

2.3.3 手性结构的表面电磁场分析

为了进一步了解该手性结构的共振机理,我们提取最优化结构几何参数 $t = 50$ nm,$d = 50$ nm,$g = 20$ nm,$\alpha = 10°$ 时的 9 个谐振频率下的表面电流密度和电场强度分布图,9 个谐振频率 f_1 到 f_9 分别是 1.7×10^{14} Hz、2.4×10^{14} Hz、3.8×10^{14} Hz、4.4×10^{14} Hz、5.0×10^{14} Hz、6.2×10^{14} Hz、6.7×10^{14} Hz、7.0×10^{14} Hz 和 7.3×10^{14} Hz,如图 2.19 所示。

该结构聚酰亚胺前面的镂空开口谐振环的电流密度分布如图 2.19(a)所示,我们发现电流密度分布在镂空开口谐振环的内侧和外侧。聚酰亚胺后面的镂空开口谐振环的电流密度分布与前面镂空开口谐振环的电流密度分布相似,但是方向相反。电流密度的分布方向可以分为多个区域,方向平行区域形成多个电偶极子,电流密度分布反向平行区域形成多个磁偶极子。这种电偶极子和磁偶极子共振机制与"十"字形手性结构是不同的,"十"字形手性结构的共振机制是单电偶极子和单磁偶极子只能实现一个较窄频带的负的等效折射率区域，因此，电偶极子和磁偶极子相互作用机制是实现多个谐振频率进而实现多频带负的等效折射率的主要原因，也是实验设计中应该首先被考虑的重要因素。随着频率的增加，聚酰亚胺前后的镂空开口谐振环的相互耦合作用更加强烈，电场强度随着耦合作用的加剧而增强。为了更好地理解电偶极子和磁偶极子耦合作用机制，我们给出 9 个谐振频率下的电场强度分布图，如图 2.19（b）所示。

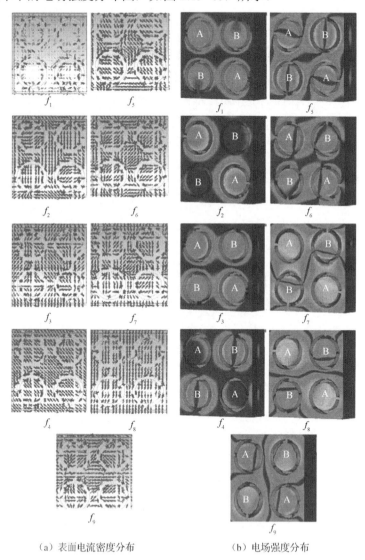

（a）表面电流密度分布　　　　　　　（b）电场强度分布

图 2.19　9 个谐振频率处的表面电流密度和电场强度分布图

通过分析 9 个谐振频率下的电场强度的分布，我们发现出现多谐振频率的两个主要原因：一方面，每层镂空开口谐振环能够产生不同的谐振频率；另一方面，两层镂空开口谐振环之间的耦合作用进一步增加了谐振频率的个数。该结构的电场强度分布与传统开口谐振环分布不同[42,69]，该结构的电场强度和分布范围比传统开口谐振环的电场强度强，分布范围广。电场强度主要分布集中在镂空开口谐振环上，而传统开口谐振环电场强度主要集中在开口的位置，开口谐振环其他位置的电场强度几乎为零，范围十分有限。除此之外，根据表面电场分布的相似性，镂空开口谐振环被分为两组，分别是 A 组和 B 组。开口水平方向平行的为 A 组，开口垂直方向平行的为 B 组，如图 2.19（b）所示。A 组和 B 组的电场强度在不同频率下是不同的，例如在谐振频率为 $f_2(2.4\times10^{14}\ \text{Hz})$和 $f_8(7.0\times10^{14}\ \text{Hz})$下 A 组镂空开口谐振环的电场强度比 B 组镂空开口谐振环的电场强度强。在频率 $f_4(4.4\times10^{14}\ \text{Hz})$、$f_5(5.0\times10^{14}\ \text{Hz})$和 $f_7(6.7\times10^{14}\ \text{Hz})$下电场强度的分布则相反，也就是 B 组比 A 组电场强度分布强。随着频率增加，电场强度明显增加，电场强度最强发生在频率 f_7 下。电场强度就在 A 组和 B 组之间这样交替强弱分布，主要归因于圆偏振光的电场强度 E 在垂直于波失 k 平面内旋转。

2.3.4 手性结构的旋光性和电磁特性分析

本节分别计算了该结构尺寸在开口角度 $\alpha=10°$ 处保持不变，环宽取 $g=10$ nm、15 nm、20 nm 和保持环宽 $g=20$ nm 不变，开口取 $\alpha=15°$、$10°$、$5°$ 时多个样本的圆二向色性 $\varDelta$、旋光角 θ 和椭偏度 η 随频率的变化曲线，如图 2.20 所示。

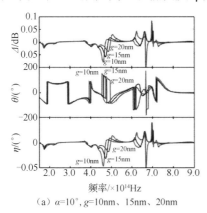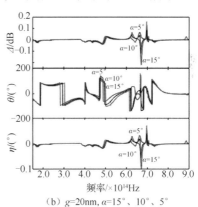

（a）$\alpha=10°$，$g=10$ nm、15 nm、20 nm　　　（b）$g=20$ nm，$\alpha=15°$、$10°$、$5°$

图 2.20　多个样本的圆二向色性 $\varDelta$、旋光角 θ 和椭偏度 η 随频率的变化曲线

圆二向色性 $\varDelta$ 是表征手性结构对不同圆偏振光吸收情况的物理量，即左旋圆偏振光和右旋圆偏振光透射情况之间的差异，手性结构在促进某圆偏振光透射的情况下同时抑制另一个圆偏振光的透射。保持开口角度 α 尺寸为 $10°$，环宽 g 尺寸分别为 10 nm、15 nm、20 nm 时的圆二向色性如图 2.20（a）所示，随着环宽 g 的

增加，谐振频率向高频方向移动，Δ 明显增大，这表示透射光谱之间的差异明显，图中有两个显著的峰值区域，一个峰值区域在 $5.0×10^{14}$ Hz 左右，一个峰值区域在 $7×10^{14}$ Hz 左右。保持环宽 g 为 20 nm，开口角度 α 分别为 15°、10°、5° 时的圆二向色性如图 2.20（b）所示，随着环开口 α 的减小，谐阵频率向低频方向移动，但变化不明显，峰值区域在 $7.0×10^{14}$ Hz 左右时 Δ 的值却增长明显，表明该手性结构在高频段具有良好的圆二向色性，并且在增大环宽 g 和开口角度 α 时均能够提高手性结构的圆二向色性。

旋光角 θ 主要指出射波偏振面相对于入射波偏振面在单位长度下的偏振旋转角，该手性结构在开口角度 α 保持 10° 不变时，环宽 g 分别取 10 nm、15 nm、20 nm，以及环宽 g 保持 20 nm 不变，开口角度 α 分别取 15°、10°、5° 时多个样本的旋光角如图 2.20 所示。在 $1.5×10^{14}$～$9.0×10^{14}$ Hz 仿真区域内旋光角最高达 180°，较一些红外光波段和可见光波段的手性结构负折射率人工超材料有很大提高[70]，因此该结构具有更好的旋光性。值得注意的是，当椭偏度 η 为零时偏振旋转角也很大，说明该手性结构在谐共振频率处具有很大的纯旋光性。

上述椭偏度 η 是指出射波相对于入射波偏振状态改变的程度，该结构在开口角度 α 保持 10° 不变时，环宽 g 分别取 10 nm、15 nm、20 nm，环宽 g 保持 20 nm 不变，开口角度 α 分别取 15°、10°、5° 时多个样本的椭偏度如图 2.20 中 η 所示，入射波在谐振频率处偏振状态发生了改变，手性参数对椭偏度的调节和对圆二向色性的调节有相似之处。

计算得出该手性结构在最优化结构几何参数 $t = 50$ nm，$d = 50$ nm，$g = 20$ nm 和 $\alpha = 10°$ 时的等效介电常数 $\varepsilon_{\mathrm{eff}}$ 和等效磁导率 μ_{eff} 如图 2.21 所示。从图 2.21 中可见，在 $1.5×10^{14}$～$9.0×10^{14}$ Hz 仿真区域内 $\varepsilon_{\mathrm{eff}}$ 和 μ_{eff} 出现了多个小于零的区域，不同于双负人工超材料的是，在谐振区域 $\varepsilon_{\mathrm{eff}}$ 和 μ_{eff} 并不同时为负。

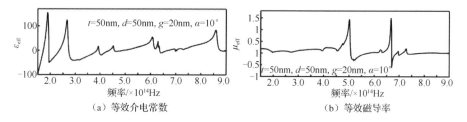

（a）等效介电常数　　　　　　　　　　（b）等效磁导率

图 2.21　手性结构在不同参数下的等效介电常数 $\varepsilon_{\mathrm{eff}}$ 和等效磁导率 μ_{eff}

计算得出该手性结构在最优化结构几何参数 $t = 50$ nm，$d = 50$ nm，$g = 20$ nm，$\alpha = 10°$ 时的归一化波阻抗 $Z_r \approx 1$ 如图 2.22 所示。在 $4.8×10^{14}$ Hz 处 Z_r 的值很好地满足真空波阻抗匹配条件，在这里，我们所设计的手性结构在负的等效折射率处实现真空波阻抗匹配。真空波阻抗匹配定义为材料的等效波阻抗等于真空波阻抗

Z_0，即 $Z_r = Z_{eff} / Z_o$[71,72]。根据 Landy 理论可知，等效波阻抗与真空波阻抗不匹配时将导致反射增大，相反阻抗匹配时反射下降[73,74]。因此，通过调节环宽 g 和开口角度 α 可以提高实际的真空阻抗匹配。在多个样本中，$g = 20$ nm，$\alpha = 10°$ 时左旋偏振光和右旋偏振光有最高的接近于 1 的透射系数和最低的反射系数 0。左旋偏振光的吸收和右旋圆偏振光的吸收接近于零，如图 2.22 中灰色区域所示，$(\varepsilon_{eff})_- = (\mu_{eff})_+ = (n_{eff})_- = (n_{eff})_+$，这种数据关系可以解释我们所设计的结构在 4.8×10^{14} Hz 具有真空波阻抗匹配[75]。虽然真空波阻抗并不容易实现，但是我们可以通过这种人工结构来实现，即电磁响应是相互独立可调的结构，介电常数和磁导率存在不同的色散关系。

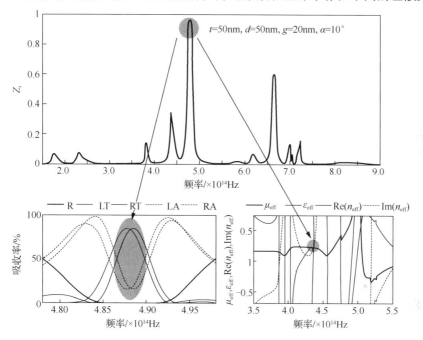

图 2.22 手性结构在不同几何参数下的归一化波阻抗

计算得出该手性结构在最优化结构几何参数 $t = 50$ nm, $d = 50$nm, $g = 20$ nm, $\alpha = 10°$ 时的品系因数 FOM，见图 2.23。FOM 数值最大值达到 1.2，另外品质因数受手性的影响非常明显，在手性参数的极值处品质因数较大。

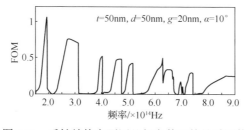

图 2.23 手性结构在不同几何参数下的品质因数

2.3.5 小结

我们给出了一种典型的手性结构，即双层共轭 C_4 形镂空开口谐振环手性结构，研究了该结构负的等效折射率特性。该结构在手性结构的作用下，左旋圆偏振光和右旋圆偏振光在 $1.5×10^{14}$ Hz 到 $9.0×10^{14}$ Hz 范围内分别具有 6 个频带的负等效折射率特性，负折射率分别出现在手性参数的正负极值区域。对不连续的负等效折射率区域求和，左旋圆偏振光和右旋圆偏振光负的等效折射率区域分别占可见光波段的 22%和 25%。在谐振频率下电偶极子和磁偶极子谐振作用是实现多频带负等效折射率的重要物理机制。此外，该手性结构还具有非常大的旋光性，旋光角可达±180°。且与双负人工超材料结构不同，该手性结构的介电常数和磁导率在谐振频率处并不同时为负，在中心谐振频率 $5.0×10^{14}$ Hz 处该结构还具有良好的真空波阻抗匹配。

2.4 零折射率人工超材料的基本理论及实现方法

与负折射率人工超材料相似，零（或近零）折射率人工超材料也是人们感兴趣的一种超常电磁特性的人工超材料。目前常见的零（或近零）折射率人工超材料可分为三种：等效介电常数为零（或近零）的人工超材料（$\varepsilon_{eff} = 0$）、等效磁导率为零（或近零）的人工超材料（$\mu_{eff} = 0$）和等效介电常数和等效磁导率同时为零的人工超材料（$\varepsilon_{eff} = 0, \mu_{eff} = 0$）[75-78]。可见光波段的人工超材料的几何尺寸一般在几百纳米，甚至一些细节部分达到十几纳米，传统的光刻和印刷技术是无法做到的。目前，通过生物化学分子自组装方法可以制备十几纳米量级的超分子单元结构，因此这里基于中国科学院化学研究所制备的超分子设计了一种笼目结构，通过等效介质电磁参数反演计算表明这种人工超材料可在光波波段对圆偏振光实现双频带负等效零折射率。

2.4.1 笼目结构的设计

中国科学院化学研究所分子纳米结构与纳米技术重点实验室对二维笼目结构的研究受到广泛关注，该结构由于其独特的几何形状和潜在的应用价值成为近年表面分子组装研究的热点之一。研究人员以磺化硫杂杯芳烃分子为基元在 Au（111）表面成功构筑了二维笼目结构，如图 2.24 所示，并在该类结构中发现了手性的存在[79]。基于此二维笼目结构，本节设计的笼目结构如图 2.25 所示。笼目结构中单个 Au 长方体的尺寸是 $l(nm)×l(nm)×t(nm)$，对称结构相邻 Au 长方体之

间的夹角是 $\alpha = 45°$。非对称结构 Au 长方体之间的夹角是 $\alpha = 60°$。单元边界条件设置为周期性边界条件，单元晶格常数 a 为 350 nm。介质的厚度为 50 nm。

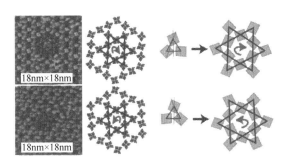

图 2.24　分子自组装二维笼目手性结构[79]

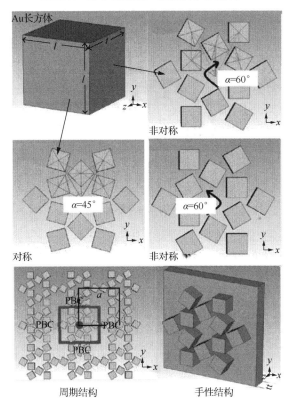

图 2.25　人工二维笼目对称和手性单元结构

笼目单元结构的几何参数：Au 长方体边长为 $l = 50$ nm，金属片厚度为 $t = 30$ nm，40 nm，50 nm，相邻 Au 长方体之间的夹角为 α，对称结构的 $\alpha = 45°$，不对称结构的 $\alpha = 60°$，手性结构的 $\alpha = 60°$。介质厚度为 tt，介质选择聚酰亚胺，其介电常数为 3.5，损耗角 $\tan\delta$ =0.003。高频段金属材料选择金 Au，仿真中金采用 Drude 模型 $\varepsilon = 1 - \omega_p^2/(\omega^2 + i\gamma_e\omega)$，其中等离子体频率为 $\omega_p = 1.37\times10^{16}\,s^{-1}$，电谐振频率 $\gamma_e = 2.04\times10^{14}\,s^{-1[57]}$。仿真采用基于时域有限积分法的电磁场仿真商用软件 CST Microwave Studio 完成，仿真范围为 $6\times10^{14}\sim10\times10^{14}$ Hz，相当于波长 300～500 nm。边界条件 x 和 y 方向为周期性边界条件，周期长度为 350 nm，z 方向为电磁波入射方向。对称结构由六个 Au 长方体旋转对称排列构成。手性结构则由两层非对称结构组成，其中结构的几何参数和材料参数除 Au 长方体的夹角 α 不同之外均与非手性的结构相同。

　　虽然制备几十纳米的结构还存在困难，但是纳米科学和纳米加工技术的最新进展使人工材料的发展使该结构的制备存在可能。如文献[80]首次使用电子束光刻（electron-beam lithography，EBL）技术在玻璃基底上实现了 130 nm 的 Au 薄膜和 50 nm 的 MgF$_2$ 薄膜结构，通过电子束蒸发（electron-beam evaporation）技术在基底上形成了厚度为 5 nm 的 Au 薄膜。文献[81]制备了超单元金属表面，Au 棒的长度 40～260 nm，厚度和宽度分别是 30 nm 和 90 nm。文献[82]采用聚焦离子束（focused-ion-beam，FIB）技术制备了纳米狭缝金属表面，狭缝的尺寸分别是 250 nm × 60 nm 和 190 nm × 60 nm。文献[83]采用电子束光刻技术在透明基板和 23 nm 厚锡氧化物（indium tin oxide，ITO）层上制备不同种类的等离子体纳米天线排列结构。文献[84]在硅基底制备金属表面，纳米棒尺寸 200 nm× 80 nm × 30 nm，MgF$_2$ 薄膜和 Au 薄膜的厚度分别为 90 nm 和 130 nm。我们注意到纳米印刷设备可以大规模制备纳米棒金属表面，同时具有非常低的损失。现在，通过分子自组装技术可以得到更小尺寸的单元结构，例如分子尺寸只有几纳米[79]。

　　对称结构与手性结构的电磁参数反演法略有不同[61,85-87]，如图 2.26（a）所示，图中 S_{11}、S_{12}、S_{21} 和 S_{22} 均为散射系数。

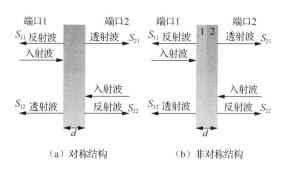

（a）对称结构　　　　　　　　（b）非对称结构

图 2.26　等效介质模型

首先定义一个一维传输矩阵：

$$F' = TF \tag{2.29}$$

式中，

$$F = \begin{bmatrix} E \\ H \end{bmatrix} \tag{2.30}$$

$$T = \begin{bmatrix} \cos(nkd) & -\dfrac{k}{Z}\sin(nkd) \\ \dfrac{k}{Z}\sin(nkd) & \cos(nkd) \end{bmatrix} \tag{2.31}$$

其中，E 和 H 为分别为电场强度和磁场强度；d、n 和 k 为介质厚度、折射率和波数。

根据电磁参数的反演规则，有如下表达式：

$$S_{21} = \frac{2}{T_{11} + T_{22} + i(kT_{12} - T_{21}/k)} \tag{2.32}$$

$$S_{11} = \frac{T_{11} - T_{22} + i(kT_{12} + T_{21}/k)}{T_{11} + T_{22} + i(kT_{12} - T_{21}/k)} \tag{2.33}$$

$$S_{22} = \frac{T_{22} - T_{11} + i(kT_{12} + T_{21}/k)}{T_{11} + T_{22} + i(kT_{12} - T_{21}/k)} \tag{2.34}$$

$$S_{12} = \frac{2\det(T)}{T_{11} + T_{22} + i(kT_{12} - T_{21}/k)} \tag{2.35}$$

由于等效介质结构为对称结构，因此存在 $T_{11} = T_{22} = T_s$，$\det(T) = 1$。因此，由式（2.32）～式（2.36）可得

$$S_{21} = S_{12} = \frac{1}{T_s + \dfrac{1}{2}\left(ikT_{12} + \dfrac{T_{21}}{ik}\right)} \tag{2.36}$$

$$S_{11} = S_{22} = \frac{\dfrac{1}{2}\left(\dfrac{T_{21}}{ik} - ikT_{12}\right)}{T_s + \dfrac{1}{2}\left(ikT_{12} + \dfrac{T_{21}}{ik}\right)} \tag{2.37}$$

同时还可以得

$$S_{21} = S_{12} = \frac{1}{\cos(ikd) - \dfrac{i}{2}\left(Z + \dfrac{1}{Z}\right)\sin(nkd)} \tag{2.38}$$

$$S_{11} = S_{22} = \frac{\mathrm{i}}{2}\left(Z - \frac{1}{Z}\right)\sin(nkd) \tag{2.39}$$

由式（2.38）和式（2.39）可以得到对称结构的等效折射率和等效波阻抗的表达式，即

$$
\begin{aligned}
n_{\mathrm{eff}} &= \frac{1}{k_0 d}\cos^{-1}\left[\frac{1}{2S_{21}}\left(1 - S_{11}^2 + S_{21}^2\right)\right] \\
&= \frac{1}{k_0 d}\left\{\left[\ln\left(\mathrm{e}^{\mathrm{i}2nk_0 d}\right)'' + 2m\pi\right] - \mathrm{i}\left[\ln\left(\mathrm{e}^{\mathrm{i}2nk_0 d}\right)'\right]\right\}
\end{aligned} \tag{2.40}
$$

$$Z_{\mathrm{eff}} = \sqrt{\frac{\left(1 + S_{11}\right)^2 - S_{21}^2}{\left(1 - S_{11}\right)^2 - S_{21}^2}} \tag{2.41}$$

式中，$m = 0, \pm 1, \pm 2, \cdots$ 为取舍等效折射率实部周期性多值问题时的整数[62-63]。根据等效折射率 n_{eff} 和等效波阻抗 Z_{eff}，得到等效介电常数 $\varepsilon_{\mathrm{eff}}$ 和等效磁导率 μ_{eff}，即

$$\varepsilon_{\mathrm{eff}} = \frac{n_{\mathrm{eff}}}{Z_{\mathrm{eff}}} \tag{2.42}$$

$$\mu_{\mathrm{eff}} = n_{\mathrm{eff}} \cdot Z_{\mathrm{eff}} \tag{2.43}$$

假设平面电磁波 90° 入射到非对称结构中（图 2.26（b）），非对称结构的两面对入射平面波等效折射率和等效波阻抗有不同的表达式，因此两个界面的等效折射率 n_{eff} 和等效阻抗 Z_{eff} 表达式为

界面 1：

$$n_{\mathrm{eff}_1} = \frac{1}{kd}\cos^{-1}\left[\frac{1}{2S_{21}}\left(1 - S_{11}^2 + S_{21}^2\right)\right] \tag{2.44}$$

$$Z_{\mathrm{eff}_1} = \sqrt{\frac{\left(1 + S_{11}\right)^2 - S_{21}^2}{\left(1 - S_{11}\right)^2 - S_{21}^2}} \tag{2.45}$$

界面 2：

$$n_{\mathrm{eff}_2} = \frac{1}{kd}\cos^{-1}\left[\frac{1}{2S_{12}}\left(1 - S_{22}^2 + S_{12}^2\right)\right] \tag{2.46}$$

$$Z_{\mathrm{eff}_2} = \sqrt{\frac{\left(1 + S_{22}\right)^2 - S_{12}^2}{\left(1 - S_{22}\right)^2 - S_{12}^2}} \tag{2.47}$$

2.4.2 笼目结构的双频带等效零折射率分析

（1）笼目结构的反射系数和透射系数。

基于 CST Microwave Studio 仿真计算，我们得到对称结构、手性结构及各自带介质结构的透射系数 T 和反射系数 R，如图 2.27 所示。

图 2.27（a）说明 T 曲线在两个谐振频率 7.9×10^{14} Hz 和 9.4×10^{14} Hz 上保持最小值，相反 R 曲线达到最大值，说明在这两个谐振频率下笼目结构对入射光的反射最大。R 曲线在两个频率点 8.5×10^{14} Hz 和 9.6×10^{14} Hz 上达到最小值，T 曲线则达到最大值，说明这两个谐振频率下笼目结构对入射光的透射最大。改变 Au 长方体厚度 t，在第一个共振区域，随着 t 的增加 R 和 T 曲线下降明显；在第二个共振区域，随着 t 的增加 R 和 T 曲线有所增加，但并不十分明显。同时，与图 2.27（a）反射系数和透射系数相对应的相位如图 2.27（b）所示，图中相位的突变说明笼目结构的反向谐振强度很大。图 2.27（c）考虑介质的影响，谐振频率从 2 个增加到 5 个，反射系数在谐振频率 8.6×10^{14} Hz 处最小，为 -53.412 dB，与没有介质的结构相比，反射系数下降。谐振频率的增加说明多一种材料即多了一个固有的谐振频率，增加介质就相当于增加了更多耦合作用。在低频段与图 2.27（a）相比，T 曲线和 R 曲线的谐振频率接近且数值也有明显的变化。相反无介质时，结构的透射系数和反射系数变化缓慢且谐振频率距离比较远。增加相邻 Au 长方体的旋转角，当 $\alpha = 60°$ 时，谐振频率明显向高频方向移动，如图 2.27（d）所示。如图 2.27（e）所示，同样证明了当增加介质时谐振频率数增加的现象，尤其是在图 2.27（d）无共振频率 $6.0 \times 10^{14} \sim 9.0 \times 10^{14}$ Hz 频段处出现了更多的谐振频率。图 2.27（c）和（e）所示的谐振频率增加的数量主要取决于材料和笼目结构之间的耦合作用，由此可以推断增加结构中材料的数量就会增加谐振频率的数量。手性结构的反射系数和透射系数如图 2.27（f）所示，对比对称结构（图 2.27（d））可见谐振频率并没有发生大的移动，但是透射系数明显大于反射系数，且左旋圆偏振光和右旋圆偏振光透射系数不同，这是因为手性结构对右旋圆偏振光和左旋圆偏振波的透射情况不同，即手性结构的双折射特性。

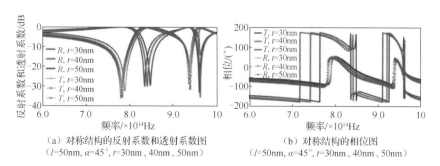

（a）对称结构的反射系数和透射系数图
（$l=50$nm，$\alpha=45°$，$t=30$nm、40nm、50nm）

（b）对称结构的相位图
（$l=50$nm，$\alpha=45°$，$t=30$nm、40nm、50nm）

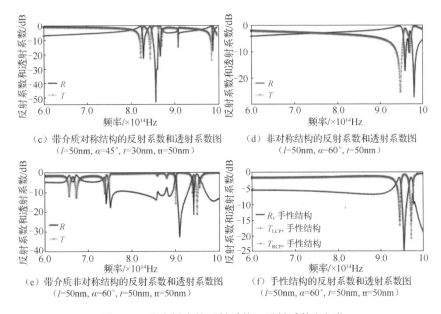

（c）带介质对称结构的反射系数和透射系数图
（l=50nm, α=45°, t=30nm, tt=50nm）

（d）非对称结构的反射系数和透射系数图
（l=50nm, α=60°, t=50nm）

（e）带介质非对称结构的反射系数和透射系数图
（l=50nm, α=60°, t=50nm, tt=50nm）

（f）手性结构的反射系数和透射系数图
（l=50nm, α=60°, t=50nm, tt=50nm）

图2.27　多个样本的反射系数、透射系数和相位

（2）笼目结构的等效折射率。

利用仿真得到的反射系数和透射系数得到各个样本的等效折射率随频率变化曲线，如图2.28（a）所示，结构尺寸为 α = 45°，t = 30 nm、40 nm、50 nm 的无介质对称结构在 7.9×10^{14} Hz 和 9.4×10^{14} Hz 附近出现两个折射率为零的频段。通常所说的零折射率频段范围都很小，这大大限制了材料的使用范围。一般认为折射率的实部|Re(n)|<0.01 的频段都可视为零折射率频段[88]。

以结构尺寸为 α = 45°，t = 50 nm 为例，零折射率区域为 7.8×10^{14}～8.3×10^{14} Hz 和 9.4×10^{14}～9.6×10^{14} Hz，减小 Au 长方体厚度零折射率区域进一步增宽，α = 45°，t = 30 nm，零折射率区域为 7.9×10^{14}～8.4×10^{14} Hz 和 9.4×10^{14}～9.6×10^{14} Hz 到更高的频率处。图2.28（a）还显示零折射率区域受 Au 长方体尺寸影响较大，当增大 Au 长方体厚度参数 t 时，在较低频段处零折射率频段向低频率方向移动，在较高频段处零折射率频段向高频方向移动，前者移动幅度较大，后者移动幅度较小。随着 t 的增加，第一个谐振频率向高频率方向移动（蓝移），第二个谐振频率向低频率方向移动（红移）。当频率为 8.2×10^{14} Hz 时，基于笼目结构的谐振现象，光垂直入射时等效介电常数随频率的增长从负变为零。等效折射率与等效介电常数的关系为 $n_{\text{eff}} = \sqrt{\varepsilon_{\text{eff}}\mu_{\text{eff}}}$，笼目结构能够实现零折射率如图2.28（b）楔形实验所示的电场空间相位分布图。

考虑基质、旋转角和手性因素对等效折射率的影响，如图2.28（c）所示，当 α = 45°，t =50 nm，tt= 50 nm 折射率在共振频率处接近于零，但是这个近零折射率频带非常窄。当 $\alpha = 60°$，$t = 50\ nm$，除了两个宽带的近零折射率频带外同时在 $9.6×10^{14}\ Hz$ 处等效负折射率为-3。当结构尺寸为 $\alpha = 60°$，$t = 50\ nm$，tt $= 50\ nm$ 时的等效折射率只有在仅有的几个频率点上近似为 1.0，其余部分等效折射率都很小，等效折射率小于 1 说明结构的色散非常强烈。对比 $t = 50\ nm$，tt $= 50\ nm$，$\alpha = 45°$ 和 $\alpha = 60°$ 时的带介质结构，谐振频率的数目和等效折射率的数值都有所增加，这主要是因为多种材料共振频率的耦合作用，并且无图案的纯介质平板将会减弱共振、削弱结构的手性。对手性结构 $\alpha = 60°$，$t = 50\ nm$，等效折射率的变化趋势较小，只是等效折射率的数值明显增加。在高频段处，谐振无规律可循，因为单元尺寸很小，手性结构导致了谐振频率升高和高频段的一些特殊性质。等效折射率（在负-零-正之间转化）可以通过调整 Au 长方体厚度进行调节，同时旋转角、基质和手性对等效折射率都有一定的影响。

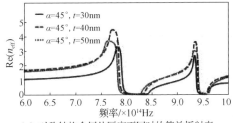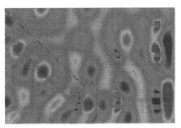

（a）对称结构金属片厚度不同时的等效折射率　（b）$8.2×10^{14}$Hz波入射楔形结构电场的相位空间分布

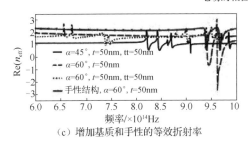

（c）增加基质和手性的等效折射率

图 2.28　零折射率效应

（3）笼目结构的表面电磁场分析。

谐振频率为 $8.5×10^{14}\ Hz$ 和 $9.6×10^{14}\ Hz$ 的电场分布和磁场分布如图 2.29 所示。

在第一个谐振频率处电场强度较强，在第二个谐振频率处磁场强度较强。谐振单元之间和电磁波的相互作用可以影响结构的特性，因此通过了解结构的相互作用效应可以进一步解释图 2.28 谐振移动的物理机制。在第一个谐振频率处电谐振起主导作用，这种作用随 t 增长而减弱，因此增加 t，第一个谐振频率向高频率方向移动（蓝移）；在第二个谐振频率处磁谐振起主导作用，这种作用随 t 增长而增强，因此增加 t，第二个谐振频率向低频率方向移动（红移）。

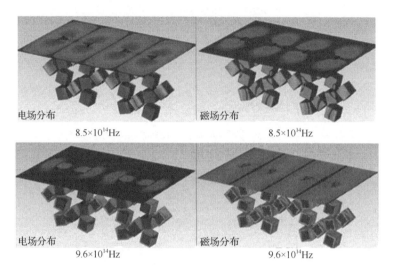

图 2.29 谐振频率为 8.5×10^{14} Hz 和 9.6×10^{14} Hz 的电场分布和磁场分布

（4）笼目结构的电磁特性分析。

同样利用仿真得到的反射系数和透射系数，得到结构尺寸为 $l = 50$ nm，$\alpha = 45°$，$t = 30$ nm、40 nm、50 nm 的对称结构的等效介电常数和等效磁导率随频率变化曲线，如图 2.30 所示。

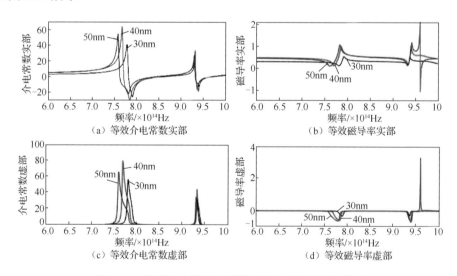

图 2.30 等效介电常数和等效磁导率随频率变化曲线

图 2.30（a）说明该结构在 8.5×10^{14} Hz 和 9.6×10^{14} Hz 实现零等效介电常数。在此谐振频率下等效磁导率并不为零，如图 2.30（b）所示，按照折射率公式

$n_{\text{eff}} = \sqrt{\varepsilon_{\text{eff}} \mu_{\text{eff}}}$，零折射率是通过等效介电常数（实部）为零、等效磁导率（实部）为零或两者同时为零来实现的。

人工超材料对电磁波的损耗可由导电损耗、电介质损耗和磁介质损耗组成。分别表示为：$\tan \delta_\varepsilon = \sigma/\varepsilon_r + \varepsilon_i/\varepsilon_r$，$\varepsilon_i$ 为介电常数的虚部，ε_r 为介电常数的实部，σ 为电导率。损耗正切角的第一部分为导电损耗，取决于电导率的大小，第二部分为电介质损耗。等效介电常数的虚部是由材料内部的各种转向极化跟不上外部高频电场变化而引起的各种弛豫极化所致，代表着材料的电介质损耗项，即当外电场频率和材料固有电偶极子频率相等时就会发生电介质损耗。所以在谐振频率 7.9×10^{14} Hz 处图 2.30（c）中出现等效介电常数的虚部极值。磁介质损耗也可以用损耗正切角来表示，即 $\tan \delta_\mu = \mu_i/\mu_r$，$\mu_i$ 和 μ_r 分别为磁导率的虚部和实部。在高频率 9.6×10^{14} Hz 处，如图 2.30（d）所示，受磁谐振的影响，等效磁导率的虚部较大，所带来的损耗也就相对较大。

在 8.5×10^{14} Hz 和 9.6×10^{14} Hz 频率下，结构尺寸为 $\alpha = 45°$，$t = 30$ nm、40 nm、50 nm 时的对称结构的归一化等效波阻抗为 $Z_r = Z_{\text{eff}}/Z_0$，其中 Z_{eff} 为等效波阻抗，$Z_0 = \sqrt{\varepsilon_0 \mu_0}$ 为真空波阻抗，如图 2.31 所示。图中存在两个峰值，显示在此谐振频率下实现了近阻抗匹配。材料的零折射率特性和阻抗特性均随频率而变化，如果阻抗不匹配就会增大反射，因此在同一个频率下实现零折射率特性和阻抗特性同时匹配很难，如何对零折射率和阻抗进行协调控制是零折射人工超材料设计的重点。这种阻抗不匹配可以通过减小零折射率人工超材料的尺寸解决，同时减小尺寸还可以提高人工超材料对电磁波的遂穿效应，也用作超耦合器件。

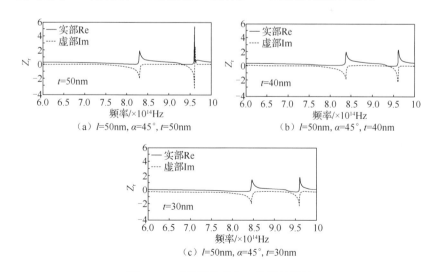

图 2.31 对称结构的归一化等效阻抗

在近零频带处随着Au长方体厚度t的降低归一化等效波阻抗的实部显示为接近1，满足阻抗匹配，如图2.31（c）所示。尽管在频率8.5×10^{14} Hz和9.6×10^{14} Hz处的等效磁导率的实部不为零，但是保持接近零的数值（0.5）左右，满足阻抗匹配条件。本节采用反演理论得到的阻抗匹配结论与 Yun 等[89]研究当$\varepsilon_{\text{eff}}\to0$且$\mu_{\text{eff}}\to0$得到的$Z_{\text{eff}}=\sqrt{\varepsilon_{\text{eff}}\mu_{\text{eff}}}\to0$的结论是一致的。特别是当$t=30$ nm时，频率9.616×10^{14} Hz处的Z_{r}有效降低，从而达到阻抗匹配。

对于负折射率人工超材料通常采用品质因数（FOM=|Re(n_{eff})/Im(n_{eff})|）来描述材料的损失情况，但是这种评价标准并不适用于零折射率人工超材料，因为Re(n_{eff})趋近于零。我们采用反射、透射和吸收来描述零折射率人工超材料的损失。结构参数为$l=50$ nm，$\alpha=45°$，$t=50$ nm的对称结构的反射率R、透射率T和吸收率A曲线如图2.32所示。在第一个近零折射率频带反射率为0，透射率为80%，吸收率下降到10%，这种高传输和低损失有助于提高材料的性能。在第二个近零折射率频带反射率、透射率和吸收率变化比较复杂，共振带宽很窄。

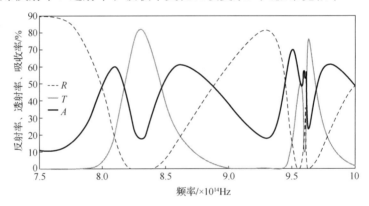

图2.32 结构参数为$l=50$ nm，$\alpha=45°$，$t=50$ nm 的对称结构的反射、
透射和吸收曲线

2.4.3 小结

本节设计了笼目结构，研究了笼目结构的零折射率特性。其中具有对称性的笼目结构在$7.8\times10^{14}\sim8.6\times10^{14}$ Hz 和$9.4\times10^{14}\sim9.8\times10^{14}$ Hz 频段实现了介电常数为零、等效磁导率接近为零的双频带零折射率特性。在谐振频率下的电场分布磁场分布分析认为第一个零折射率频带是受电谐振的作用，第二个零折射率频带是受磁共振的作用。且该结构在第一个零折射率频带内的阻抗匹配，第二个零折射率频带内的阻抗在 Au 长方体厚度减小到 30 nm 时由阻抗不匹配达到阻抗匹配。

参 考 文 献

[1] Pendry J B, Holden A J, Stewart W J, et al. Extremely low frequeney plasmons in metallic mesostructures[J]. Physical Review Letters, 1996, 76(25): 4773-4776.

[2] Pendry J B. A chiral route to negative refraction[J]. Science, 2004, 306(5700): 1353-1355.

[3] Tretyakov S, Sihvola A, Jylh L. Backward wave regime and negative refraction in chiral composites[J]. Photonics and Nanostructures-Fundamentals and Applications, 2005, 3(2-3): 107-115.

[4] Pendry J B, Holden A J, Robbins D J, et al. Magnetism from conductors and enhanced nonlinear phenomena[J]. IEEE Transactions on Microwave Theory and Techniques, 1999, 47(11): 2075-2084.

[5] 丁玉斌. 基于可调谐手征结构负折射率材料的数值研究[D]. 武汉: 华中师范大学, 2015: 19.

[6] Lindell L V, Sihvola A H, Trelyakov S A, et al. Electromagnetic waves in chiral and Bi-Isotropic media[M]. Boston: Artech House, 1994.

[7] Kwon D H, Werner P L, Werner D H. Optical plannar chiral metamaterial designs for strong circular dichroism and polarization rotation[J]. Optics Express, 2008, 16(16): 11802-11807.

[8] Kwon D H, Werner D H, Kildishev A V, et al. Material parameter retrieval procedure for general bi-isotropic metamaterials and its application to optical chiral negative-index metamaterial design[J]. Optics Express, 2008, 16(16): 11822-11829.

[9] Chen H S, Ran L X, Huangfu J T, et al. Left-handed materials composed of only S-shaped resonators[J]. Physical Review E, 2004, 70(5): 057605.

[10] Plum E, Zhou J, Dong J, et al. Metamaterial with negative index due to chirality[J]. Physical Review B, 2009, 79(3): 035407.

[11] Lakhtakia A, Varadan V V, Varadan V K. Field equations, Huygens's principle, integral equations, and theorems for radiation and scattering of electromagnetic waves in isotropic chiral media[J]. Journal of the Optical Society of America A, 1988, 5(2): 175-184.

[12] Johnson P B, Christy R W. Optical constants of the noble metals[J]. Physical Review B, 1972, 6(12): 4370-4379.

[13] Fang Y J, Chen Z, Chen L, et al. Ultra-Short plasmonic splitters and waveguide cross-over based on coupled surface plasmon slot waveguides[J]. Optics Express, 2011, 19(3): 2562-2572.

[14] García N, Bai M. Theory of transmission of light by sub-wavelength cylindrical holes in metallic films[J]. Optics Express, 2006, 14(21): 10028-10042.

[15] Lee T W, Gray S K. Subwavelength light bending by metal slit structures[J]. Optics Express, 2005, 13(24): 9652-9659.

[16] Haggans C W, Li L F, Kostuk R K. Effective-medium theory of zeroth-order lamellar gratings in conical mountings [J]. Journal of the Optical Society of America A, 1993, 10(10): 2217-2225.

[17] Gtann E B, Moharam M G, Pommet D A. Artificial uniaxial and biaxial dielectrics with use of two-dimensional subwavelength binary gratings[J]. Journal of the Optical Society of America A, 1994, 11(10): 2695-2703.

[18] Lalanne P, Lemercier-Lalanne D. On the effective medium theory of subwavelength periodic structures[J]. Optica Acta International Journal of Optics, 1996, 43(10): 2063-2085.

[19] Lemercierlalanne D, Lalanne P. Depth dependence of the effective properties of subwavelength gratings[J]. Journal of the Optical Society of America A, 1997, 14(2): 450-458.

[20] Kikuta H, Yoshida H, Iwata K. Ability and limitation of effective medium theory for subwavelength gratings[J]. Optical Review, 1995, 2(2): 92-99.

[21] Wendt J R, Vawter G A, Smith R E, et al. Fabrication of subwavelength, binary, antireflection surface-relief structures in the near infrared[J]. Journal of Vacuum Science & Technology B, 1996, 14(6): 4096-4099.

[22] Lalanne P, Morris G M. Design, fabrication, and characterization of subwavelength periodic structures for semiconductor antireflection coating in the visible domain[J]. Proceedings of SPIE, 1996, 2776(Suppl1-4): 161-179.

[23] Weimer W A, Klocek P. Advances in low-cost long-wave infrared polymer windows[J]. Proceedings of SPIE, 1999, 3705: 276-281.

[24] Azad A K, Dai J, Zhang W. Transmission properties of terahertz pulses through subwavelength double split-ring resonators[J]. Optics Letters, 2006, 31(5): 634-636.

[25] Grbovic D. Al/SiOx/Al single and multiband metamaterial absorbers for terahertz sensor applications[J]. Optical Engineering, 2013, 52(1): 3801.

[26] 吴俊芳, 孙明昭, 张淳民. 左手材料的响应频段和单元尺寸关系的研究[J]. 物理学报, 2009, 58(6): 3844-3847.

[27] Wen Q Y, Zhang H W, Xie Y S, et al. Dual band terahertz metamaterial absorber: design, fabrication, and characterization[J]. Applied Physics Letters, 2009, 95(24): 207402.

[28] 敖天宏, 许向东, 黄锐, 等. 介质层对超材料太赫兹响应特性的控制规律[J]. 红外与毫米波学报, 2015, 34(3): 333-339.

[29] Baena J D, Bonache J, Martin F, et al. Equivalent-circuit models for split-ring resonators and complementary split-ring resonators coupled to planar transmission lines[J]. IEEE Transactions on Microwave Theory and Techniques, 2005, 53(4): 1451-1461.

[30] Withayachumnankul W, Abbott D. Metamaterials in the terahertz regime[J]. IEEE Photonics Journal, 2009, 1(2): 99-118.

[31] Hardy W N, Whitehead L A. Split-ring resonator for use in magnetic resonance from 200-2000 MHz[J]. Review of Scientific Instruments, 1981, 52(2): 213-216.

[32] Song H, Cong L, Lin H, et al. Tunable electromagnetically induced transparency in coupled three-dimensional split-ring-resonator metamaterials[J]. Science Report, 2016, 7(6): 20801.

[33] 董建峰, 李杰. 单轴各向异性手征介质平板的反射和透射特性研究[J]. 物理学报, 2013, 62(6): 064102.

[34] Dong J F, Zhou J F, Koschny T, et al. Bi-layer cross chiral structure with strong optical activity and negative refractive index[J]. Optics Express, 2009, 17(16): 14172-14179.

[35] Zhao R, Zhang L, Zhou J F, et al. Conjugated gammadion chiral metamaterial with uniaxial optical activity and negative refractive index[J]. Physical Review B, 2011, 83(3): 035105.

[36] Plum E, Dong J, Zhou J, et al. 3D-chiral metamaterial with artificial magnetic response[C]// Conference on Lasers & Electro-optics, 2008.

[37] Li Z, Zhao R, Koschny T, et al. Chiral metamaterials with negative refractive index based on four "U" split ring resonators[J]. Applied Physics Letters, 2010, 97(8): 081901.

[38] Kenanakis G, Zhao R, Stavrinidis A, et al. Flexible chiral metamaterials in the terahertz regime: a comparative study of various designs[J]. Optical Materials Express, 2012, 2(12): 1702-1712.

[39] Li Z, Alici K B, Caglayan H, et al. Composite chiral metamaterials with negative refractive index and high values of the figure of merit[J]. Optics Express, 2012, 20(6): 6146-6156.

[40] Liu Y, Cheng Y, Cheng Z Z. A numerical parameter study of chiral metamaterial based on complementary U-shaped structure in infrared region[J]. Optik-International Journal for Light and Electron Optics, 2014, 125(3): 1316-1319.

[41] Song K, Zhao X P, Fu Q H, et al. Wide-angle 90-polarization rotator using chiral metamaterial with negative refractive index[J]. Journal of Electromagnetic Waves and Applications, 2012, 26(14-15): 1967-1976.

[42] Panpradit W, Sonsilphong A, Soemphol C, et al. High negative refractive index in chiral metamaterials[J]. Journal of Optics, 2012, 14(7): 075101.

[43] Xu H X, Wang G M, Qi M Q, et al. Compact dual-band circular polarizer using twisted Hilbert-shaped chiral metamaterial[J]. Optics Express, 2013, 21(21): 24912-24921.

[44] Giloan M, Astilean S. Negative index optical chiral metamaterial based on asymmetric hexagonal arrays of metallic triangular nanoprisms[J]. Optics Communications, 2014(315): 122-129.

[45] Li M H, Guo L R, Yang H L. Experimental and simulated study of dual-band chiral metamaterials with strong optical activity[J]. Microwave & Optical Technology Letters, 2014, 56(10): 2381-2385.

[46] 潘学聪, 姚泽瀚, 徐新龙, 等. 太赫兹波段超材料的制作、设计及应用[J]. 中国光学, 2013, 6(3): 283-296.

[47] Zarifi D, Soleimani M, Nayyeri V. A novel dual-band chiral metamaterial structure with giant optical activity and negative refractive index[J]. Journal of Electromagnetic Waves & Applications, 2012, 26(2-3): 251-263.

[48] Zhang S, Park Y S, Li J, et al. Negative refractive index in chiral metamaterials[J]. Physical Review Letters, 2009, 102(2): 023901.

[49] 顾超, 屈绍波, 裴志斌, 等. 一种极化不敏感和双面吸波的手性超材料吸波体[J]. 物理学报, 2011, 60(10): 674-678.

[50] Zhou J, Chowdhury D R, Zhao R, et al. Terahertz chiral metamaterials with giant and dynamically tunable optical activity[J]. Physical Review B Condensed Matter, 2012, 86(3): 035448.

[51] Jin Y, He J, He S. Surface polaritons and slow propagation related to chiral media supporting backward waves[J]. Physics Letters A, 2006, 351(4-5): 354-358.

[52] Zhang C, Cui T J. Chiral planar waveguide for guiding single-mode backward wave[J]. Optics Communications, 2007, 280(2): 359-363.

[53] 董建峰, 柳斌. 手征负折射平行板波导中模式的新特性[J]. 电波科学学报, 2008, 23(4): 597-600.

[54] Dong J F. Surface wave modes in chiral negative refraction grounded slab waveguides[J]. Progress in Electromagnetics Research, 2009, 95(4): 153-166.

[55] 董建峰, 裴春乐, 杨硕. 部分填充手征负折射率介质的平行板波导[J]. 电波科学学报, 2014, 29(5): 892-898.

[56] Song K, Zhao X, Liu Y, et al. A frequency-tunable 90Â°-polarization rotation device using composite chiral metamaterials[J]. Applied Physics Letters, 2013, 103(10): 101908.

[57] Cheng Y, Gong R, Cheng Z, et al. Perfect dual-band circular polarizer based on twisted split-ring structure asymmetric chiral metamaterial[J]. Applied Optics, 2014, 53(25): 5763-5768.

[58] Cheng Y Z, Nie Y, Cheng Z Z, et al. Asymmetric chiral metamaterial circular polarizer based on twisted split-ring resonator[J]. Applied Physics B, 2014, 116(1): 129-134.

[59] Jia X, Meng Q, Yuan C, et al. A novel chiral nano structure for optical activities and negative refractive index[J]. Optik-International Journal for Light and Electron Optics, 2016, 127(14): 5738-5742.

[60] 朱鹏. 基于金属纳米结构的光场调制方法研究[D]. 哈尔滨: 哈尔滨工业大学, 2013: 5-13.

[61] Smith D R, Schultz S, Markoš P, et al. Determination of effective permittivity and permeability of metamaterials from reflection and transmission coefficients[J]. Physical Review B, 2001, 65(19): 195104.

[62] Smith D R, Vier D C, Koschny T, et al. Electromagnetic parameter retrieval from inhomogeneous metamaterials[J]. Physical Review E Statistical Nonlinear & Soft Matter Physics, 2005, 71(3): 036617.

[63] Schroeder W, Wolff I. The origin of spurious modes in numerical solutions of electromagnetic field eigenvalue problems[J]. IEEE Transactions on Microwave Theory and Techniques, 2002, 42(4): 644-653.

[64] Souny B, Aubert H, Baudrand H. Elimination of spurious solutions in the calculation of eigenmodes by moment method[J]. IEEE Transactions on Microwave Theory and Techniques, 2002, 44(1): 154-157.

[65] 方静, 汪文秉. 有限元法与矩量法结合分析背腔天线的辐射特性[J]. 微波学报, 2000, 16(2): 139-143.

[66] 盛剑霓. 工程电磁场数值分析 [M]. 西安: 西安交通大学出版社, 1991.

[67] 王长青. 时域有限差分法(FDTD)[J]. 微波学报, 1989, 4: 8-18.

[68] Liu H, Genov D A, Wu D M, et al. Magnetic plasmon hybridization and optical activity at optical frequencies in metallic nanostructures[J]. Physical Review B, 2007, 76(7): 073101.

[69] Choi M, Choe J H, Kang B, et al. A flexible metamaterial with negative refractive index at visible wavelength[J]. Current Applied Physics, 2013, 13(8): 1723-1727.

[70] Cheng Y Z, Huang Q Z, Nie Y, et al. Terahertz chiral metamaterial based on complementary U-shaped structure assembly[C]// International Symposium on Antennas. IEEE, 2013.

[71] Shen J Q. A Three-dimensionally isotropic and perfectly vacuum-impedance matched negative-index material[J]. Journal of the Physical Society of Japan, 2014, 83(12): 124401.

[72] Song Z Y, Xu H. Near-infrared transparent conducting metal based on impedance matching plasmonic nanostructures[J]. Europhysics Letters, 2014, 107(5): 57007.

[73] Costa F, Monorchio A, Manara G. Analysis and design of ultra-thin electromagnetic absorbers comprising resistively loaded high impedance surfaces[J]. IEEE Transactions on Antennas and Propagation, 2010, 58(5): 1551-1558.

[74] Costa F, Genovesi S, Monorchio A, et al. A circuit-based model for the interpretation of perfect metamaterial absorbers[J]. IEEE Transactions on Antennas and Propagarion, 2013, 61(3): 1201-1209.

[75] Cheng Q, Jiang W X, Cui T J. Spatial power combination for omnidirectional radiation via anisotropic metamaterials[J]. Physical Review Letters, 2012, 108(21): 213903.

[76] Shen N H, Zhang P, Koschny T, et al. Metamaterial-based lossy anisotropic epsilon-near-zero medium for energy collimation[J]. Physical Review B, 2016, 93(24): 245118.

[77] Luo J, Lu W X, Hang Z H, et al. Arbitrary control of electromagnetic flux in inhomogeneous anisotropic media with near-zero index[J]. Physical Review Letters, 2014, 112(7): 073903.

[78] Ziolkowski R W. Propagation in and scattering from a matched metamaterial having a zero index of refraction[J]. Physical Review E, 2004, 70(4): 046608.

[79] Chen T, Chen Q, Zhang X, et al. Chiral Kagome network from thiacalix[4]arene tetrasulfonate at the interface of aqueous solution/Au(111)surface: an in situ electrochemical scanning tunneling microscopy study[J]. Journal of the American Chemical Society, 2010, 132(16): 5598-5599.

[80] Chen W, Wu P, Chen C, et al. Electromagnetic energy vortex associated with subwavelength plasmonic Taiji marks[J]. Optics Express, 2010, 18(19): 19665-19671.

[81] Sun S, Yang K, Wang C, et al. High-efficiency broadband anomalous reflection by gradient meta-surfaces[J]. Nano Letter, 2012, 12(12): 6223-6229.

[82] Ishikawa A, Tanaka T, Kawata S. Negative magnetic permeability in the visible light region[J]. Physical Review Letters, 2005, 95(23): 237401.

[83] Karimi E, Schulz S, Leon I, et al. Generating optical orbital angular momentum at visible wavelengths using a plasmonic metasurface[J]. Light-Science Applications, 2014, 3: e167.

[84] Zheng G, Mhlenbernd H, Kenney M, et al. Metasurface holograms reaching 80% efficiency[J]. Nature Nanotechnology , 2015, 10(4): 308-312.

[85] Chang P H, Kuo C Y, Chem R L. Wave propagation in bianisotropic metamaterials: angular selective transmission[J]. Optics express, 2014, 22(21): 25710-25721.

[86] Feng T, Liu F, Tam W Y, et al. Effective parameters retrieval for complex metamaterials with low symmetries[J]. Europhysics Letters, 2013, 102(1): 18003.

[87] Castanié A, Mercier J F, Félix S, et al. Generalized method for retrieving effective parameters of anisotropic metamaterials[J]. Optics Express, 2014, 22(24): 29937-29953.

[88] Zhang M, Hou Z, Liu Y, et al. Dual-band quasi-zero refraction and negative refraction in coin-shaped metamaterial[J]. Journal of Applied Physics, 2015, 117(18): 183104.

[89] Yun S, Jiang Z H, Xu Q, et al. Low-Loss impedance-matched optical metamaterials with zero-phase delay[J]. ACS Nano, 2012, 6(5): 4475-4482.

3 不同波段人工超材料的设计与制备技术及实例

人工超材料是一类具有特殊性质、自然界中并不存在的人造材料。这些超常物理特性包括人工超材料对电磁波的负折射率、零折射率、超分辨成像、完美隐身和完美吸收等，都取决于人工单元结构的设计。目前，对于微波波段人工超材料在结构设计和材料制备方面的研究已逐步成熟，而太赫兹波、红外光及可见光波段人工超材料在结构设计和材料制备方面仍处于发展阶段。特别是红外光和可见光波段，由于人工超材料的单元结构尺寸在几十纳米以下，受限于传统的物理刻蚀和印刷技术还无法大规模的制备，极大地限制了其研究与应用。尽管人工超材料表现出了超常的性能以及广阔的应用前景，但由于人工超材料所涉及的微纳尺寸材料加工技术尚不成熟，人工超材料的制备一直是限制其得到实际应用的关键瓶颈之一。

目前尚没有对人工超材料制备方法进行统一的分类，本书将国内外人工超材料的主要制备技术分为光刻技术、印刷技术和直写技术等，通常根据掩模板使用方式的不同来区分光刻技术和印刷技术。光刻技术一般是利用各种光源使掩模板图形化或者利用已有的掩模板使"光源图形化"，辅以恰当的材料沉积方法或者抽减方法完成人工超材料成型。而印刷技术一般不需要掩模板，利用已有的掩模板在基板上直接印刷或沉积人工超材料。此外，还有以电子束直写（electron beam direct write，EBDW）、蘸笔印刷（dip pen nanolithography，DPN）、聚焦离子束（focused ion beam，FIB）等为代表的直写技术都可以用来制备人工超材料。光刻技术具有加工精度高、器件特性好等优点，但是光刻技术工艺复杂、技术要求高、成本较高、污染也很大。而印刷技术和直写技术的加工系统成本低、加工简单，但加工精度都还需要提高，且都还没有商业产品。因此，寻求一种流程简单、成本低且加工精度高的方法用于制备人工超材料器件是目前人工超材料研究工作中亟待解决的问题。

光刻技术是获得人工超材料单元结构中应用最多的技术，其理论分辨率在一步步向纳米量级推进。20世纪50年代到现在，光刻技术经历了紫外全谱光刻（300～450 nm）、G线光刻（436 nm）、I线光刻（365 nm）、深紫外（deep ultraviolet，DUV）光刻（248～193 nm）和极紫外（extreme ultraviolet，EUV）光刻等阶段[1]，后来又发展出了X射线光刻（X-ray lithography，XRL）、电子束光刻（electron beam lithography，IBL）、离子束光刻（ion beam lithography，IBL）。到目前为止，光刻技术在微细加工技术中依旧占据着主导地位。其中紫外全谱光刻主要用于激光转印等方面，248 nm KrF 和 196 nm ArF 深紫外光刻技术飞速发展[2]，已分别成为 Intel 等多家半导体公司 130 nm 和 90 nm 集成电路光刻的主流技术，紫外全谱光刻应用于人工超材料制备方面也有深入的研究[3]。紫外光刻技术需要一系列多层膜反射镜，由于成本昂贵、可控性差，只能制作规则图形[4]，目前还很少应用于人工超材料的制备，但对于高精度的短线对、长短线对等规则图形来说也是一种不错的选择。X 射线光刻由于没有透镜，也就不存在透镜像差，可以得到较高的分辨率，用 X 射线光刻制得的光学负折射率人工超材料的最小线宽达到了 20 nm[5]。但是 X 射线光刻的光源只能用高强度的同步辐射光源，不但价格昂贵，同时还存在掩模板制作复杂等缺点，因此 X 射线光刻在人工超材料制备方面还不能大规模应用。离子束光刻采用的光源是离子束，虽然邻近效应几乎为零且感光胶对离子比对电子灵敏得多，但离子在感光胶中的曝光深度太浅且离子束很难聚焦，离子束光刻通常不能直接用于人工超材料的制备，而改用重离子的聚焦离子束技术则有较好的应用。电子束光刻是目前采用最多、分辨率最高、使用最灵活的人工超材料制备技术。标准的电子束光刻工艺一般包括基片预处理、涂胶、前烘、对准和曝光、显影、清洗、后烘、刻蚀、去胶等几个基本步骤。电子束光刻的对准精度较高，曝光简单，易于加工成多层材料，故常用于人工超材料的制备和高精度掩模板的制备。但电子束光刻存在磁透镜的像差问题，同时也存在邻近效应和曝光效率低等问题。可以通过消像差手段[6]提高电磁透镜聚焦电子的能力。通过几何尺寸预校正、剂量分区校正等工艺手段[7]可以将电子束光刻系统的分辨率提高至5 nm[8]。到目前为止，电子束光刻依然是制备人工超材料的主要手段。

虽然光刻技术具有加工精度高、器件特性好的优点，但是工艺复杂，技术要求和成本高，污染也很大。而在光刻技术基础上发展起来的喷墨打印、激光转印和纳米压印（nano imprint lithography，NIL）等印刷技术，由于成本低、加工简单且易于柔性化生产，正日益凸显其重要性。

喷墨打印通过墨水直接在基底上沉积成型以获得想要的单元结构，其分辨率通常由墨滴沉积面积决定，利用该技术加工的线宽最小可以达到微米量级，通过优化墨水的化学组成、调控基底表面的化学组成或物理结构，以及改进喷墨设备等方法可以减少喷射墨滴的尺寸或者控制墨滴在基底表面的浸润行为，从而有效提高喷墨打印单元结构的分辨率，已有研究证明其在人工超材料制备方面的可行性[9]。由于喷墨打印成本低、效率高而且可以很方便地实现柔性化生产，吸引了越来越多的研究者。2014 年 Yoo 等[10]提出一种在纸上喷墨打印制备电磁波吸收材料的方法，他们在 0.508 mm 厚的纸上打印出的电磁波吸收材料可以在 10.36 GHz 实现 79.5%的吸收率。2015 年，Ling 等[11]改进工艺，制备出的人工超材料可以在 3.97～4.42 GHz 范围内实现 90%以上的吸收率。喷墨打印技术比一般光刻技术更容易实现大面积复杂的单元结构的直接书写和复合功能材料的结构化，其独特的优势使其成为微米量级单元结构加工较有前景的方法之一。

激光转印技术是先将光源发出的高斯脉冲光束整形为平顶光束，再利用空间光调制器构建单元结构并在光敏的导电浆料上成像，最后经过烘胶在基底上形成微米级单元结构。2002 年，Piqué 等[12]用激光转印技术在硅基底上制备了线宽为 6 μm 的开口谐振环阵列，其透射特性与仿真相符。2011 年，Auyeung 等[13]通过使用数字显微镜装置（digital micromirror device，DMD）使激光转印技术能构建的单元结构更加多样化，其最小线宽达到了 4 μm。相比于光刻技术，激光转印技术工艺流程更加简洁，制备方法更加灵活。但该技术目前仅限于单层人工超材料的制备，且匀浆工艺也有待提高。尽管如此，激光转印技术也因和喷墨打印一样具有成本低、自动化程度高等特点而得到广泛的应用，在制作微米级以上的单层人工超材料方面是一种既经济、高效又环保的选择。

纳米压印技术指的是使用带有纳米结构的印章通过压印的方式将印章单元结构复制到基底上的方法，最早由 Chou 等[14]提出。该技术使用的印章模板是通过电子束光刻或聚焦离子束等手段制得的，因此该模板加工出的人工超材料也具有相对应的精度。纳米压印技术根据固化脱模方式的不同可分为热压印（hot embossing lithography，HEL）、紫外纳米压印（ultraviolet nano imprint lithograph，UV-NIL）及微接触印刷（μ-contact printing，μCP）三种。纳米压印技术具有和光刻技术相媲美的精度，还可用于制备三维纳米单元结构的人工超材料和柔性人工超材料，具有很强的商业可行性。但是，纳米压印要想大面积投入工业生产，还面临模板昂贵、易损伤等问题[15]。热压印是最早的纳米压印技术，压印过程中采用较高的温度和压强来固化光刻胶。早在 1997 年，Chou 等[16]就已经用热压印实现了 10 nm 线宽单元结构的热压印制备。很快，热压印技术就因为其工艺简单、穿透深度深、分辨率高、生产效率高、成本低和适合工业化生产等独特优点被应用于人工超材料的制备，并在一定程度上取代光刻技术制备红外光波段和可见光波段的人工超材料[17]。紫外纳米压印工艺采用具有紫外光照射固化功能的光刻胶，克服了热压印过程需加热的缺点，且所需压强也较小。这种工艺由于比热压印更加容易实现工业化，得到了人们的重视，经改良后的步进-闪光压印技术最小能实现的线宽也已经达到了 10 nm 以下[18]。2010 年，Ahn 等[19]提出了一种滚轮式纳米压印（roll to roll nano inprint lithograph，RtRNIL）技术。该技术通过使用柔性衬底和柔性印模，同时完成涂胶和压印过程，提高了紫外纳米压印技术通量的同时也减少了模板的损坏，既提高了生产效率又减少了生产成本，滚轮式纳米压印技术将紫外纳米压印的大批量工业化向前推进了很大一步。此外，该技术还可以用于制作多层结构人工超材料，2015 年，Yang 等[20]用 405 nm 的紫外纳米压印技术制备了多层结构的人工超材料，获得 48 nm 的线宽，目前紫外纳米压印技术最小线宽可以达到 20 nm。

　　虽然上面三类技术的原理各不相同，但都是直接在微纳尺寸操控原子来形成特定的单元结构，故普遍具有精度高、效率低、只能制作小尺寸材料的特点，因此可以用来制备具有高精度的人工超材料[21-23]。除此之外，自组装的制备方法制得的人工超材料有着独特的表面物理化学性质和在单元结构表面控制生物细胞的能力，该工艺在生物芯片制作和表面性质研究等领域具有较强的应用潜力。这种工艺简单、效率高、成本低，特别适合制作大面积的简单单元结构。目前，采用三维打印技术制备的三维人工超材料已蓬勃发展，此项研究已得到杜克大学的研究人员的证实，测试结果表明，三维打印出的人工超材料立方体与电磁波的作用比二维对应人工超材料好 14 倍。

3.1　微波波段人工超材料的设计与制备技术及实例

　　微波波段人工超材料的制备常采用的技术为光刻技术，其中也常用到刻蚀技术。光刻技术是指在光照作用下，借助光致抗蚀剂，即光刻胶，将掩模板上的单元结构转移到基片上的技术。刻蚀技术常用于集成电路制造中，利用光化学反应原理和化学腐蚀以及物理中的刻蚀方法，将电路刻蚀到单晶表面或介质层上，形成有效电路或单元结构的工艺技术。其主要过程包括：首先紫外光通过掩模板照射到附有一层光刻胶薄膜的基片表面并使曝光区域的光刻胶发生化学反应；再通过显影技术溶解去除曝光区域或未曝光区域的光刻胶，前者称正性光刻胶，后者称负性光刻胶，使掩模板上的单元结构被复制到光刻胶薄膜上；最后利用刻蚀技术将单元结构转移到基片上。随着半导体技术的发展，光刻技术制备单元结构线宽缩小了 2～3 个数量级，从毫米级到亚微米级。光刻技术已成为一种精密的微细加工技术。

3.1.1　光刻工艺硬件系统

　　光刻技术的加工工艺称为光刻工艺，其硬件系统包括：匀胶机、烘胶机、去胶机和光刻机。其中光刻机是光刻系统的核心部件。光刻工艺具体流程如图 3.1 所示。

　　匀胶机又称涂胶机，分为自动匀胶机和非自动匀胶机两种，如图 3.2 所示。

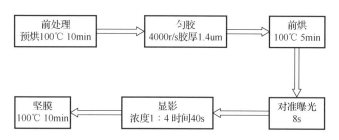

图 3.1　光刻工艺具体流程图

（a）非自动匀胶机　　　　　　　　　（b）自动匀胶机

图 3.2　匀胶机

如图 3.3 是德国 Karl Suss 制造商生产的 Delta80T2 型匀胶机，其主要的技术指标包括衬底尺寸和最大转速。Delta80T2 型匀胶机的两种技术指标分别是匀胶时间 5s，最大转速 4000 r/min；匀胶时间 3s，最大转速 5000 r/min。操作过程是：放片→吸片→吹净→滴胶→旋转→取片→擦净片台。

烘胶机（图 3.4）的目的是除去溶剂，增强黏附性，释放光刻胶膜内的应力，防止光刻胶弄脏设备。烘胶机内部为真空热板，热板通常工作温度在 85~120℃，烘胶时间在 30~60 s。

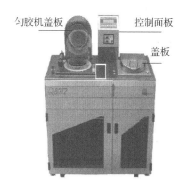
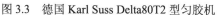

图 3.3　德国 Karl Suss Delta80T2 型匀胶机　　　图 3.4　烘胶机

去胶机的作用是扫胶、去胶和处理表面。其主要功能是去除光刻胶底膜，提高腐蚀工艺的均匀性，提高金属汞蒸发的黏附性。图 3.5 是制造商 PVA TePla AG 生产的型号为 Model 300 Plasma System 的微波等离子体去胶机。微波等离子体去胶机是半导体工业及从事微纳加工工艺研究的必要设备，主要用于半导体加工工艺及其他薄膜加工工艺过程中和各类光刻胶的干法去除、基片清洗和电子元件的开封等。去胶机有助于改善等离子体表面平整度、清洁有机物表面、拓展等离子体刻蚀和等离子体灰化的应用、增强或减弱光刻胶的浸润性等。其主要技术指标：频率 2.45 GHz；输出功率 0～1000 W；2～4 个独立气体通道；加工过程强度 0.2～2 Mbar（1 bar=10^5Pa）；配备气路氧气、氩气、氮气等常规气体；扫胶条件 100 W，30 s 左右。

图 3.5　微波等离子体去胶机

　　光刻机根据曝光方式可分为接触式、接近式和投影式三种；根据光刻面数的不同有单面对准光刻和双面对准光刻；根据光刻胶类型不同，有薄胶光刻和厚胶光刻等。目前多采用的是单面接触式对准光刻和双面接触式对准光刻。KarlSuss MA6 光刻机即为双面接触式对准光刻，如图 3.6 所示。其主要技术指标为：基片

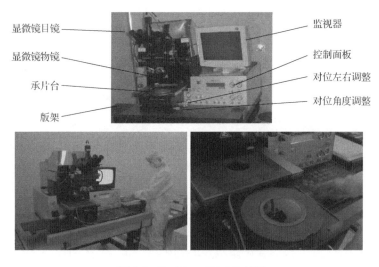

图 3.6　KarlSuss MA6 光刻机

双面对准，包括键合预对准；标准基片尺寸 10 in（1 in=2.54 cm），非标准尺寸基片 10～100 mm²；光源波长 435 nm 和 365 nm；套刻精度小于 1 μm；光源均匀性小于 5%。此光刻机适用于以下四种光刻胶，如表 3.1 所示。

表 3.1　KarlSuss MA6 光刻机适用的光刻胶

光刻胶类型	光刻胶厚度/μm	最小线宽/μm	套准精度/μm
Shipley 6112	0.5～2.0	1.5	3.0
Shipley 1813	0.5～1.8	1.5	3.5
Shipley 1818	1.0～3.0	2.0	3.0
Shipley AZ4620	4.0～10.0	3.5	4.0

光刻机的四种接触模式（压紧模式）包括软接触模式、硬接触模式、低真空接触模式和真空接触模式。四种接触模式适用的范围如下：软接触模式适用于光刻胶厚度大于 8 μm，图形最小尺寸大于 20 μm，对版便利，图形精确度要求不高的情况；硬接触和低真空接触模式适用于光刻胶厚度在 2～6 μm，图形最小尺寸在 10 μm 左右的情况，是最常用的接触模式；真空接触模式适用于光刻胶厚度小于 1.5 μm，图形尺寸小于 5 μm 的细微光刻，图形精度高但基片易碎。

光刻胶，即光致抗蚀剂的简称，又称抗蚀剂，指光照后能改变抗蚀能力的高分子化合物。光刻胶分为正性光刻胶和负性光刻胶两大类。正性光刻胶：受光照部分发生降解反应而能被显影液所溶解，留下的非曝光部分的图形与掩模板一致。正性光刻胶具有分辨率高、对驻波效应不敏感、曝光容限大（成像精度、曝光度和焦深）、针孔密度低和无毒性等优点，适用于高集成度器件的生产。负性光刻胶：曝光部分产生交链反应而成为不溶物，非曝光部分被显影液溶解，获得的图形与掩模板图形互补。负性光刻胶的附着力强、灵敏度高、显影条件要求不严，适用于低集成度的器件生产。负性光刻胶经掩模板两次曝光可以得到与使用正性光刻胶时相同的图形，这时负性光刻胶又称反转胶。

当前，准分子光刻技术作为主流的光刻技术，主要包括：特征尺寸为 0.1 μm～248 nm 的准分子激光技术；特征尺寸为 90～193 nm 的准分子激光技术；特征尺寸为 65～193 nm 的浸没式技术。其中 193 nm 的浸没式光刻技术是所有光刻技术中最为长寿且最富有竞争力的技术。传统光刻技术光刻胶与曝光镜头之间的介质是空气，而浸没式技术则是将空气换成液体介质。实际上，由于液体介质的折射率相比空气介质更接近曝光透镜镜片材料的折射率，等效地加大了透镜口径与数值孔径的尺寸，同时可以显著提高焦深和曝光工艺的宽容度，浸没式光刻技术正是利用这个原理来提高其分辨率。世界三大光刻机生产商 ASML、Nikon 和 Cannon 的第一代浸没式光刻机都是在原有 193 nm 干式光刻机的基础上改进研制而成，这大大降低了研发成本和风险，因为浸没式光刻系统的原理清晰而且配合现有的光刻技术变动不大。目前 193 nm 的准分子激光光刻技术在 65 nm 以下节点半导体量产中已经广泛应用；浸没式光刻技术是 45 nm 以上节点半导体大量生产的主流技术。为把 193 nm 技术进一步推进到 32 nm 和 22 nm 的技术节点上，光刻专家一直在寻找新的技术。在没有更好的新光刻技术出现前，两次曝光技术（或者叫两次成型技术）成为人们关注的焦点。浸没式两次曝光技术已被业界认为是 32 nm 节点最具竞争力的技术；在更低的 22 nm 节点甚至 16 nm 节点技术中，浸没式光刻技术也具有相当大的优势。浸没式光刻技术所面临的挑战主要有：如何解决曝光中产生的气泡和污染等缺陷问题；研发和水具有良好兼容性且折射率大于 1.8 的光刻胶；研发折射率较大的光学镜头材料和浸没液体材料；以及有效数值孔径的拓展等。针对这些难题的挑战，国内外学者以及 ASML、Nikon 和 IBM 等公司已经做了相关研究并提出相应的对策。浸没式光刻机将朝着更高数值孔径发展，以满足更小光刻线宽的要求[24]。

3.1.2 光刻工艺流程

光刻工艺是微机械技术里用得较频繁较关键的技术之一。常规光刻工艺主要指基片或介质层上的一种工艺，是采用波长为 200~450 nm 的紫外光作为图形信息载体，以光刻胶为中间媒介记录图形，实现图形的变换、转移和处理，最终把图形信息传递到基片。在广义上，它包括光复印工艺和刻蚀工艺两个主要工艺。光复印工艺是经曝光系统将预制在掩模板上的器件或电路图形按所要求的位置精确传递到预涂在基片表面或介质层上的光刻胶上。刻蚀工艺是利用化学或物理方法，将光刻胶未掩蔽的基片表面或介质层除去，从而在基片表面或介质层上获得与光刻胶图形完全一致的图形。

一般的光刻工艺要经历基片表面清洗烘干、涂底、旋涂涂胶、软烘、曝光、后烘、显影、硬烘、刻蚀、检测等十几道工序。

清洗烘干，是为了除去表面的污染物，如颗粒、有机物、工艺残余、可动离子等，或者除去水蒸气，使基底表面由亲水性变为憎水性，增强表面的黏附性。清洗烘干分为湿法清洗和去离子水冲洗两个步骤，然后进行脱水烘焙，脱水烘焙时，热板温度在 150~250℃，持续 1~2 min，过程中需要氮气保护。

涂底，包括热板涂底和旋转涂底。采用六甲基二硅氮烷蒸气沉积，蒸气温度 200~250℃，沉积时间 30 s。六甲基二硅氮烷蒸气沉积的优点是涂底均匀、避免颗粒污染；缺点是六甲基二硅胶用量大。

旋转涂胶，包括静态涂胶和动态涂胶。静态涂胶时基片先静止，然后滴胶、基片加速旋转、甩胶、挥发溶剂，旋涂前光刻胶的溶剂占 65%~85%，旋涂后光刻胶的溶剂占 10%~20%；动态涂胶时基片先低速旋转（500 r/min），然后滴胶、基片加速旋转（3000 r/min）、甩胶、挥发溶剂。决定光刻胶涂胶厚度的关键参数：光刻胶的黏度，黏度越低，光刻胶的厚度越薄；基片旋转速度，速度越快，光刻胶厚度越薄。一般旋涂光刻胶的厚度还与曝光的光源波长有关，因为不同级别的曝光波长对应不同的光刻胶种类和分辨率，其中 I 级最厚，$0.7\sim3\ \mu m$；KrF 的厚度 $0.4\sim0.9\ \mu m$；ArF 的厚度 $0.2\sim0.5\ \mu m$。影响光刻胶均匀性的参数：基片旋转加速度，加速越快越均匀；此外，光刻胶均匀性还与旋转加速的时间点有关。

软烘，真空热板工作温度在 $85\sim120\,^{\circ}\mathrm{C}$，作用时间为 $30\sim60\ \mathrm{s}$。软烘的目的是除去光刻胶中的溶剂，将溶剂控制在 $4\%\sim7\%$，增强光刻胶的黏附性，释放光刻胶膜内的应力，防止光刻胶弄脏设备。

曝光，曝光中最重要的两个参数是曝光能量和焦距，如果曝光能量和焦距调整不好就不能得到要求的分辨率和尺寸的图形。常用的曝光方式有接触式曝光和非接触式曝光，其区别在于曝光时掩模与基片间相对关系是贴紧还是分开，贴紧是接触式曝光，分开是非接触式曝光。接触式曝光具有分辨率高、复印面积大、复印精度好、曝光设备简单、操作方便和生产效率高等特点。但接触式曝光容易损伤和弄脏掩模板和基片上的感光胶涂层，影响成品率和掩模板寿命，对准精度的提高也有很大的影响。一般认为，接触式曝光只适用于分立元件和中小规模集成电路的生产。非接触式曝光主要指投影曝光，在投影曝光系统中，掩模图形经光学系统成像在感光层上，掩模与基片上的感光胶层不接触，不会引起损伤和弄脏设备，这种曝光成品率较高，对准精度也高，能满足高集成度器件和电路生产的要求。但投影曝光设备复杂，技术难度高，因而不适于低端产品的生产。现代应用最广的是 1:1 倍的全反射扫描曝光系统和 $x:1$ 倍的在基片上直接分步重复曝光系统。在制备超大规模集成电路时需要有高分辨率、高套刻精度和大直径基片。直接分步重复曝光系统是为适应这些相互制约的要求而发展起来的光学曝光系统，其主要技术特点是：①采用像面分割原理，以覆盖最大芯片面积的单次曝光区作为最小成像单元，从而为获得高分辨率的光学系统创造条件。②采用精密的定位控制技术和自动对准技术进行重复曝光，以组合方式实现大面积图像传递，从而满足基片直径不断增大的实际要求。③缩短图像传递链，减少制备过程中造成的缺陷和误差，可获得很高的成品率。④采用精密自动调焦技术，避免高温工艺引起的基片变形对成像质量的影响。⑤采用原版自动选择机构（版库），不但有利于成品率的提高，而且能灵活生产多组合电路。直接分步重复曝光系统属于精密复杂的光机电综合系统，但从光学系统角度可分为两类：一类是全折射式成像系统，多采用 1/5～1/10 的缩小倍率，技术较成熟；另一类是 1:1 倍的折射-反射系统，光路简单，对使用条件要求较低。微纳米光刻工艺除要求先进的曝光系统外，对抗蚀剂的特性、成膜技术、显影技术、超净环境控制技术、刻蚀技术、基片平整度、变形控制技术等也有极高的要求。

后烘，采用热板温度为 110～130℃，烘 1 min 左右。后烘的主要目的是增强光刻胶与聚乙二醇发生化学反应产生酸，酸能使光刻胶上的保护基团移除并溶解于显影液。

显影，采用整盒基片浸没式显影，其缺点是显影液消耗很大且显影的均匀性差；采用连续喷雾显影或自动旋转显影，一个或多个喷嘴连续喷洒显影液在基片表面，同时基片低速旋转。连续喷雾和低速旋转是实现基片间显影液溶解率、均匀性和可重复性的关键。采用旋覆浸没式显影，喷覆足够的显影液到基片表面，不能太多，最小化背面湿度，形成水坑形状，使显影液的流动保持较低，以减少边缘显影速率的变化。因此一般采用多次旋覆显影液，其优点是显影液用量少，基片显影均匀和温度梯度最小化。显影液包括正性光刻胶显影液和负性光刻胶显影液。正性光刻胶显影液为碱性水溶液，但如 KOH 和 NaOH 等显影液会带来可动离子污染，所以已经不经常使用了。最常用的正性光刻胶显影液是四甲基氢氧化铵，标准当量浓度为 0.26，温度为 15～25℃。在 I 级光刻胶曝光中会生成羧酸，四甲基氢氧化铵显影液中的碱与酸中和使曝光后的光刻胶溶解于显影液，而对未曝光的光刻胶则没有影响。负性光刻胶显影液为二甲苯，清洗液为乙酸丁酯或乙醇、三氯乙烯。显影中的常见问题有显影不完全、显影不够或过度显影等。

硬烘，目的是完全蒸发光刻胶里面的溶剂，以免影响后续注入环境的离子，例如氮萘醌酚醛树脂光刻胶中的氮会引起光刻胶局部爆裂。硬烘还可以起到坚膜的作用，以提高光刻胶在离子注入或刻蚀中保护下表面的能力，进一步增强光刻胶与基片表面之间的黏附性以减少驻波效应。硬烘时热板温度在 100～130℃，持续 1～2 min。硬烘常见问题：烘烤不足可减弱光刻胶的强度（抗刻蚀能力和离子注入中的阻挡能力），降低针孔填充能力和降低光刻胶与基底的黏附能力；烘烤过度能引起光刻胶的流动，使图形精度降低以及分辨率变差。

刻蚀，狭义指光刻腐蚀，先通过光刻工艺将光刻胶进行曝光处理，然后通过其他方式腐蚀并处理掉所需除去的部分。广义上来讲，刻蚀是指通过溶液、反应离子或其他机械方式来剥离、去除材料的一种统称，成为微纳加工制造的一种普适叫法。刻蚀也可用于半导体制造工艺和微电子集成电路制造工艺，是微纳制造工艺中相当重要的步骤，刻蚀是与光刻相联系的图形化处理的一种主要工艺。蚀刻包括干法刻蚀和湿法刻蚀，区别在于湿法刻蚀利用溶液与预刻蚀材料之间的化学反应来去除未被掩蔽膜材料掩蔽的部分，是一个纯粹的化学反应过程。湿法刻蚀在半导体工艺中有着广泛应用，其过程包括磨片、抛光、清洗、腐蚀。湿法刻蚀的优点是选择性好、重复性好、生产效率高、设备简单、成本低。湿法刻蚀的缺点是钻刻严重，对图形的控制性较差，不能用于小的特征尺寸。会产生大量的化学废液。干法刻蚀种类很多，包括光挥发、气相腐蚀、等离子体腐蚀等。干法刻蚀的优点是各向异性好，选择比高，可控性、灵活性、重复性好，细线条操作安全，易实现自动化，无化学废液，处理过程未引入污染，洁净度高。干法刻蚀的缺点是成本高，设备复杂。干法刻蚀主要形式有纯化学过程（屏蔽式、下游式或桶式）、纯物理过程（离子铣蚀）、物理化学过程，常用的反应有离子刻蚀，离子束辅助自由基刻蚀等。干法刻蚀方式很多，一般有溅射与离子束铣蚀、等离子刻蚀、高压等离子刻蚀、高密度等离子体刻蚀、反应离子刻蚀。另外，化学机械抛光和剥离技术等也可看成是广义刻蚀的技术。

检测，根据不同的检测控制对象，控片可以分为以下几种：颗粒控片，用于芯片上微小颗粒的监控，使用前其颗粒数应小于 10 颗；卡盘颗粒控片，测试光刻机上的卡盘平坦度的专用芯片，其平坦度要求非常高；焦距控片，作为光刻机监控焦距；关键尺寸控片，用于光刻区关键尺寸稳定性的监控；光刻胶厚度控片，用于光刻胶厚度测量；光刻缺陷控片，用于光刻胶缺陷监控。

3.1.3 光刻工艺的质量要求及常见问题

光刻工艺对质量的要求包括：版图图形尺寸精确、套准误差小、黑白反差高；图形边缘光滑陡直无毛刺、过渡区小；版面光洁无针孔、无凹凸不平及划痕；版面耐磨、坚固、不变形。简单来讲就是图形完整、尺寸精准、边缘整齐、陡直。

光刻工艺常见的问题包括：①过曝光，又称过显影，如图 3.7 所示，这是曝光过程时间长曝光过度导致的。②掩模板未压紧，这是基片上有颗粒，也可能是基片本身平整度就差，或者掩模板压紧方式不对导致的，如图 3.8 所示。不同压紧模式显影 30s 后图案差别非常明显。光刻胶厚度与版图尺寸不匹配也可导致如图 3.8 所示的图案差别，一般情况下光刻胶厚度不能大于线宽。③脱模时掉金层，如图 3.9 所示，其原因可能是存在底膜、底片不干净或者是显影液太浓，也可能是处理液没冲干净或者金属黏附性不好等。光刻工艺过程中出现问题的原因很多且不好判断，需要一一辨别，因此实验时一定要谨慎多次重复实验，确保每一步都做到位。④剥图困难，如图 3.10 所示，这个问题可能存在四种原因：第一，倒台形状不完整；第二，烘胶温度不合适；第三，蒸发温度过高；第四，光刻胶厚度与金属厚度不成比例。其中，倒台形状不完整也可能会出现图形带黑边现象，如图 3.11 所示。

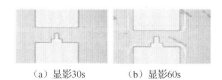

(a) 显影30s   (b) 显影60s

图 3.7 过显影

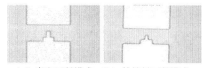

(a) 真空压紧模式 (b) 软接触压紧模式

图 3.8 不同压紧模式显影 30s 的图案差别

图 3.9　掉金层

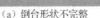

（a）倒台形状不完整

（b）烘胶温度不适合

（c）蒸发温度过高

图 3.10　剥图困难的原因

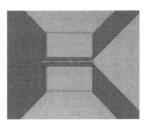

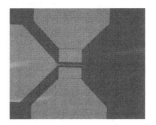

图 3.11　黑边现象

湿法刻蚀中常出现的问题如图 3.12 所示，以 SiO_2 为例常出现片状钻蚀和环状钻蚀等问题。片状钻蚀的特点包括不规则钻蚀、横向钻蚀深度无限制和季节性强等。环状钻蚀的特点是环状钻蚀几乎与图形边缘平行地同步扩大，一般横向钻蚀深度小于 1 μm。产生片状钻蚀的原因可能是 SiO_2 与光刻胶之间有水气，SiO_2 疏松或者基片与 SiO_2 之间黏附性差。产生环状钻蚀的原因是过腐蚀。湿法腐蚀中还存在腐蚀无效、基片腐蚀不均匀和腐蚀速率越来越慢等问题。其中，腐蚀无效的原因可能是底膜或者图形的亲水性差等问题，也可能是腐蚀液配比不对或者腐蚀液过期等问题；基片腐蚀不均匀的原因可能是表面亲水性不好；腐蚀速率越来越慢的原因可能是腐蚀液有效成分在腐蚀过程中不断挥发。

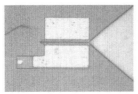

（a）片状钻蚀

（b）环状钻蚀

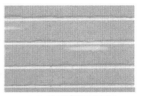

（c）晶片腐蚀不均匀

图 3.12　湿法刻蚀中常出现的问题

3.1.4 光刻工艺制备微波波段人工超材料实例

光刻技术将曝光与刻蚀相结合,首先通过曝光和显影工序把集成在掩模板的版图图形转移到光刻胶上,然后通过刻蚀工艺将图形再转移到基片(如硅片)上,在基片表面生成微纳米尺寸的图形。目前,光刻技术在制备结构尺寸在微米级别的微波波段人工超材料方面已经非常成熟,在纳米尺寸下制备的人工超材料也不断涌现。

印刷电路板(printed circuit board,PCB)是采用电子印刷术制作的电子元器件。以一定尺寸绝缘板为基材,其上至少附有一个导电图形,用来代替以往装置电子元器件的底盘,并实现电子元器件之间的相互连接。印刷电路板的发展已有100多年的历史,主要是用来设计版图,现代的印刷电路板采用光刻技术使制备的图形尺寸更小、精度更高。采用印刷电路板的主要优点是大大减少布线和装配的差错,提高了自动化水平和生产劳动率。印刷电路板从单层发展到双面板、多层板和挠性板,并不断地向高精度、高密度和高可靠性方向发展。印刷电路板不断缩小体积、减少成本、提高性能,使其在未来电子产品的发展过程中保持强大的生命力。未来印刷电路板生产制造技术发展趋势是在性能上向高密度、高精度、细孔径、细导线、小间距、高可靠、多层化、高速传输、轻量、薄型方向发展。

印刷电路板与基底材料无关,能够在各种基材上制备,包括各种柔性基底材料,因此具有柔性化的特征;另外,印刷电路板又保留了传统印刷的优势,可以实现大面积批量化制造,尤其是卷对卷连续生产制造,能够大大降低制造成本。由于印刷电路板能耗低、材料消耗少,无腐蚀工艺,因此其制造方法本身还具有绿色环保特征。

2014 年,冯潇祎等[25]对单个 H 分形基本单元结构的等效电磁参数特性进行仿真设计,并通过印刷电路板实现了 H 分形结构人工超材料。

(1)H 分形人工超材料单元结构的等效电磁参数特性的仿真设计。

0.85 型号 H 分形基本单元结构如图 3.13 所示。H 分形人工超材料单元结构分为四级,长度分别为:第一级 $d = 2.8$ mm,第二级 $c = 2.8$ mm,第三级 $b = 1.3$ mm,第四级 $a = 0.85$ mm,线宽 $w = 0.2$ mm,单个 H 分形人工超材料单元结构大小为 5 mm × 5 mm。在仿真软件中建立 H 分形人工超材料单元结构模型,设定沿 z 方向上的厚度为 35 μm(与使用印刷电路板制作出的样品厚度保持一致),并沿 z 方向两侧均匀添加一层总厚度为 5 mm 的介质层,仿真时设定填充的背景电介质的相对介电常数为 2.31(与实际制作样品时采用的石蜡的介电常数保持一致),电导率参数为 $5.88×10^7$ S/m。选用 TE_{10} 模式下的入射电磁波,模拟频带区间设定 X 波段，即 8～13 GHz，电场方向沿 H 分形人工超材料单元结构 y 方向，电磁波传播方向（波矢方向）沿 H 分形人工超材料单元结构，如图 3.13（a）所示。

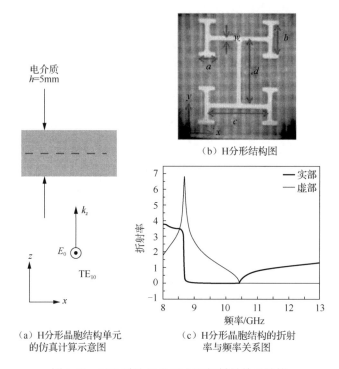

（b）H分形结构图

（a）H分形晶胞结构单元
　　的仿真计算示意图

（c）H分形晶胞结构的折射
　　率与频率关系图

图 3.13　0.85 型号 H 分形人工超材料单元结构

（2）样品制备。

选用 FR4 型号单面覆铜印刷电路板并利用光刻技术制作出所设计的 H 分形人工超材料，实际测量出印刷电路板介质层厚度为 0.76 mm，单面覆铜层的厚度为 35 μm，介质层的相对介电常数为 2.8。在印刷电路板上通过曝光显影然后湿法刻蚀出 H 分形人工超材料单元结构如图 3.13（b）所示。

使用微波网络分析仪（选定型号为 Agilent Network Analyzer PNA-L）进行波导管实验表征并反演算出待测实验样品的等效电磁参数。如图 3.14（a）所示将一对型号为 Agilent X11644A WR-90 的同轴波导适配器经过同轴电缆与微波网络分析仪的输入、输出微波端口相连，实验表征频率范围为 X 波段 8.2～12.4 GHz，实验表征过程中待测实验样品被放置在与同轴波导适配器相连接的同样规格的矩形波导管传输线空腔内如图 3.14（b）所示，传输线空腔的几何参数为：宽度 22.86 mm，高度 10.16 mm，厚度 9.78 mm。该实例中采用基于矩形波导传输线理论的实验表征方法，这种实验表征方法在当待测实验样品与矩形波导管传输线空腔横截面四壁紧密接触时测量出的数据信息最为精确，因此在确保待测实验样品表面平坦且光滑的同时，还需要在实验表征过程中确保待测实验样品与矩形波导管传输线空腔四壁不存在空隙。

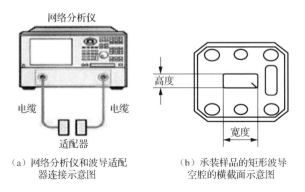

（a）网络分析仪和波导适配器连接示意图　　（b）承装样品的矩形波导空腔的横截面示意图

图 3.14　Agilent X11644A WR-90 波导适配器与微波网络分析仪连接示意图

3.1.5　小结

本节介绍了微波波段人工超材料常用的制备技术，并详细介绍了光刻技术人工超材料制备系统的设计原理和系统结构组成。光刻技术是人工超材料制备中关键技术之一，使用较为频繁。常规光刻技术是采用波长为 200～450 nm 的紫外光作为图像信息载体，以光刻胶为中间媒介，作用是用来记录图像，实现图形的变换、转移和处理，最终把图像信息传递到基片。结合印刷电路板和光刻技术可以制备出微波波段人工超材料，并给出了实例。

3.2　太赫兹波段人工超材料的设计与制备技术及实例

人工超材料在太赫兹波段领域有长远的应用前景，应用于太赫兹波段的人工超材料尺寸应该在微米到纳米级别。随着光刻技术、空间光调制技术等微纳结构加工技术的发展和革新，太赫兹波段人工超材料的应用取得了较大进展。当前应用于或可用于太赫兹波段的人工超材料制备技术主要包括光刻技术、纳米压印技术、喷墨打印技术、激光直写技术、激光诱导图形化化学镀技术和激光转印技术等六种常用制备太赫兹波段人工超材料的方法。在本节中将对以上各个太赫兹波段人工超材料制备方法进行介绍，特别是激光转印技术，本节将列举具体的制备过程来说明该方法。

3.2.1　太赫兹波段人工超材料的制备技术

（1）光刻技术。

光刻技术最先用于集成电路制造工艺中，随着半导体技术的发展，光刻技术传递图形的尺寸从毫米量级缩小到亚微米量级再到纳米量级，已发展成为应用激光、射线、电子束、微离子束等新光源的光学加工系统。而太赫兹波段器件所要求的微米至亚微米量级单元结构尺寸也处在光刻技术加工范围内，国内外已有多家研究机构进行了相关的研究。在人工超材料制备中所利用的光刻技术一般使用紫外光刻技术和电子束或离子束光刻技术。

光刻技术一般有几个基本的步骤，依次为气相成底模、旋涂、软烘、对准和曝光、曝光后烘焙、显影、坚模烘焙、显影检查。由于光刻技术对准精度较高，曝光比较简单，可加工多层人工超材料，故常应用于太赫兹波段吸收器的加工过程中。太赫兹波段吸收器的加工一般在硅晶片或者砷化镓晶片上进行光刻加工连续金属层，然后再利用旋涂或者沉积技术加工高分子介质层，最后再利用光刻技术加工金属周期性单元结构，从而完成太赫兹波段吸收器制备过程。其中的高分子介质层一般是旋涂液态聚酰亚胺（polyimide），也有用增强等离子体气相沉积技术沉积高分子电介质层的报道。在光刻技术加工工艺中，连续金属层以及金属周期性单元结构一般都用一定厚度的箔，用电子束蒸发的方法保留一定厚度且特定形状的箔，其线宽可达到 0.5 μm。利用光刻技术制备的太赫兹波段吸收器根据设计时单元的不同，实物的吸收率可以达到90%以上，具有很好地吸收太赫兹波的效果。利用光刻技术也可以加工太赫兹波滤波器或者太赫兹波传感器等。光刻技术加工工艺需要用到掩模板，且掩模一般都不能重复利用，故该技术的成本相比其他制备技术都高，且工艺步骤较多，制作周期较长。

（2）纳米压印技术。

纳米压印技术可认为是一种新颖的光刻技术，光刻胶的成型不是使用光线或者辐射，而是利用物理学机理直接在硅或者其他材料的基底上构造纳米量级图形，单元结构复杂的纳米结构图形是通过高分辨率电子束直写的方法制作在印章上的，待加工单元结构被预先图形化的印章编写到聚合物上，成型为器件。纳米压印技术真正实现了纳米量级图形印制，主要用于太赫兹波线栅偏振器的加工制备过程中，可以在保证金属厚度均匀性的情况下加工周期很小的太赫兹波线栅偏振器。但是电路层之间的对准、金属厚度比较薄等问题都是在以后纳米压印制备太赫兹波段人工超材料中需解决的问题。

（3）喷墨打印技术。

喷墨打印技术是一种熟为人知的图形印刷技术，广泛应用于计算机数据输出及将产品出厂日期等信息直接打印到产品表面的印刷技术。喷墨打印技术能够成为一种微纳米图形制作技术是由于近年来电子学的飞速发展。将喷墨打印技术应用于人工超材料制备需要合适的喷墨液体，要求有足够低的黏度以保证能顺利从喷嘴喷出液滴；喷墨液滴必须能够迅速在打印表面干燥并牢固附着；喷墨液滴在打印表面应保持液滴原来直径而不过分扩大。迄今为止已经发展了一种成熟的可实现微米量级的喷墨打印机，并且找到了适当黏度的纳米量级浆体作为理想的喷墨液体，这使得喷墨打印技术加工太赫兹波段人工超材料得以实现。利用喷墨打印技术制备太赫兹波段人工超材料一般选用高阻硅基底或砷化镓基底，利用计算机制作出计划加工的单元结构图形，选用适当黏度的纳米浆体作为喷墨液体，用喷墨打印机打印出单元结构图形，此喷墨打印可以重复以增加金属厚度。利用该技术加工的单元结构的线宽最小可以达到 5 μm，金属厚度可达 240 nm，可以满足太赫兹波器件的尺寸要求。用喷墨打印技术加工的线栅偏振器在谐振频率处 TM 波透射率最高可以达到 85%，而 TE 波透射率可截止在 0.1% 以下，消光比在 30 dB 以上，这样制备的线栅偏振器能达到很高的偏振效果。喷墨打印技术得到了媲美光刻技术的器件特性，且该技术工艺比光刻技术要简单和便利许多，器件的线宽和金属厚度的增加都不需要特殊或复杂的处理。喷墨打印技术可以作为一种比较理想的加工太赫兹波段人工超材料的途径。该技术主要依靠超喷墨打印机超高喷墨分辨率和极高的工作性能，还在于微米量级图形的设计。喷墨打印技术工艺简单，加工便利，但用于该技术的喷墨打印机的喷头成本很高，喷墨液体的选取也需要进一步的扩展。总体而言该技术可以作为未来加工太赫兹波段人工超材料的可选技术之一。

（4）激光直写技术。

激光直写技术是随着大规模集成电路的发展而提出的，目前在制作掩模板和微电子电路柔性布线方面得到了广泛应用。该技术利用纳米压印加工工艺可制作线栅周期 140 nm～3 μm、线宽 56～200 nm、金属厚度在 120 nm 左右的太赫兹波线栅偏振器，并取得很高的偏振效果。该技术为太赫兹波段人工超材料制备提供一种较好的加工方法，如果可以解决高质量模板加工的问题，该技术还可以应用于其他太赫兹波器件的加工过程中。纳米压印技术相比光刻技术而言，加工工艺步骤较简单，成本也较低，但就该技术本身来说，想要获得高质量的模板有很大难度，还需要利用其他工具辅助加工太赫兹波段人工超材料，加工步骤如下：首先在玻璃基底上旋涂负性光刻胶，底层通过紫外光大范围曝光做成黏结层，顶层通过激光直写技术曝光，然后通过化学银镀技术在该电介质模板上覆盖一层金属箔，银化的晶体通过玻璃毛细管柱从镀银的基底上分离下来，转移到一个洁净的基底上来增强透射特性。由于复杂几何结构的自遮掩，在该过程中金属溅射和真空蒸发技术等沉积技术都不适用。激光直写技术加工出的人工超材料的电磁特性并不十分理想，原因在于三维单元结构的加工难度非常大，因此激光直写技术还需要进一步的研究和改进。

（5）激光诱导图形化化学镀技术。

激光诱导图形化化学镀技术是基于银离子在紫外激光辐射下易被还原成纳米银粒子并嵌在高分子聚合物基底表面的技术。该加工工艺需制备涂布在高分子聚合物基底上的胶体，然后利用激光直接打在胶体表面使银沉积，进而实施图形化化学镀。激光诱导图形化化学镀技术可以灵活地用于各类太赫兹波器件的制备，可加工最小金属线宽为 7 μm，金属厚度为 1～4 μm，满足大部分太赫兹波段人工超材料的加工需求。例如，利用该技术制备的太赫兹波线栅偏振器在 0.2～1.5 THz 范围内 TM 波透射率超过 50%，该频段整体消光比超过 20 dB，在 0.3THz 附近更是高达 37 dB，具有很好的偏振效果。激光诱导图形化化学镀技术具有加工灵活、流程简单、成本低等优点，但该技术需要单模连续激光器图形化极高精度的三维平移台才能保证制备出外观平整和电磁特性稳定的器件。该技术还需要实现较高的光源对准和聚焦能力，这也是下一步技术发展的方向。

（6）激光转印技术。

激光转印技术借鉴了激光打印的原理，激光打印指利用激光光束将数字化图形快速"投影"到一个光敏表面。电子充电现象会发生在被激光光束照射到的区域。我们用于制备人工超材料的激光转印技术不同于激光打印，激光转印技术主要是指利用脉冲激光器作为光源，利用空间光调制器件，构建出特定的图案，并通过光学镜组打到涂布金属浆体的玻璃上，利用脉冲激光的脉冲能量，将图像转印到硅基底或高分子聚合物基底上从而构建人工超材料的技术。这项技术还是一项刚刚起步的技术，也刚刚用于太赫兹波器件的加工工艺中，其加工的器件比较灵活，但现在仅局限于单层加工，可以根据设计的单元结构及后期的处理加工太赫兹波探测器、太赫兹波天线结构、太赫兹滤波器和太赫兹波段吸收器。利用激光转印技术可以加工的人工超材料单元结构周期为几十微米到几毫米，线宽最小可达 4 μm，金属厚度可以根据玻璃板上涂浆厚度进行调控。利用该技术加工出的周期 100 μm、线宽 6 μm 的开口谐振环阵列的透射特性实验结果与仿真结果吻合较好，与光刻技术加工的同样参数的和谐阵环阵列透射特性结果相比也相差很小，证明该技术完全可以用于加工太赫兹波段人工超材料，应用前景广阔。激光转印技术成本比较低，加工周期较短，比光刻技术更有优势。但该技术还面临着许多待解决的难题：该技术需要将高斯脉冲光束整形为平顶光束，现有技术实现效果不是很理想；该技术需要构建单元结构图形并在光学成像过程中利用了空间光调制器，这又分散了激光脉冲能量；浆体涂布的均匀性直接影响到了器件的金属厚度以及器件的电磁特性，这些都是亟待解决的问题。总体而言，该技术是一项很有前景的人工超材料技术，随着研究的不断深入，相信激光转印技术能够应用于工业化大规模加工人工超材料上。

3.2.2 激光转印技术制备太赫兹波段人工超材料实例

2010 年，Piqué 等[26]首次将激光转印技术用于制备太赫兹波器件，在硅基底上转印了太赫兹波段开口谐振环阵列，结构周期为 100 μm，金属线宽为 6 μm，所制备谐振器的透射特性与仿真相符。相比于光刻技术，激光转印技术工艺流程更加简洁，制备方法更加灵活，且该方法极适合用于制备太赫兹波器件。2014 年，韩昊[27]对激光转印技术中的匀浆工艺进行了深入的研究，为匀浆工艺的优化指明了方向。

（1）硬件系统设计原理与基本结构。

激光转印技术制备人工超材料系统基于空间光调制技术，以数字微镜器件（digital micromirror device，DMD）为空间光调制器件，制备原理如图 3.15 所示。激光转印技术利用空间光调制器作为动态模板，将由绘图软件生成的绘图文件显示在空间光调制器上，以紫外脉冲激光器作为光源，由光源发出的光线照射在 DMD 上被整形成含有待加工图形信息的光束，并通过光学镜组入射到涂布金属浆层的盖玻片上，盖玻片与硅基底或高分子聚合物基底之间有一定的距离，被光束照射到的部分受到激光冲量作用脱离金属浆层落到基底上表面，再利用平移台载盖玻片和基底同时移动，在基底上构建出周期性单元结构，从而制备人工超材料器件。激光转印技术人工超材料制备系统包括光源、扩束与光束整形、空间光调制器件、微缩成像系统、待加工单元和 X-Y 平移台等组成部分，结构框图如图 3.16 所示。其中系统的 DMD 对光束的灵活调制的特性构成了激光转印技术的核心。脉冲激光器（349 nm）的光束经过扩束和整形入射到 DMD 上反射的光束即经过了空间

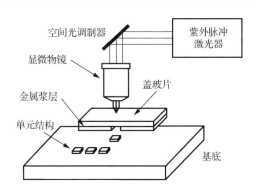

图 3.15　激光转印技术制备人工超材料硬件系统原理图

调制，含有待加图形信息的光束经过一个微缩成像系统（包括透镜组和显微物镜）将空间调制图形投影到涂布有纳米银浆的盖玻片上，被光束照射到的部分受力脱离金属浆层，落在 X-Y 平移台上的硅基底或高分子聚合物基底表面，控制平移台移动逐行逐列重复转印图形，直至达到预设的单元数目完成激光转印过程。最后将载有单元结构的基底放入烤箱或烘胶装置，待银浆烧结人工超材料制备完成。

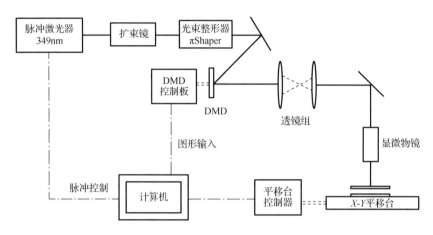

图 3.16　激光转印技术人工超材料制备系统结构框图

　　DMD 是一种利用微细加工技术和大规模集成电路技术制作出的电寻址空间光调制器。它是由美国德州仪器公司在 1987 年开发研制的一种半导体元件，随着器件结构不断完善使 DMD 在数字光处理技术中不断发展，DMD 在数字光刻技术中作为数字掩模、在激光转印技术中作为图形母版极大地促进了人工超材料加工技术的发展，进而推动微电子、微波、太赫兹波、光学等各个领域的发展。DMD 作为反射式空间光调制器件主要在投影显示系统中得到应用，DMD 一般用作投影显示系统的核心部件。图 3.17 为一片封装完备的芯片，规格为 0.7″ XGA2XLVDS 12°Type 型[28]，微镜阵列数目为 1024×768 个，单个微镜的尺寸为 13.68 μm×13.68 μm，镜片间隔为 0.8 μm。每个微镜代表一个像素，并可由相应的存储器控制微镜在开或关两种状态下切换从而控制光的反射。DMD 的镜面填充因子大于 90%，光效率可达 70%～90%。

　　DMD 的微镜阵列是通过表面微加工成层技术制造而成的，其单元的分解如图 3.18 所示。每个数字微镜器件 DMD 可以分解为若干层，依次为反射镜、寻址电极层 I、寻址电极层 II 和静态存储层。反射镜镜片采用双层镀膜的工艺，每个数字微镜器件 DMD 的一对寻址电极都需连接到静态存储层电路的电压互补端，构成两个导电通道。DMD 工作时，负偏压被加至反射镜上，两个寻址电极上分别为+5V 和接地，在微镜和扭转轴与其相应寻址电极之间形成一对静电场产生静电力矩，反射镜将绕扭转轴旋转，直到接触着陆点。反射镜镜片受着陆点所在平面的限制，镜面的偏转角度保持极限值±12°。在静电力矩的作用下反射镜被锁定，在出现复位信号之前一直处于偏转位置上[29]。图3.19所示为一对分别处于开和关状态的微镜单元。

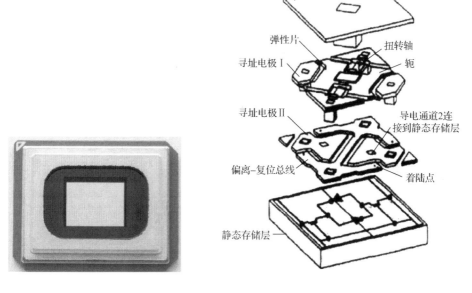

图 3.17　封装的 DMD　　　　　　　图 3.18　DMD 分解图

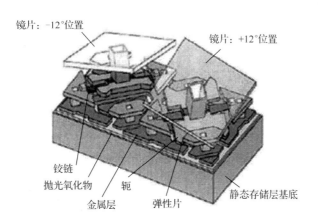

图 3.19　DMD 处于开和关状态的一对微镜单元

DMD 的独特结构使其具有光开关的用途。当 DMD 处于在光路中时，光源发出的光束以一定的夹角入射到微镜片表面，其中对于由寻址电极电压驱动偏转+12°的反射镜元光束反射后沿光轴方向通过投影物镜成像，表征为一个亮的像素；而对于偏离平衡位置-12°的反射镜元，光束反射后将不通过投影物镜，在像面表征为暗的像素。以微镜平行于基板的位置作为 0°，控制信号的二进制表示"1"和"0"分别对应于微镜+12°和-12°两个稳定状态，也就是 DMD 的"开"和"关"两个状态。将带有图形数据控制信号的序列写入互补金属氧化半导体（complementary metal-oxide semicon ductor，CMOS）电路时，DMD 对入射光进行调制，图形就可以在像面上显示[29]。DMD 的光开关原理如图 3.20 所示。

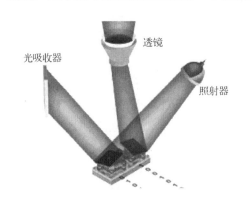

透镜

光吸收器

照射器

图 3.20　DMD 的光开关原理

激光转印技术以激光为光源，获取人工超材料单元结构图形，并依靠激光的能量（主要是冲量）将图形转印到基底上。该操作只需用较高能量脉冲激光即可达到要求，避免连续激光将造成的能量浪费；系统运行转印过程中需要平移台的运动和激光的开与关按一定时序进行控制，且开关的时间都极短，所以使用脉冲激光更节省能量和提高效率。例如美国 Spectra-Physics 的半导体泵浦 Q 开关紫外脉冲激光器如图 3.21 所示。

该激光器波长 349 nm，光束直径仅 0.15 mm，脉冲能量高，单脉冲能量可达 120 μJ，脉宽小于 5 ns，脉冲频率不仅可以内部触发，还可外部触发或门控触发，可用外部时序进行控制，最高脉冲频率可达 5 kHz。该激光器能够满足制备系统对光源的要求。

图 3.21　半导体泵浦 Q 开关紫外脉冲激光器

扩束和光束整形，由于激光转印技术人工超材料制备系统转印过程以单个图形为单元结构，为使转印的单元结构具有较高的均匀性，需要在纵向上光束能量均匀分布，但系统所使用的半导体脉冲激光器输出光束为高斯光束，这就需要光束整形的方法将高斯光束转换为平顶光束，激光光束能量分布和转换后效果如图 3.22 所示。我们使用πShaper 作为光束整形器，它可以高效率地将高斯光束转换为平顶光束，几乎没有能量损失。利用πShaper 将光束整形为平顶光束后，不仅提高了光束能量的利用效率，而且增大了光斑作用面积，优化了激光转印的效果。πShaper 是一个类望远镜光学系统并且可同时消除色差，但消除色差仅适用于某一特定波长范围。输出光斑会随着输入光斑变化，通过调节入射光束形状的方法即可以调整输出的平顶光束。例如πShaper_6_6_350 型光束整形器如图 3.22 所示，该型光束整形器适合输入光束为波长为 355 nm、光束直径为 6 mm 的光源，也适合波长为 350 nm 的激光光源。由于光束整形器对入射光束直径要求严格，而系统光源的光束直径仅为 0.15 mm，故需在光源和πShaper 之间增加扩束镜，将激光光束扩束至 6 mm 平行输入πShaper。πShaper_6_6_350 型光束整形器输出光束为直径 6 mm 的平顶光束。

图 3.22　光束整形前后能量分布和转换图

DMD 是系统的核心，其详细介绍已在前面给出。在激光转印技术人工超材料制备系统中，我们关注的最主要参数为 DMD 在紫外光波长为 349 nm 入射时的反射率。DMD 的反射率与入射光波长有一定的关系，普通的 DMD 对可见光波段的反射率在 90%以上，对 400 nm 以下光波反射率急剧下降，而在很多光学加工系统中，光源波长一般在 400 nm 以下，虽然现在有很多改进型产品可满足需求，但人工超材料制备系统选用的 DMD 产品在 350 nm 的反射率仍然在 80%以上。DMD 反射率与入射波长曲线如图 3.23 所示。例如 TI 公司的 0.7″ XGA2XLVDS 12°Type 型产品，DMD 分辨率为 1024×768 像素，单个微镜尺寸为 13.68 μm×13.68 μm，微镜偏转角度为±12°，每个微镜对应位图文件的一个像素单元，芯片窗口尺寸为10.506 mm×14.008 mm。我们使用 AutoCAD 设计功能强大的软件制作所需位图文件对 DMD 进行调制。

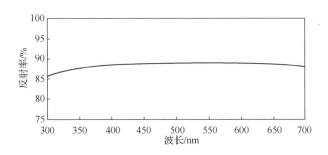

图 3.23　DMD 反射率与入射波长曲线

　　微缩成像系统，缩微成像系统包含透镜组和显微物镜，透镜组借鉴了 4*f* 成像，系统的入射光束中心和出射光束中心均与主光轴重合，两个透镜间距为两者焦距之和。经过 DMD 调制后的光束平行入射透镜 1，光束聚焦后发散，经过透镜 2 后又平行出射。当 $f_1 = nf_2$ 时，出射光束直径缩小至原来的 $1/n$。经过显微物镜后，图形按物镜倍率缩小成像，透镜组成像原理如图 3.24 所示。在制备系统中我们选择透镜 1 的焦距为 200 mm，透镜 2 的焦距为 50 mm，DMD 上的图像缩小 4 倍后平行出射到显微物镜上。可以通过改变透镜 1 和透镜 2 的焦距来改变系统的缩小倍率，这种改变不会影响系统光路结构，保持两个透镜的间距为焦距之和即可。由于透过透镜组后光束仍为平行光，经过显微物镜聚焦作用，调节待加工单元中导电浆料层与物镜焦点的相对距离，可以较为灵活的控制人工超材料单元结构。

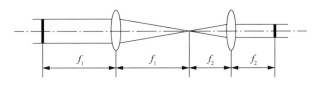

图 3.24　透镜组成像原理

　　利用绘图软件可绘制出所需人工超材料单元结构图生成位图文件并通过控制板输入到 CMOS 上。脉冲激光器脉冲频率和功率都可编写程序进行控制，二维平移台可通过控制器与计算机建立连接，通过程序控制平移台的移动并结合时序激光脉冲控制，将 CMOS 上的图形转印到高分子聚合物基底上从而构建人工超材料单元结构。

　　（2）人工超材料制备工艺（软件系统）。

　　激光转印技术人工超材料制备系统工艺，主要包括导电浆料的选择、匀浆工艺、待加工单元结构的制作等，重点在于对激光转印过程的工艺分析，如不同离焦距离对结果的影响、微米量级单元结构的重复性等，通过对工艺的分析总结出工艺参数范围，指导激光转印工艺优化的方向。样品的制备主要包含表面处理、银浆配制、匀浆、激光转印、烘胶五个过程。

导电浆料是指经由机械或物理的方法制作的固体颗粒与有机载体均匀混合而成的膏状物，可用于制作混合集成电路、表面贴装、电阻网络、敏感元件等，还可作为基础材料用于加工各种电子分立器件。导电浆料在厚膜混合器件制造、集成电路封装、印刷电路技术、太阳能电池制造、射频可识别标签制造等领域都有着广泛的应用。导电浆料中通常都含有固体导电颗粒、有机载体、玻璃粉体几种主要成分。导电颗粒主要为微米或纳米量级的金属（如 Ag、Au、Pt、Cu 等）颗粒，玻璃粉体主要为硅的氧化物或硅酸盐，而有机载体一般由有机溶剂、黏结剂、分散剂及其他助剂组成。在应用时将浆料加工成所需的图形后，通过热处理工艺使绝大部分的有机成分挥发，导电颗粒与玻璃粉体被烧结，从而形成导电涂层。金属银具有优异的导电性能和突出的应用性能，是导体浆料中使用最为普遍的贵金属。如果制作的单元结构为微米量级线宽，金属厚度为几百纳米至几微米，需选用导电颗粒达到纳米量级的导电浆体。其中，北京中科纳通公司生产的低阻抗纳米导电银胶，颗粒直径为 30～50 nm，黏度约 30000 cP（$1cP=10^{-3}Pa\cdot S$）。该银浆有着良好的印刷性和抗氧化性，硬度大、附着力强，导电性能优异，比较适合用于激光转印技术工艺。

匀浆工作原理，导电浆体涂布一般使用刮涂或者旋涂的方法，都可以保证涂覆薄膜的均匀性及微米或纳米量级的厚度，刮涂一般适用于毫米至微米量级薄膜厚度需求，旋涂则适用于微米至纳米量级薄膜厚度需求。在利用光刻技术制备人工超材料过程中，匀胶是其中一个重要的步骤，利用涂胶机将光刻胶均匀涂布于加工基底上，一个典型的匀胶过程包括滴胶、高速旋转匀胶和溶剂挥发等三个步骤。滴胶是把光刻胶滴注到基片表面上，高速旋转把光刻胶平铺展开到基片上表面形成薄层，溶剂挥发主要是除去胶层中多余的溶剂。通常，直接利用银浆原液进行旋涂效果较差，银层分布不够均匀，且难以平铺展开，因此需添加稀释剂降低黏度。银浆稀释对匀浆结果的影响非常大，可使用中普尼公司的 KW-6A 型智能匀胶烘胶机，稀释剂可选用银浆厂家配送的专用稀释液，也可选择纯度为 99% 的松油醇，两者都能很好地降低银浆黏度改善旋涂的效果。

有旋涂银浆实验证明，对两种稀释剂进行测试，并选用银浆原液与稀释剂体积配比分别为 1∶2、1∶1、2∶1 时的银浆体进行旋涂实验，实验中匀浆时匀胶机转速为 4000 r/min，持续时间 100 s，Dektek-XT 台阶仪测量银浆原液与稀释剂体积各种配比时银层厚度测量结果如表 3.2 所示。

表 3.2 银浆原液与稀释剂体积各种配比时银层厚度测量结果

序号	银浆原液	稀释液	松油醇	银层厚度/nm
1	1	2	0	72
2	1	1	0	136
3	2	1	0	436
4	1	0	2	110
5	1	0	1	146
6	2	0	1	440

由表 3.2 可以看出，随着银浆原液体积占比的增大银层厚度逐渐增大；在银浆原液体积占比较小时，采用稀释液作为稀释剂旋涂后的银层厚度比采用松油醇时要小；而当银浆原液体积占比增大后，采用稀释液旋涂后的银层厚度与采用松油醇时接近。因此，改变银浆原液在银浆中的体积占比可以调节匀浆后的银层厚度。

匀浆转速以及匀浆过程持续时间直接决定了最终薄膜的厚度。一般来说，匀浆时的转速越快，时间越长，薄膜就越薄。影响匀浆过程的其他可变因素很多，这些因素会在匀浆时相互抵消并趋于平衡，延长匀浆过程时间，对匀胶的结果影响可忽略，一般匀浆过程持续时间需要在 20 s 以上。实验中，选取银浆原液与松油醇体积配比 1∶1 的银浆浆体，匀浆机转速设置为 4000 r/min，设置匀浆持续时间分别为 60 s、70 s、80 s、90 s 和 100 s，利用 Dektek-XT 台阶仪测量匀浆持续时间变化时银层厚度测量结果如表 3.3 所示。

表 3.3 匀浆持续时间变化时银层厚度测量结果

序号	转速/（r/min）	时间/s	银层厚度/nm
1	4000	60	232
2	4000	70	185
3	4000	80	163
4	4000	90	148
5	4000	100	146

同样地，选取银浆原液与松油醇体积配比 1∶1 的银浆浆体，匀浆持续时间设置为 80 s，设置匀浆机转速分别为 3000 r/min、3500 r/min、4000 r/min、4500 r/min 和 5000 r/min，利用 Dektek-XT 台阶仪测量匀浆转速变化时银层厚度测量结果如表 3.4 所示。

表 3.4　匀浆转速变化时银层厚度测量结果

序号	转速/（r/min）	时间/s	银层厚度/nm
1	3000	80	537
2	3500	80	305
3	4000	80	163
4	4500	80	95
5	5000	80	86

　　由表 3.3 可以看出，匀浆采用的转速为 4000 r/min 时，匀浆持续时间延长，银层厚度呈非线性减小趋势，随着时间逐渐延长，银层厚度减小的速度变慢。由表 3.4 可以看出，当匀浆持续时间为 80 s 时，匀浆过程中转速增大，银层厚度也呈非线性减小趋势，随着转速逐渐增大，银层厚度减小的速度也同样变慢。同时对比表 3.3 和表 3.4 可得，匀浆转速对旋涂后银层厚度的影响比较大，故在制订匀浆方案时转速的设置较为重要。

　　待加工单元制作，盖玻片上纳米银浆涂层被激光光束照射到的部分受到激光冲量作用脱离银层落到基底上表面，经烘胶后银质结构固化在基底表面，金属结构和基底构成了具有超常电磁特性的人工超材料单元结构。我们利用激光转印技术制备人工超材料过程中，利用双面胶将载有纳米银浆涂层的盖玻片与基底材料黏在一起，将组合体作为待加工单元，其结构图如图 3.25 所示。双面胶层采用的是厚度约为 100 μm、基底材料为厚度 125 μm 的聚对苯二甲酸乙二酯（poly（ethylene terephthalate），PET）薄膜。在进行激光转印时，可将待加工单元利用聚乙烯吡咯烷酮胶体黏附在基片或载玻片上，可增大 PET 薄膜的平整度，并防止在激光转印过程中待加工单元在加工平台上发生相对移动，减少加工误差。

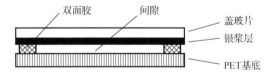

图 3.25　待加工单元结构图

3.2.3　小结

　　本节介绍了太赫兹波段人工超材料常用的制备技术，并详细介绍了激光转印技术人工超材料制备系统的设计原理和系统结构组成。激光转印技术制备太赫兹波器件成本低、工艺简单、能灵活加工任意形状的人工超材料单元结构。同时，激光转印人工超材料制备系统还有一些需要解决的问题，如制备的单元结构厚度略薄、单元结构与设计的单元结构还存在差异等。目前我们可以对系统光路优化和改进激光转印技术工艺等解决上述的问题。激光转印技术制备太赫兹波器件成本低、工艺简单、能灵活加工任意形状的人工超材料单元结构。后续工作中还需要进一步优化系统光路和加工工艺，增大可制备结构的金属厚度，改善激光转印的结果，以满足各类人工超材料太赫兹波器件的要求。

3.3　光波波段人工超材料的设计与制备技术及实例

光波波段人工超材料有如此多的应用，但结构制备却存在非常大的难度，第一，光波波段人工超材料结构尺寸小，金属材料受趋肤效应的影响在光波波段存在明显的损失；第二，受传统平版印刷技术和光刻技术的制约，对于结构复杂、几何参数在十几纳米左右的结构是很难实现的。基于以上分析，由于光波波段人工超材料的制备成了这个研究领域的难点，因此开展光波波段人工超材料的制备研究工作是十分必要的。

因为贵金属在光波波段的电谐振很容易实现而磁谐振却很难实现，所以光波波段人工超材料的超常电磁特性设计难点在于实现磁响应。传统的开口谐振环谐振结构通过尺寸的缩小能够实现太赫兹波段甚至是红外光波段的磁谐振，但是却很难实现在更高频率波段如可见光波段的磁谐振[30]，并且以目前的加工技术在可见光波段几乎不可能制备出有金属线阵列和开口谐振环阵列构成的人工超材料，因为这些结构尺寸的线宽可能只有几个纳米。解决可见光波段人工超材料制备问题通常采用三明治结构，即金属-介质-金属的三层人工超材料模型[31,32]，如图 3.26（a）～（c）所示。图 3.26（a）所示金属杆对阵列结构在光波垂直入射时，与金属杆对阵列结构垂直的磁场分量能够在两金属短杆内诱导出反平行电流，并形成电流环路，从而引起磁谐振；而与金属杆对阵列结构平行的电场分量能够在两金属短杆中诱导出平行电流，形成电谐振，这种简化的人工超材料模型给光波波段人工超材料制备提供了可能。如图 3.26（d）所示，采用聚焦粒子束技术成功制备了一种由 Ag-MgF_2-Ag 构成的双渔网状可见光波段人工超材料[33]。

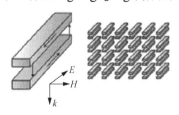
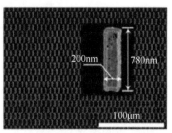

（a）带有反平行电流的金属杆对阵列示意图　　　（b）金属杆对阵列扫描电子显微镜照片

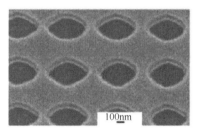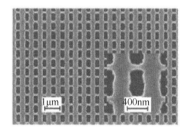

（c）圆孔状金属–介电层–金属扫描电镜照片　　（d）渔网状人工超材料的扫描电镜照片

图 3.26　光波波段负折射率人工超材料

在上述研究中，光波波段人工超材料基本都是由物理刻蚀技术，如光刻蚀、电子束刻蚀、聚焦离子束刻蚀等制备而成，这些人工超材料的制备工艺复杂、成本高，而且不能够大规模制备，因而极大地限制了人工超材料的设计与应用。后来，研究工作者发现通过电化学沉积技术在制备光波波段人工超材料中有一定的优势，如 Liu 等通过电化学沉积技术制备工艺以多孔氧化锌作为模板制备出红外光波段的银树枝结构[34-37]，如图 3.27（a）所示；采用电化学沉积技术，在氧化铟锡导电玻璃基底上制备了单元尺寸不同、无序银树枝结构，如图 3.27（b）所示；通过结合自组装和模板辅助法采用电化学沉积技术制备了可见光波段的双渔网结构，如图 3.27（c）所示。因此，电化学沉积技术为光波波段人工超材料的制备提供了一条新的途径。

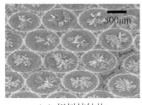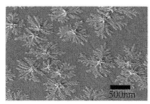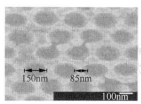

（a）银树枝结构　　　　　　　（b）无序银树枝结构　　　　　　（c）双渔网结构

图 3.27　电化学沉积技术制备光波波段人工超材料

3.3.1　电化学沉积技术的硬件系统

电化学沉积技术其实是一门古老的技术，早在 19 世纪初期就有关于银和金的镀覆专利，严格意义上讲这种银和金的镀覆就属于金属电化学沉积技术，不久以后又发明了镀镍技术、电镀铬技术等。随着科学技术的不断发展和深入，电化学沉积技术的研究领域不断拓宽和延伸，已迅速地发展成为具有重大工业意义的一门技术，并已获得了巨大的成功。从作用上来讲电化学沉积过程已经从强调装饰性和防腐性到今天的具有特殊用途镀层的研发和应用上。随着理论和实验研究的不断深入，电化学沉积技术取得了很大发展，沉积方法也越来越多样化，主要包括直流电化学沉积、脉冲电化学沉积、喷射电化学沉积和复合电化学沉积等方法。主要应用于各种半导体、合金的电化学沉积，以及多种形态和性能材料的开发[38-40]。

金属电化学沉积是在外加电压下，通过电解液中金属离子在阴极还原为原子而形成沉积层的过程。金属电化学沉积不仅是发生在电极/离子导体界面上的电荷传递过程，而且包含了在外电场影响下的成核和晶体生长等一系列成相过程。根据金属电化学沉积条件的不同，金属沉积物的形态可分为大块多晶、金属薄膜、粉末或枝晶等。金属电化学沉积是一个多步骤的复杂过程，涉及溶液体相中和电极表面层沉积原子的交叉变化。电化学沉积技术的优点包括：可以在电化学沉积中提供高电子转移的功能，这种功能可以使之达到一般化学试剂所不具有的氧化还原能力；合成反应体系及其产物不会被还原剂或氧化剂及其相应的氧化产物或还原产物所污染；由于电氧化还原过程的特殊性所以电化学沉积技术能制备出其他方法不能制备的许多物质和聚集态。

金属电沉积过程主要经历以下几个阶段：①溶液中的金属离子（或络离子）向电极界面附近传输；②离子在界面上放电生成吸附原子，后者聚集在一起形成二维晶核；③新产生的吸附原子通过表面扩散到台阶，然后沿台阶边缘扩散到扭结位置进入金属晶格并析出结晶热。随着台阶和扭结的不断延伸，电极基体最终被新生成的晶层覆盖。如果晶体要继续生长，务必在新生的晶层上再次形成晶核，以便产生新的台阶。上述成相过程即所谓的二维成核-生长机理，电结晶过程被描述为单原子过程，晶体的生长是逐层进行的。晶核形成和晶体生长的竞争决定了沉积层中晶粒的尺寸，晶核形成的速度越大，金属沉积层中的晶粒越细。晶体的生长方式决定了沉积层的结构与外观，如果晶粒在垂直于基体表面上的生长速度较大，得到纤维状的沉积层。如果晶粒在平行于基体表面上的生长速度较大，将得到光滑的沉积层[41]。

目前，纳米材料因其具有特殊的光学、力学、磁学、电学（超导）、化学（电化学）、催化、耐蚀及特殊的机械性能而受到广泛关注，然而纳米材料的制备非常困难，现代电化学沉积技术在制备纳米材料和纳米微加工等方面取得了突飞猛进的发展。电化学沉积技术制备纳米材料所采用的仪器简单、廉价、工艺成本低、室温下即可操作，所获得的纳米材料性能却很优越。电化学沉积技术主要应用于制备纳米结构材料、纳米晶块材料和微加工技术[42,43]。

由于材料、能源、信息、生命、环境对电化学技术的要求，电化学沉积的新体系和新材料的研究发展前景十分乐观。其中包括电化学原子层外延（electrochemical atomic layerepitaxy，ECALE）技术、LIGA（LIGA 是德文 lithographie、galvanoformung

和 abformung 三个词的词头，即光刻、电铸和注塑的缩写）技术和电化学制造
（electrochemical fabrication，EFAB）技术。电化学原子层外延是欠电位沉积和原
子层外延技术的结合，化合物组分元素的原子层在欠电位条件下进行循环的交替
沉积，从而直接生成化合物。ECALE 技术在薄膜材料制备中有其独特的优势[44]，
是控制半导体化合物结构、组成和生长形貌及了解电沉积机理的先进方法，已经
引起国外很多材料制备专家的重视。LIGA 技术可加工很大深宽比的微结构，其厚
度可达几百微米，并且侧壁陡峭表面光滑，还能制作结构可活动的三维金属微器
件。LLGA 工艺所加工的尺寸精度可达 20 nm，能加工金属、合金、陶瓷、聚合
物等多种材料[45]。光刻、电铸和注塑巧妙结合可实现大批量复制生产。EFAB 技
术是采用电化学方法制作三维多层微结构的技术。EFAB 的基本原理是：先用三
维 CAD 软件将要加工的图形分解成一系列适用于制作成光刻模板的二维图形，并
由此制成由金属阳极和绝缘材料组成的特殊系列模具，接着在电解槽中将微结构
按照模具的图形一层层分别电化学沉积出来，最后将无用的金属溶解得到所需要
的图形[46]。

　　电化学沉积的方式有很多种，如表 3.5 所示。电化学沉积的过程中，化学反
应或电化学反应是发生在电沉积池的阴极或阳极两个电极表面，因此电化学沉积
的原理有阴极还原沉积原理、阳极氧化沉积原理、阳极活性极化沉积原理、阴极
吸附沉积原理和两极回路沉积原理。

表 3.5　电化学沉积方法的分类

沉积方式	沉积原理	溶液体系	控制信号
直流电沉积	阴极还原	水溶液	恒定电位
交流电沉积	阳极氧化	非水溶液	恒定电流
脉冲电沉积	阴极活性极化	熔融盐	脉冲电压/电流
复合电沉积	阴极吸附	水或电解液	场强/电荷
喷射电沉积	两极回路	电解液	电压

3.3.2　电化学沉积技术制备光波波段人工超材料实例

　　现在人工超材料的制备技术主要是基于自上而下的物理刻蚀技术，但是刻蚀
技术却有着工艺精度不足和设备条件昂贵苛刻的缺点。电化学沉积技术提供了一
条崭新的思路，本实例通过对聚苯乙烯胶体颗粒的制备方法进行了大胆有效的改
进从而获得大面积高周期性的绿光波段金属银双渔网结构的人工超材料[47]。

　　电化学沉积方法的主要试剂如表 3.6 所示。

表 3.6　电化学沉积方法的主要试剂

名称	规格	厂家
十二烷基硫酸钠	分析纯	广东汕头市西陇化工厂
过硫酸钾	分析纯	国药集团化学试剂有限公司
苯乙烯	分析纯	西安三浦精细化工厂
聚乙烯吡咯烷酮	分析纯	德国 BASF 公司
正丁醇	分析纯	西安化学试剂厂
硝酸银	特纯	西安化学试剂厂
三乙醇胺	分析纯	天津市天力化学有限公司
银片	99.99%	天津市博迪化工有限公司
ITO	方块电阻 17 Ω，玻璃	深圳市南玻显示器件科技有限公司

采用新型乳液聚合法将 0.027 g 十二烷基硫酸钠溶于 50 mL 超纯水，转入三口烧瓶后放入 80℃水浴锅中，通氮气并搅拌，转速 200 r/min，同时将 0.15 g 过硫酸钾溶于 10 mL 超纯水，再一次性加入 10 mL 过硫酸钾溶液。然后滴加苯乙烯和正丁醇的混合物，其中苯乙烯为 0.15 g，正丁醇为 0.1 g，滴加时间为 20 min。称取 0.6 g 聚乙烯吡咯烷酮，充分溶解于 40 mL 超纯水中，待完全溶解后一次性倒入 4.85 g 苯乙烯混合，将混合液进行超声分散 20 min。当水相和油相充分混合乳化后，将混合液一次性倒入三口烧瓶中。80℃反应 1 h，然后升温至 85℃再反应 2 h，冰浴过滤收集。

聚苯乙烯（polystyrene，PS）二维胶体晶体制备，首先用酒精和去离子水对 PS 乳液离心洗涤 6 次，从而去除聚合反应中剩余的一些试剂，得到适合后续实验的 PS 胶体颗粒。将 ITO 玻璃基板从双氧水溶液中取出，用去离子水冲洗待干，取适量的 PS 微球悬浮液涂敷在倾斜角约 45°基片上，在旋转涂膜机上旋转蒸发，再将基片缓慢浸入转移液（去离子水）中，脱掉最上面的单层晶体并用 ITO 玻璃导电面捞取得到了二维 PS 胶体晶体。

金属银双渔网结构制备，以二维 PS 胶体晶体为模板。首先，以固化处理的二维 PS 胶体晶体模板为阴极，使用脉冲电化学沉积技术制备单层金属银纳米网格结构，再用氯仿将 PS 球溶解；其次，在该金属银纳米网格结构的表面旋涂一层聚乙烯醇（polyvingl alcohol，PVA）凝胶，90℃真空干燥固化；最后，以银纳米网格/PVA 凝胶复合结构为二次基板，在其上重复第一层金属银纳米网格结构的制备过程，得到完整的银网格/PVA 凝胶/银网格的金属银双渔网结构。

金属银双渔网结构的形貌及性质测试对所制备的结构进行 SEM 形貌分析，

所用仪器为日本电子株式会社 JEOL-6700F 扫描电子显微镜。使用日立 U-4100 紫外光/可见光/近红外分光光度计对该结构进行可见光透射性能测试，并分析其透射光谱线。

二维聚苯乙烯胶体晶体无皂乳液聚合法所制备的胶体颗粒单分散性好，但粒径较大，而分步乳液聚合法所制备的胶体颗粒粒径可以达到 30～250 nm，但预处理后颗粒形状均一度和颗粒分散性都较差。本节实例中设计了一种新型乳液聚合法，通过改变单体加入方式：第一批单体滴加形核，在十二烷基硫酸钠暂时过量的情况下，大量地形成 PS 核子；第二批单体预乳化后一次性加入，借助聚乙烯吡咯烷酮的空间位阻效应，使得 PS 核子能够均匀地聚合长大。这种新方法实际上是分步乳液聚合法和无皂乳液聚合法的一种有效融合形式。如图 3.28 所示为不同方法所制备 PS 纳米颗粒的自组装二维胶体晶体单层膜的 SEM 照片。图 3.28（a）为分步乳液聚合法所制备的 PS；图 3.28（b）为无皂乳液聚合法制备的 PS；图 3.28（c）为新型乳液聚合法所制备的 PS。从图 3.28（a）可以看出，分步乳液聚合法所制备得到的 PS 胶体晶体粒径约为 135 nm，但颗粒均一度差，所成的二维胶体晶体排列松散，周期性差，部分区域还存在第 1 层空缺和第 2 层堆垛；从图 3.28（b）可以看出，无皂乳液聚合法所制备得到的 PS 胶体晶体粒径约为 150 nm，已接近该制备方法极限粒径，胶体颗粒均一性较好，所成二维胶体晶体排列较为紧密，缺陷也明显减少；而从图 3.28（c）可以看出，新型乳液聚合法所制备的 PS 胶体晶体粒径约为 135 nm，胶体颗粒均一度很高，所成二维胶体晶体大面积排列有序且紧密，缺陷明显少于前两种制备方法。

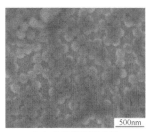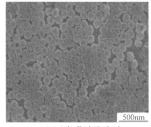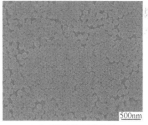

（a）分步乳液聚合法　　　　（b）无皂乳液聚合法　　　　（c）新型乳液聚合法

图 3.28　不同制备方法所得 PS 的二维胶体晶体 SEM 照片

金属银双渔网结构通过电化学脉冲沉积的方法在 PS 模板上生长金属银而得到具有渔网结构的特征形貌，如图 3.29 所示。图 3.29（a）为分步乳液聚合法得到的 PS 模板生长的金属银双渔网结构；图 3.29（b）为无皂乳液聚合法得到的 PS 模板生长的金属银双渔网结构；图 3.29（c）和图 3.29（d）为两种新型乳液聚合法得到的 PS 模板生长的金属银双渔网结构。将图 3.29（a）和 3.29（b）对比分析可知，图 3.29（a）在结构上和图 3.28（a）保持了相同的特点，结构松散，周期性较差，空隙处生长出较大的银颗粒；图 3.29（b）相比于图 3.29（a）有了很大的改进，致密性有了提高，大颗粒银明显减少，但周期性还是难以满足双渔网理论模型要求；而在图 3.29（c）和 3.29（d）中，样品呈高度规则致密有序的周期性双渔网结构，在很大面积内没有出现大颗粒银，整体结构与双渔网模型相符。照片中图像有一些微小的扭曲是由于 SEM 测试过程中的微小震动造成的，并不是结构本身的真实图景。

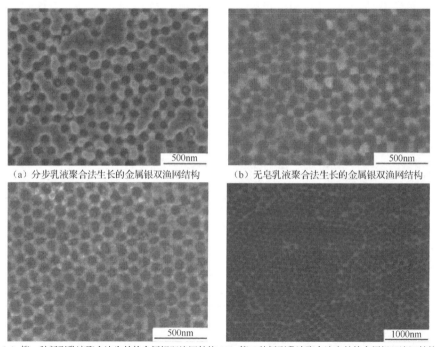

（a）分步乳液聚合法生长的金属银双渔网结构   （b）无皂乳液聚合法生长的金属银双渔网结构

（c）第一种新型乳液聚合法生长的金属银双渔网结构（d）第二种新型乳液聚合法生长的金属银双渔网结构

图 3.29   不同 PS 模板生长的金属银双渔网结构

3.3.3   小结

本节介绍了光波波段人工超材料常用的制备技术，详细介绍了电化学沉积技术及制备系统的原理和系统组成，还介绍了一种典型金属银双渔网结构的电化学脉冲沉积制备过程。电化学沉积技术主要应用在于制备纳米结构材料、纳米晶块材料和微加工技术。电化学沉积技术制备纳米材料所采用的仪器简单、廉价、工艺成本低、室温下即可操作，所获得的纳米材料性能优越，是光波波段人工超材料制备的有效方法之一。

参 考 文 献

[1]　Ito T, Okazaki S. Pushing the limits of lithography[J]. Nature, 2000, 406(6799): 1027-1031.

[2]　John C H, David A T, Smith M T, et al. Nanosphere lithography: size-tunable silver nanoparticle and surface cluster arrays[J]. Journal of Physical Chemistry B, 2016, 103(19): 3854-3863.

[3]　Estroff A, Dusa M V, Conley W, et al. Optical microlithography XXIII-metamaterials for enhancement of DUV lithography[J]. Proceedings of SPIE, 2010, 7640: 76402W.

[4]　Solak H H, David C, Gobrecht J, et al. Sub-50nm period patterns with EUV interference lithography[J]. Microelectronic Engineering, 2003, 67-68(1): 56-62.

[5]　Shalaev V M. Optical negative-index metamaterials[J]. Nature Photonics, 2007, 1(1): 41-48.

[6]　Munro E. Design and optimization of magnetic lenses and deflection systems for electron beams[J]. Journal of Vacuum Science & Technology, 1975, 12(6): 1146-1150.

[7]　王冠亚. 高精度掩模版电子束光刻关键技术研究[D]. 北京: 中国科学院大学, 2013.

[8]　Yang J K W, Berggren K K. Using high-contrast salty development of hydrogen silsesquioxane for sub-10-nm half-pitch lithography[J]. Journal of Vacuum Science & Technology B Microelectronics & Nanometer Structures, 2007, 25(25): 2025-2029.

[9]　Walther M, Ortner A, Meier H, et al. Terahertz metamaterials fabricated by inkjet printing[J]. Applied Physics Letters, 2009, 95(25): 251107.

[10]　Yoo M, Lim S, Tentzeris M. Flexible inkjet-printed metamaterial paper absorber[C]// Antennas and Propagation Society International Symposium. New York: Institute of Electrical and Electronics Engineers, 2014: 2060-2061.

[11]　Ling K, Yoo M, Su W, et al. Microfluidic tunable inkjet-printed metamaterial absorber on paper[J]. Optics Express, 2015, 23(1): 110-120.

[12]　Piqué A, Chrisey D B. Direct-write technologies for rapid prototyping applications: sensors, electronics, and integrated power sources[M]. New York: Academic Press, 2002: 726.

[13]　Auyeung R C Y, Kim H, Charipar N A, et al. Laser forward transfer based on a spatial light modulator[J]. Applied Physics A, 2011, 102(1): 21-26.

[14]　Chou S Y, Krauss P R, Renstrom P J. Imprint of sub-25nm vias and trenches in polymers[J]. Applied Physics Letters, 1995, 67(21): 3114-3116.

[15]　Chen Y. Applications of nanoimprint lithography/hot embossing: a review[J]. Applied Physics A, 2015, 121(2): 451-465.

[16]　Chou S Y, Krauss P R. Imprint lithography with sub-10nm feature size and high throughput[J]. Microelectronic Engineering, 1997, 35(1-4): 237-240.

[17]　Wu W, Yu Z, Wang S Y, et al. Midinfrared metamaterials fabricated by nanoimprint lithography[J]. Applied Physics Letters, 2007, 90(6): 063107.

[18]　Cheam D D, Karre P S K, Palard M, et al. Step and flash imprint lithography for quantum dots based room temperature single electron transistor fabrication[J]. Microelectronic Engineering, 2009, 86(4-6): 646-649.

[19]　Ahn S H, Guo L J. High-speed roll-to-roll nanoimprint lithography on flexible plastic substrates[J]. Advanced Materials, 2010, 20(11): 2044-2049.

[20]　Yang F, Chen X, Cho E H, et al. Period reduction lithography in normal UV range with surface plasmon polaritons interference and hyperbolic metamaterial multilayer structure[J]. Applied Physics Express, 2015, 8(6): 062004.

[21]　Bassim N D, Giles A, Caldwell J D, et al. Focused ion beam direct write nanofabrication of surface phonon polariton metamaterial nanostructures[J]. Microscopy & Microanalysis, 2014, 20(Suppl3): 358-359.

[22]　Enkrich C, Pérez-Willard F, Gerthsen D, et al. Focused-ion-beam nanofabrication of near-infrared magnetic metamaterials[J]. Advanced Materials, 2010, 17(21): 2547-2549.

[23]　Valentine J, Zhang S, Zentgraf T, et al. Three-dimensional optical metamaterial with a negative refractive index[J].

Nature, 2008, 455(7211): 376-379.

[24] 周辉, 杨海峰. 光刻与微纳制造技术的研究现状及展望[J]. 微纳电子技术, 2012, 49(9): 613-618.

[25] 冯潇祎, 顾辰东, 李肃成, 等. 一种折射率近零超材料的设计、制作和表征[J]. 浙江万里学院学报, 2014(1): 85-90.

[26] Kim H, Melinger J S, Khachatrian A, et al. Fabrication of terahertz metamaterials by laser printing[J]. Optics Letters, 2010, 35(23): 4039-4041.

[27] 韩昊. 激光转印法太赫兹波段超材料制备及谐振器研究[D]. 杭州: 中国计量学院, 2014.

[28] 雷刚. 数字光刻制作微光学器件的评价研究[D]. 南昌: 南昌航空大学, 2011.

[29] 段茜. 数字光刻及其制作微光学元件的模拟研究[D]. 成都: 四川大学, 2006.

[30] Zhou J, Koschny T, Kafesaki M, et al. Saturation of the magnetic response of split-ring resonators at optical frequencies[J]. Physical Review Letters, 2005, 95(22): 223902.

[31] Shalaev V M, Cai W, Chettiar U, et al. Negative index of refraction in optical metamaterials[J]. Optics Letters, 2005, 30(24): 3356-3358.

[32] Zhang S, Fan W, Panoiu N C, et al. Experimental demonstration of near-infrared negative-index metamaterials[J]. Physical Review Letters, 2005, 95(13): 137404.

[33] Dolling G, Enkrich C, Wegener M, et al. Simultaneous negative phase and group velocity of light in a metamaterial[J]. Science, 2006, 312(5775): 892-894.

[34] Dolling G, Enkrich C, Wegener M, et al. Low-loss negative-index metamaterial at telecommunication wavelengths[J]. Optics Letters, 2006, 31(12): 1800-1802.

[35] Liu H, Zhao X, Yang Y, et al. Fabrication of infrared left-handed metamaterials via double template-assisted electrochemical deposition[J]. Advanced Materials, 2010, 20(11): 2050-2054.

[36] Liu B, Zhao X, Zhu W, et al. Multiple pass-band optical left-handed metamaterials based on random dendritic cells[J]. Advanced Functional Materials, 2008, 18(21): 3523-3528.

[37] Gong B, Zhao X, Pan Z, et al. A visible metamaterial fabricated by self-assembly method[J]. Scientific Reports, 2014, 4(4): 4713.

[38] 杨防祖, 姚士冰, 周绍民. 电化学沉积研究[J]. 厦门大学学报(自然科学版), 2001, 40(2): 418-426.

[39] 许姣姣, 司云森, 余强, 等. 电化学沉积技术的新发展[J]. 南方金属, 2007(2): 21-23.

[40] Valizadeh S, George J M, Leisner P, et al. Electrochemical synthesis of Ag/Co multilayered nanowires in porous polycarbonate membranes[J]. Thin Solid Films, 2002, 402(1-2): 262-271.

[41] 周绍民. 金属电沉积——原理与研究方法[M]. 上海: 上海科学技术出版社, 1987.

[42] 王桂林. 电沉积技术在合成纳米材料中的应用研究[J]. 煤矿机械, 2003(11): 27-28.

[43] 张连宝, 卢荣玲. 用电沉积方法制备纳米迭层薄膜材料[J]. 北京工业大学学报, 1998, 24(2): 71-76.

[44] 侯杰, 杨君友, 朱文, 等. 电化学原子层外延及其新材料制备应用研究进展[J]. 材料导报, 2005, 19(9): 87-90.

[45] 李小海, 王振龙, 赵万生. 微细电化学加工研究新进展[J]. 电加工与模具, 2004(2): 1-5.

[46] 朱荻, 王明环, 明平美, 等. 微细电化学加工技术[J]. 纳米技术与精密工程, 2005, 3(2): 151-155.

[47] 李飒, 曹迪, 王晓农, 等. 一种新型大面积绿光双渔网结构超材料的制备方法[J]. 功能材料, 2013, 44(5): 756-758.

4　不同波段的动态可调人工超材料

拥有动态可调特性对人工超材料的应用有着重要的意义[1,2]。动态可调特性是通过施加外部信号，如电场、磁场、激光辐射等来改变人工超材料的超常电磁学特性。动态可调人工超材料不但能够改变和扩展人工超材料的工作频段，更主要的是使人工超材料在调节电磁波时具有主动性和灵活性。

动态可调人工超材料方面的研究已经取得了包括基于可变电容的可调人工超材料[3,4]、基于微机电系统工艺的机械可重构人工超材料[5-9]和基于活性媒质的混合结构人工超材料[10-13]等一系列动态可调人工超材料成果。

4.1　基于置入二极管的变容微波波段动态可调人工超材料

人工超材料通常由亚波长的谐振单元结构组成，大多数人工超材料单元结构都是由铜、金、银等金属开口谐振环阵列构成的[14-16]。对此，LC 等效电路模型可以很好地描述开口谐振环阵列的共振特性，特别是在微波波段[17,18]。

在 LC 模型中，每个人工超材料单元结构都有一个分布电感 L 和一个分布电容 C，人工超材料单元结构的谐振频率 $f \propto (LC)^{-1/2}$。因此，如果能够通过一个外部信号改变电感或者电容就可以改变人工超材料单元结构的谐振频率。二极管变容动态可调人工超材料就是基于在每个人工超材料单元结构中加一个具有可变电容的二极管并通过改变二极管的电容来调节谐振频率的可调人工超材料。

4.1.1　基于二极管变容动态可调人工超材料实例

1. 开口谐振环结构的可调人工超材料滤波器设计

由于人工超材料单元结构设计的滤波器具有亚波长谐振和高 Q 值（损耗/输入功率）等显著特性，它被视为微波波段器件小型化设计的一种理想谐振器。图 4.1 为

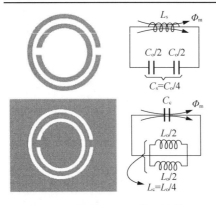

图 4.1　SRR 和 CSRR 单元结构

SRR 和互补型开口谐振环（complementary split ring resonator，CSRR）的单元结构及等效电路。经典的 SRR 易呈现负的等效磁导率，等效电路显示 SRR 具有带通滤波特性。CSRR 是 SRR 的一种互耦合结构，同样呈现负的等效磁导率，等效电路图显示 CSRR 具有带阻滤波特性，因此，SRR 和 CSRR 结构可以为人工超材料单元结构提供丰富的设计基础[19-28]。

赵亚娟等[29]基于经典 SRR 结构单元设计了一款改进开口谐振环结构带通滤波器，结构如图 4.2 所示。滤波器结构包括 3 层，上层为两个对称结构的开口谐振环，位于微带线的上下两侧，中间层为介质层，下层为接地基板。滤波器的工作频率为 10.2 GHz，采用介电常数为 2.2、损耗角的正切值为 0.0009 的罗杰斯 5880 作为介质层。人工超材料滤波器的具体参数为：l =20 mm，w=15 mm，l_1=3.1 mm，l_2=2.2 mm，l_3=14.7 mm，l_4=0.6 mm，w_1=0.2 mm，w_2=0.3 mm，w_3=1.2 mm。利用三维高频电磁仿真软件建立仿真模型，设计了 X 波段人工超材料带通滤波器，采用时域有限积分算法分析计算了改进开口谐振环结构带通的滤波器的反射系数曲线。通过对改进开口谐振环结构分析，发现改进开口谐振环结构的外环长 l_1 和内外环的间距 w_2 是影响滤波器滤波特性的主要因素。l_1 和 w_2 对反射系数的影响曲线如图 4.3 和图 4.4 所示。由图 4.3 可知，随着 l_1 的逐渐增大，滤波器的谐振频率逐渐减小。由图 4.4 可知，随着 w_2 的逐渐增大，滤波器的谐振频率逐渐增大。

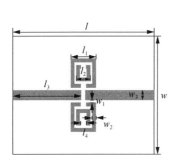

图 4.2　改进开口谐振环结构带通的
滤波器示意图

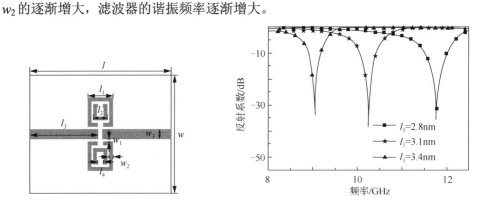

图 4.3　l_1 对反射系数的影响曲线

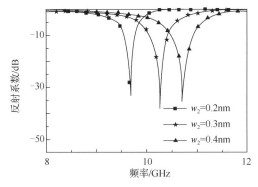

图 4.4 w_2 对反射系数的影响曲线

基于改进开口谐振环结构带通滤波器散射系数曲线如图 4.5 所示，其中 S_{11} 表示反射系数，S_{21} 表示传输系数。仿真结果表明，基于人工超材料的滤波器工作在 X 波段（10.3～10.7 GHz），工作带宽为 4.0%，通带内插入损耗为 0.4 dB，回波损耗 37 dB。然而，单频段滤波器并不能满足通信系统的需求。通过添加二极管器件，实现基于人工超材料的滤波器在 X 波段内连续可调。

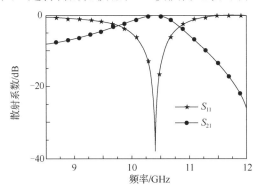

图 4.5 改进开口谐振环结构带通滤波器的散射系数曲线

2. 基于人工超材料的动态可调滤波器设计

在改进开口谐振环结构带通滤波器上添加变容二极管动态可调谐器件，人为地改变变容二极管的位置或者通过外加激励改变结构或材料的物理特性从而操控电磁特性（等效介电常数、等效磁导率等），实现谐振频率动态可调的滤波器设计，解决当前 X 波段滤波带宽窄的难题。基于改进开口谐振环结构的动态可调人工超材料滤波器的结构如图 4.6 所示，在改进开口谐振环

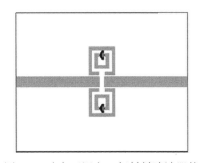

图 4.6 动态可调人工超材料滤波器的
结构示意图

结构的内环开口处加载变容二极管，其中左侧为低电压，右侧为高电压。利用三维电磁仿真软件建立动态可调人工超材料滤波器仿真模型，获得基于人工超材料结构的动态可调滤波器散射系数的仿真曲线如图4.7所示。由图可知，随着变容二极管电容值 C 的逐渐增大，滤波器的工作频段向低频偏移。当变容二极管电容值从 0.10 pF 增大到 1.00 pF 时，在 X 波段谐振频率从 11.7 GHz 逐渐减小到 11.0 GHz，工作带宽为 X 波段带宽的 11.0%（10.9～12.0 GHz），且在连续可调过程中，通带内的回波损耗最小值为 32 dB，插入损耗最大值为 0.38 dB。

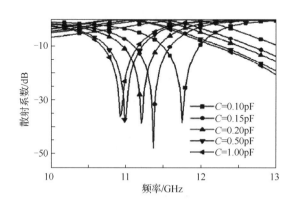

图 4.7　动态可调人工超材料滤波器散射系数的仿真曲线

4.1.2　研究结果分析

动态可调人工超材料滤波器加工实物图如图 4.8 所示。利用导电胶贴装工艺实现变容二极管焊接，其中变容二极管选取 MACOM 公司的型号为 MAVR-000120-1411 的变容二极管。

图 4.8　动态可调人工超材料滤波器加工实物图

采用 Agilent 公司 N5230A 矢量网络分析仪对可调人工超材料滤波器的散射系

数进行测试。图 4.9 为动态可调人工超材料滤波器散射系数的测试曲线。由图可知，随着变容二极管电容值 C 的逐渐增大，滤波器的工作频段向低频偏移。当变容二极管电容值从 0.10 pF 增大到 1.00 pF 时，在 X 波段谐振频率从 11.7 GHz 逐渐减小到 10.9 GHz，工作带宽为 X 波段带宽 12%（10.75～11.95 GHz），通带内的回波损耗最小值为 20 dB，插入损耗最大值为 0.88 dB。与仿真结果相比，测试结果表明可调人工超材料滤波器的工作带宽由 X 波段带宽 11.0%变为 12.0%，回波损耗最小值由 32 dB 变为 20 dB，插入损耗最大值由 0.38 dB 变为 0.88 dB。

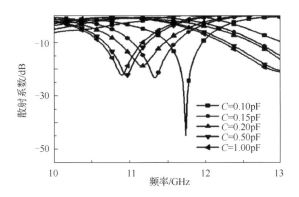

图 4.9 动态可调人工超材料滤波器散射系数的测试曲线

4.1.3 小结

本节介绍了基于变容二极管的动态可调人工超材料，并列举了一种工作在 X 波段的基于人工超材料的谐振频率可调滤波器，通过在改进开口谐振环开口处加载变容二极管，实现人工超材料滤波器在谐振频率工作波段内的动态可调。研究结果表明基于变容二极管可调人工超材料滤波器具有高集成度、宽频带、低损耗的特点。

4.2 基于置入微机电系统的太赫兹波段动态可调人工超材料

太赫兹器件能过滤掉不需要的信号或噪声，增强特定频段信号的性能，便于解除应用中环境噪声的限制。人工超材料的单元结构的设计灵活性、尺寸多变，使其在太赫兹波段器件中的应用也越来越多，特别是基于 MEMS 技术的太赫兹波段动态可调人工超材料在实际中的应用更为广泛。

随着 MEMS 工艺的日益成熟和发展，基于 MEMS 实现太赫兹波段动态可调人工超材料的可重构方法被越来越多的研究者所采用，在太赫兹谐振强度的可调节特性、太赫兹慢光可调谐效应平面半导体人工超材料器件、MEMS 磁驱动谐振频率可调太赫兹波段人工超材料器件、MEMS 梳齿装静电驱动人工超材料开关、可调电磁诱导透明效应等方面都有重大应用价值。MEMS 工艺水平的不断提高为工作频率更高、调节范围更大、调节频移更高的太赫兹波段人工超材料器件的实现提供了更高的可能性。

4.2.1　基于微机电系统动态可调电磁诱导透明人工超材料实例

MEMS 的置入给人工超材料带来了动态可调特性，同样也带来了一些缺点，例如平面的 MEMS 人工超材料结构在试验中会有很多限制，调节相对烦琐且不够精确，因此，王蕾提出了一种实验操作简单，效果更明显的基于微机电系统动态可调电磁诱导透明人工超材料结构[30]。

1. 电磁诱导透明

电磁诱导透明（electromagnetically induced transparency，EIT）是通过外加相干场来诱导光与原子相互作用呈现出来的一种重要量子干涉效应[31,32]。严格的低温环境和必须具有稳定的气体激光器等苛刻条件限制了 EIT 效应的进一步应用。除这些限制之外，经典的 EIT 效应人工超材料一般都是平面结构，固定的结构类型严重制约了它们的性质，从而限制 EIT 效应的实际应用价值。为了拓展更多的应用价值，通常将普通的人工超材料通过集成活性媒质如液晶、半导体、陶铁磁体等改进为可调谐的人工超材料，使材料性质得到了极大地改善。这些可调活性媒质的电容率和磁导率可以通过调节控制外部激励来调整，如电场、磁场、电压或温度。在实际操作中，电压的控制是最简单的调谐方式。

2. 基于微机电系统动态可调电磁诱导透明人工超材料的设计与分析

针对低温环境和不稳定气体激光所造成的器件性能受限等问题[33,34]，严重阻碍电磁诱导透明效应的应用。本节提出一种带有电驱动器的微机电系统动态可调太赫兹波段电磁诱导透明人工超材料器件，如图 4.10 所示，该器件的单元结构是以新型硅基集成电路材料为基底，由一对固定在薄基片衬底上的开口谐振环以及在两个开口谐振环对称中间位置悬浮的可通过静电驱动器驱动的金属线组成的复杂结构，并且两个开口谐振环和金属线材料选择为铝，制作厚度为 200nm，电导率设定为 $3.56×10^7$ S/m。调谐功能是通过调节金属线和两个开口谐振环的相对位置来实现的。此结构的设计是选择移动金属线来改变相对位置，两个开口谐振环

则固定在薄基片衬底上，因此通过改变电驱动器的驱动电压来改变金属线与两个
开口谐振环的相对位置，从而获得动态可调谐的电磁诱导透明效应[35]。此外，该
EIT 阵列的人工超材料结构受外界环境因素影响小，并且结构立体能够通过静电
驱动来动态调谐电磁诱导透明效应，从而使电磁诱导透明效应的应用前景更加广
阔[36]。

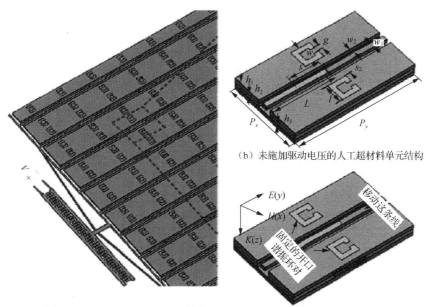

（a）带有电驱动器的太赫波段人工超材料阵列　　（c）施加了驱动电压的人工超材料单元结构

（b）未施加驱动电压的人工超材料单元结构

图 4.10　带有电驱动器的微机电系统动态可调太赫兹波段电磁诱导透明人工超材料器件

如图 4.10（a）所示的是带有电驱动器的微机电系统动态可调太赫兹波段
电磁诱导透明人工超材料器件的示意图，图 4.10（b）所示金属线的位置定义为 s，
s 表示金属线中心点到两个开口谐振环沿着金属线中间点方向的距离，并设定
图 4.10（b）中 s 的位置为初始位置，初始位置 s 值为 32 μm。通过施加驱动电压，可
移动的悬浮金属线被驱动，s 的位置发生变化，这种变化会使微机电系统动态可
调太赫兹波段电磁诱导透明人工超材料器件产生动态的调谐现象，如图 4.10（c）
所示。s 位置改变的距离和驱动电压的关系式：$\Delta x = AV^2$，其中，Δx 为位置改变
量，A 为常量，V 为驱动电压[37]。图 4.10（b）为未施加驱动电压的人工超材料单
元结构，几何参数如下：单元结构的宽度 $P_x = 80$ μm，单元结构的长度 $P_y = 130$ μm，
$L = 65$ μm，$l = 20$ μm，$s = 10$ μm，$s_2 = 7$ μm，$g = 5$ μm，$w = 5$ μm，$w_1 = 5$ μm，
$w_2 = 5$ μm，$h_1 = 2$ μm，$h_2 = 1$ μm，$h_3 = 300$ μm。

4.2.2　研究结果分析

1. 动态可调电磁诱导透明人工超材料结构的数值分析

利用 CST Microwave Studio 软件分析电磁诱导透明超常媒质结构，其工作频段为 1.2～1.7 THz，且能够实现动态可调谐的 EIT 效应。与以往平面固定结构的设计相比，该实例提出的 EIT 器件由单元结构阵列组成，结构清晰、容易操作并且实验结果更准确。

经仿真实验，未施加驱动电压且金属线和两个金属开口谐振环的相对位置为 $s = 32$ μm 时，只有单一的谐振波没有 EIT 效应出现。当施加驱动电压时，仿真分析包括金属线阵列、金属线和开口谐阵环阵列三种情况，入射太赫兹波的电场方向沿着金属线的方向。当仿真金属线阵列时，其透射光谱如图 4.11 中方点曲线所示，金属线阵列产生电偶极子谐振，谐振峰位置为 1.482 THz，这时的谐振模式称为"明模式"。当仿真双开口谐振环阵列时，其透射光谱如图 4.11 中圆点线所示，因为开口谐振环阵列结构的对称性没有被激励，所以在该电磁波方向上没有谐振耦合产生，这时的模式被称为"暗模式"。当对金属线和开口谐振环组合阵列结构进行仿真时，静电驱动器被驱动使金属线和开口谐振环的相对位置变化至 15 μm，这时金属线和开口谐振环的谐阵被耦合在一起，产生典型的电磁诱导透明的现象，如图 4.11 中无点曲线所示，透射光谱中产生透明窗口。这是明模式与暗模式谐振器之间的破坏性干涉产生的强烈电磁诱导透明效应，导致在一个宽的吸收峰中产生一个尖锐的透明窗口。此处所提出的基于微机电系统动态可调太赫兹波段电磁诱导透明人工超材料结构简单、控制方便、尺寸小、成本低，在低强度非线性光学、光速减慢和无反转激光等方面有着广阔的应用空间。

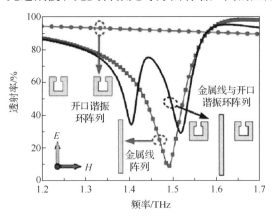

图 4.11　三种情况的透射光谱图

为了证明如图 4.11 所示的三种情况仿真分析的原理,我们分别模拟仿真三种情况的表面电流。图 4.12(a)是双开口谐振环阵列的表面电流分布情况图,如图所示开口谐振环阵列上几乎没有电荷分布,说明单独的开口谐振环阵列没有耦合谐振产生,这一结果与上面三种情况的透射光谱(图 4.11 中圆点线)结果相一致。图 4.12(b)是金属线的表面电流分布情况图,可以发现电荷在金属线上的密度很高,因此说明金属线产生电偶极子谐振,此表面电流分布结果与图 4.11 中方点曲线所示结果相一致。当仿真金属线与开口谐振环组合阵列的表面电流时,如图 4.13(c)所示,观察到表面电流几乎都分布在开口谐振环上而金属线几乎没有电荷分布,这时开口谐振环作为暗模式被完全激励,产生强烈的电磁诱导透明效应(与图 4.11 中无点曲线结果一致)。

(a)双开口谐振环阵列的表面电流分布情况图　(b)金属线的表面电流分布情况图

图 4.12　金属线表面电流分布情况图

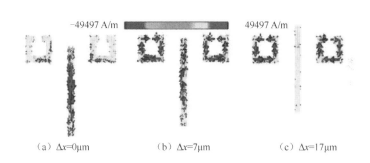

(a)$\Delta x = 0 \mu m$　　　(b)$\Delta x = 7 \mu m$　　　(c)$\Delta x = 17 \mu m$

图 4.13　三个位置的表面电流分布

2. 动态可调电磁诱导透明人工超材料参数变化的数值分析

为了进一步研究该实例所提出的电磁诱导透明效应,定义 $s = 32 \mu m$ 的位置为 $\Delta x = 0 \mu m$,通过改变驱动电压来得到不同的 Δx,不同驱动电压下动态变化的透射光谱如图 4.14 所示。这样当可移动的金属线逐渐从 $s = 32 \mu m$ 变化到 $s = 15 \mu m$ 位置时($\Delta x = 0 \mu m$ 到 $\Delta x = 17 \mu m$),透射光谱会产生大幅度调谐现象。当驱动电压为零时,$\Delta x = 0 \mu m$,只有一个透射谐振峰产生在 1.475 THz 位置,其最小透射率为 12.7%。当施加的驱动电压慢慢增加，Δx 从 0 μm 变化到 17 μm，电磁诱导透明透射光谱的透明窗口也随之逐渐变宽，直到电磁诱导透明效果达到最好的时刻。当 Δx=17 μm 时，透明窗口谐振峰位置发生在 1.449 THz，其透射光谱幅度为 75.7%。综上，从明模式到暗模式的近场耦合使得开口谐振环被激励，产生 LC 共振效果，因此电磁诱导透明的透射效应是可以动态调谐的。

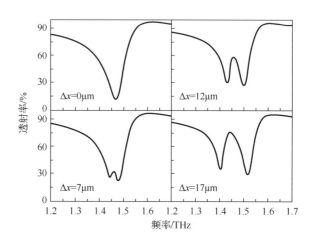

图 4.14　不同驱动电压下动态变化的透射光谱

为了详细说明该太赫兹波段可调谐电磁诱导透明人工超材料器件的电磁场激励途径，分别对 Δx = 0 μm、Δx = 7 μm 和 Δx =17 μm 三个位置的表面电流分布进行仿真分析，如图 4.13 所示。图 4.13（a）表示的是当 Δx = 0 μm 时，表面电流几乎都分布在金属线上，因此表明此时只有金属线被激励，而开口谐振环没有被激励，产生单一偶极子谐振的现象，与图 4.13（a）结果相符合。当增加驱动电压使 Δx 位置变到 7 μm，可以看到表面电流被重新分布，开口谐振环和金属线上都分布着表面电流，如图 4.13（b）所示，因此，开口谐振环和金属线同时被激励，与图 4.13（b）结果相符合。当驱动电压使 Δx 位置变到 17 μm 时，表面电流几乎完全分布在开口谐振环上，如图 4.13（c）所示，这时只有开口谐振环被激励，所以这时的电磁诱导透明效果最明显。

3. 动态可调电磁诱导透明人工超材料相位和群延迟的特性

为了更好地理解该动态可调电磁诱导透明人工超材料的近场耦合机理，我们进一步研究电磁诱导透明现象的相位和群延迟特性。如图 4.15 所示，当 Δx 从 17 μm 减小到 0 μm 时，透射光谱的正相位分散迅速增加。

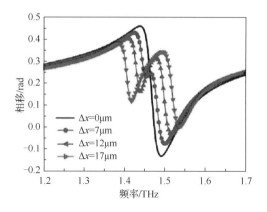

图 4.15　不同 Δx 值时 EIT 人工超材料透射光谱的相移

如图 4.16 所示为电磁诱导透明效应的群延迟光谱图，群延迟的公式为 tg = $-\mathrm{d}\varphi/\mathrm{d}\omega$，其中 φ 表示 Δx 于不同位置时透射光谱相位变化；$\omega = 2\pi f$，并且 f 表示频率。图 4.16 显示相位的高度色散存在一个非常大的群延迟 tg。例如，当 $\Delta x = 17\ \mu\mathrm{m}$ 时，透明窗口的谐振峰的群延迟为 1.35 ps（包括在衬底传播的延迟），这等效于自由空间传播 0.355 mm 的时间延迟。当 $\Delta x = 7\ \mu\mathrm{m}$ 时，tg=0.62 ps，由于基于微机电系统的太赫兹波段动态可调电磁诱导透明人工超材料结构对称性的慢光特性，其 EIT 效应逐渐消失，变成一个典型的谐振群延迟特性。

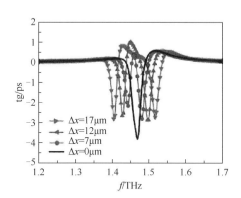

图 4.16　不同 Δx 值时电磁诱导透明人工超材料透射光谱的群延迟变化

4.2.3　小结

本节介绍了基于微机电系统太赫兹波段动态可调人工超材料，并列举了一种太赫兹波段可重构的动态可调谐电磁诱导透明人工超材料，该结构通过调节施加的驱动电压驱动金属线移动使金属线和两个金属开口谐振环的相对位置发生变化，从而实现对电磁诱导透明效应的动态调谐。

4.3　基于置入活性媒质的光波波段动态可调人工超材料

　　使人工超材料具有动态可调电磁特性是一个复杂的问题，传统方法如在结构中结合二极管、微机电系统等这些机械的调制方法在微波波段和太赫兹波段还可以实现，但是在红外光和可见光等这样的光波波段却并不容易实现。因为人工超材料的单元结构几何尺寸在高频段通常只有几百纳米，甚至十几纳米，所以传统方法是很难制备的，同时容易产生失真现象，精度和变化范围都很难保证。目前，对光波波段动态可调人工超材料比较理想的材料选择就是相变材料，如金属镓（Ga）、二氧化钒（VO$_2$）、硫系玻璃等，还有活性媒质，如液晶和石墨烯等，这些材料自身的特性能够随外加激励进行快速有效的反应，并且材料小巧轻薄，便于应用在纳米量级小型化器件中[38,39]。

　　例如，石墨烯具有单层碳原子结构，由于等离子体的存在其表现出许多优异特性，如动态调谐特性和低损耗特性等[40-42]。值得一提的是，石墨烯的电导率能够随费米能级或化学势的变化而变化，而不同的费米能级或化学势可以通过化学掺杂或者加偏压实现[43-45]，这在普通金属材料中是难以实现的[46]。石墨烯的这一特性为动态调谐人工超材料提供了另一种思路[42,46]。基于以上研究背景，本节中给出了基于石墨烯化学势动态可调人工超材料的设计实例。

4.3.1　石墨烯的参数理论

　　自石墨烯被英国曼彻斯特大学的安德烈·海姆和康斯坦丁·诺沃肖洛夫证明可以在自然环境中稳定地存在以来，又因其具有许多独特性质，包括世界上最薄的材料、强度最大、导电和导热性最好等，吸引了大量新型纳米材料研究人员的注意。石墨烯的独特性质不但利于纳米器件小型化，而且可通过加载偏置电压控制石墨烯内部载流子，改变石墨烯的等离子体频率和化学势，为电磁参数可调控器件提供了新途径[47]。2014年，Yang等[48]和Li等[49]提出了一对平行石墨烯条对结构，这种对称结构实现了基于PSP的对称耦合谐振器，在中红外波段起带通滤波作用，通过控制石墨烯化学势的变化来调整透射光谱的位置和透射率。既然石墨烯通过化学势可以调节透射光谱，那么也能够调节吸收光谱，例如2016年，Linder等[50]研究了单层石墨烯的各向异性零折射率人工超材料结构的广角吸收性能，在石墨烯化学势为500 meV的调节下，光以0°～90°的广角入射仍然可获得近完美的广角吸收性能。

石墨烯的电导率 σ 可由扩展的久保公式[51]得出。在假设没有外加磁场下霍尔电导率不存在，材料性质各向同性，$|u_c| \gg k_B T$ 和 $\omega \gg k_B T$ 的条件下，石墨烯的电导率 σ 由两部分组成，即带间电导率（σ_{inter}）和带内电导率（σ_{intra}），分别可以写为

$$\sigma(\omega, u_c, \Gamma, T) = \sigma_{intra}(\omega, u_c, \Gamma, T) + \sigma_{inter}(\omega, u_c, \Gamma, T)$$
$$= \frac{ie^2(\omega - i2\Gamma)}{\pi\hbar}\left(\frac{1}{(\omega - i2\Gamma)^2}\int_0^\infty \varepsilon\left(\frac{\partial f_d(\varepsilon)}{\partial\varepsilon} - \frac{\partial f_d(-\varepsilon)}{\partial\varepsilon}\right)\mathrm{d}\varepsilon \right.$$
$$\left. - \int_0^\infty \frac{f_d(-\varepsilon) - f_d(\varepsilon)}{(\omega - i2\Gamma)^2 - 4(\varepsilon/\hbar)^2}\mathrm{d}\varepsilon \right) \qquad (4.1)$$

式中，

$$\sigma_{intra}(\omega, u_c, \Gamma, T) = -\frac{ie^2 k_B T}{\pi\hbar(\omega - i2\Gamma)}\left[\frac{u_c}{k_B T} + \ln(e^{\frac{u_c}{k_B T}} + 1)\right] \qquad (4.2)$$

$$\sigma_{inter}(\omega, u_c, \Gamma, 0) = -\frac{ie^2}{4\pi\hbar}\ln\left(\frac{2|u_c - (\omega - i2\Gamma)\hbar|}{2|u_c + (\omega - i2\Gamma)\hbar|}\right) \qquad (4.3)$$

其中，e、k_B 和 $\hbar$ 分别是电子电荷量、玻尔兹曼常量和约化普朗克常数；u_c 和 T 分别是石墨烯的化学势和温度；Γ 是带电粒子的碰撞频率，根据文献[50]本节取 $\Gamma = 0.43$ meV。

$$\sigma = \sigma_{intra} + \sigma_{inter} \qquad (4.4)$$

然后，我们根据公式得到石墨烯的复介电常数：

$$\varepsilon = 1 + i\sigma/(\varepsilon_0 \omega t) \qquad (4.5)$$

式中，ε_0 是真空介电常数；t 是石墨烯层的厚度，这里假设石墨烯层的厚度是 1 nm，即不考虑石墨烯厚度对介电常数变化规律的影响。

损耗正切角 $\tan\delta$ 为复介电常数的虚部 ε_i 和实部 ε_r 之比，即

$$\tan\delta = \frac{\varepsilon_i}{\varepsilon_r} \qquad (4.6)$$

在我们的数值计算中，考虑随化学势变化的石墨烯复物理参数。假设石墨烯的温度是固定的 $T = 300$ K，化学势是变化的 $u_c = 0.5$ eV、1.0 eV、1.5 eV，据此我们也可以计算不同化学势下石墨烯的复介电常数 ε、复电导率 σ 和损耗角 $\tan\delta$。

在这种假设下，我们计算了在 $1.8\times10^{14}\sim9.8\times10^{14}$ Hz 下石墨烯的复介电常数的虚部 ε_i 和实部 ε_r、复电导率的虚部 σ_i 和实部 σ_r 和损耗角 $\tan\delta$ 随化学势 u_c 和频率 f 的变化规律，如图 4.17 所示。如图 4.17（a）所示，随 u_c 和 f 升高，ε 的实部和虚部的值都降低，数值曲线向高频方向蓝移。如图 4.17（b）所示，电导率 σ 的实部和虚部在 10^{-4} 数量级。在我们研究的频率范围内，实部随着 f 和 u_c 的增长而向高频方向蓝移。虚部随着 u_c 的增长幅值明显下降并向高频方向蓝移。如图 4.17（c）所示，$\tan\delta$ 幅值随着 u_c 的增长而降低并随频率而蓝移。而且，我们要注意石墨烯电导率的强烈色散，在低频率区域这种色散关系随着 u_c 的变化极为敏感。

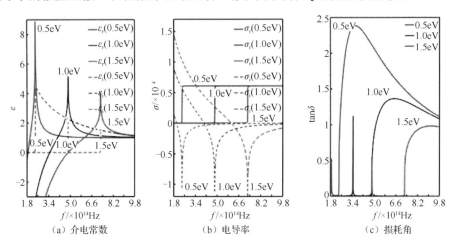

图 4.17 石墨烯在化学势 $u_c = 0.5$ eV、1.0 eV、1.5 eV，温度 $T = 300$ K，
频率 f 从 1.8×10^{14} Hz 到 9.8×10^{14} Hz 时的复物理参数

在系统中，u_c 随着偏置电压产生和调节。当偏置电压 V_g 应用在顶部和底部之间，石墨烯的载流子密度和 u_c 的大小都能够动态调节和控制。u_c 随偏置电压 V_g 变化的近似表达式[52]：

$$u_c = \hbar v_f \sqrt{\frac{\pi\varepsilon_r\varepsilon_0 V_g}{e}} \tag{4.7}$$

式中，v_f 是费米速度（石墨烯的费米速度约为 10^8 cm/s）。

我们考虑随温度变化的石墨烯复物理参数。假设石墨烯的化学势是固定的，$u_c = 5$ meV，据此可以计算不同温度下石墨烯复介电常数 ε、复电导率 σ 和损耗角 $\tan\delta$。通过计算发现这些材料特性参数随石墨烯的温度变化非常稳定，除了温度 $T = 200$ K。ε_i 在 200 K 温度下的数值与其他温度下的数值以 $\varepsilon_i = 1$ 呈对称关系，σ_i 以 $\sigma_i = 0$ 呈对称的关系。另外，我们还注意到石墨烯的损耗角 $\tan\delta$ 在温度降到 200 K 时存在明显增加，如图 4.18 所示。

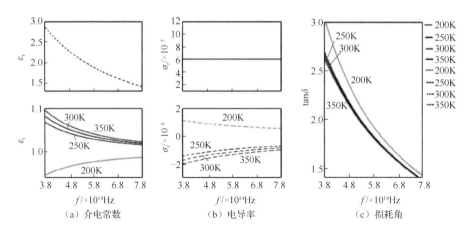

（a）介电常数　　　　　（b）电导率　　　　　（c）损耗角

图 4.18 石墨烯在温度 $T = 200\ K$、$250\ K$、$300\ K$、$350\ K$，化学势 $u_c = 5\ meV$，
频率 f 从 $3.8 \times 10^{14}\ Hz$ 到 $7.8 \times 10^{14}\ Hz$ 时的复物理参数

4.3.2 无石墨烯置入的人工超材料结构

1. 双层交叉椭圆洞纳米周期结构的设计

首先，基于杂化表面等离激元谐振机制设计了双层交叉椭圆洞纳米周期结构，如图 4.19 所示。单元结构尺寸、金属和介质层的厚度保持不变，下层椭圆洞长半轴 r_1 与 x 轴的夹角 $\alpha = 22.5°$，上层椭圆洞长半轴与下层椭圆洞的长半轴之间的夹角 $\beta = 45°$。两层椭圆的长半轴和短半轴为 $r_1 = 150\ nm$ 和 $r_2 = 115\ nm$。单元正面为边长 $350\ nm$ 的正方形，椭圆金属层的厚度 $t = 33\ nm$，金属功能层和 SiO_2 介质层的厚度 $d = 70\ nm$。金属选择 Ag，电介质选择 SiO_2，材料模型均为 Optical 模型。

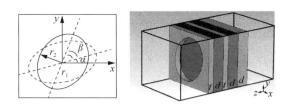

图 4.19 双层交叉椭圆洞纳米周期结构

2. 双层交叉椭圆洞纳米周期结构的吸收分析

仿真计算双层交叉椭圆盘纳米周期结构和双层交叉椭圆洞纳米周期结构在横电（transverse electric，TE）偏振光和横磁（transverse magnetic，TM）偏振光两个模式激励下的吸收光谱如图 4.20（a）和图 4.20（b）所示，以下对两种结构分别简称为盘结构和洞结构。

两种结构对 TE 和 TM 偏振光的吸收光谱略有差异，其中盘结构对 TM 偏振光的吸收发生在较高的频率处，对 TE 偏振光的吸收则发生在较低的频率处。相反，洞结构对 TE 偏振光的吸收发生在较高的频率处，在 $5.90×10^{14}$ Hz 处吸收急剧下降谐振峰产生了劈裂现象。而对 TM 的吸收则发生在较低的频率处。洞结构比盘结构具有更宽的吸收频带，盘结构吸收率在 75% 以上的宽带吸收范围为 $5.15×10^{14}$～$6.40×10^{14}$ Hz，洞结构吸收率在 75% 以上的宽带吸收范围为 $4.20×10^{14}$～$6.80×10^{14}$ Hz，洞结构的吸收带宽是盘结构带宽的 2.08 倍。相反，与盘结构相比洞结构对 TE 和 TM 的吸收幅值较低。洞结构对 TM 偏振光的吸收频带最宽，吸收幅值也比对 TE 偏振光的吸收幅值高。其中的原因是 TM 偏振光能够激发表面等离激元谐振现象，通过表面等离激元谐振对场的增强作用产生对光的增强吸收，另外洞结构相比于盘结构还具有超透射现象，入射光经过头层椭圆洞金属层被吸收一部分，而另一部分能够被增强透射到结构的内部，经过第二层椭圆金属层的再次吸收，由此达到了比盘结构更宽的宽带吸收。

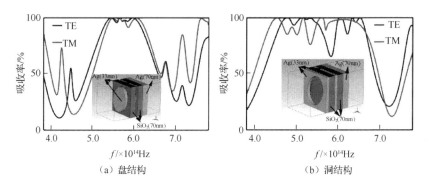

图 4.20　TE/TM 偏振光激励下的吸收光谱

如图 4.21（a）和图 4.21（b）所示圆偏振光垂直入射时，两种结构分别对 LCP 和 RCP 的吸收结果，结果显示无论是盘结构还是洞结构对 LCP 和 RCP 偏振光的吸收都没有任何变化。如图 4.21（a）和图 4.21（b）所示洞结构的吸收频带比盘结构的吸收频带宽，但是后者的吸收幅值较低。对于盘结构吸收率在 85% 以上的宽带吸收范围 $5.25×10^{14}$～$6.30×10^{14}$ Hz，对于洞结构吸收率在 85% 以上的宽带吸收范围 $4.40×10^{14}$～$6.70×10^{14}$ Hz，洞结构的带宽是盘结构带宽的 2.2 倍。

如图 4.22（a）和图 4.22（b）所示为不同模式的偏振光入射洞结构的反射光谱。金属功能层的反射作用能防止光的透射，使透射率完全为零。洞结构对 TE 和 TM 偏振光的吸收率在 75% 以上的频率范围内（$4.20×10^{14}$～$6.80×10^{14}$ Hz），洞结构对 TE 的反射率低于 35%，对 TM 的反射率低于 25%，对 LCP 和 RCP 偏振

光的吸收率在 85%以上的频率范围内（4.40×10^{14}～6.70×10^{14} Hz）的反射率低于
10%，因此洞结构可以获得更宽频带的近完美吸收。

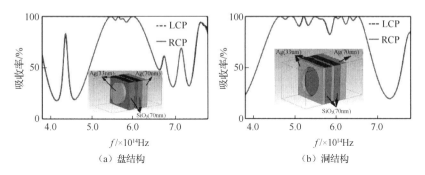

（a）盘结构   （b）洞结构

图 4.21   LCP 和 RCP 偏振光激励下的吸收光谱

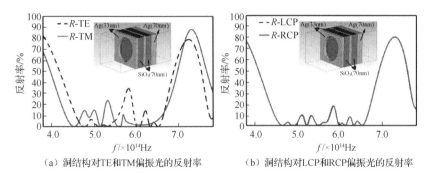

（a）洞结构对TE和TM偏振光的反射率   （b）洞结构对LCP和RCP偏振光的反射率

图 4.22   不同模式的偏振光入射洞结构的反射光谱

如图 4.23 所示洞结构对 TE 和 TM 偏振光对不同入射角下的吸收情况。当入
射角增加，吸收率降低，吸收频带变窄。图中红色的光谱带显示的是近完美吸收
和完美吸收频带，当 60°入射时对 TE 和 TM 偏振光仍然具有宽带的近完美吸收
和多个频带的完美吸收。

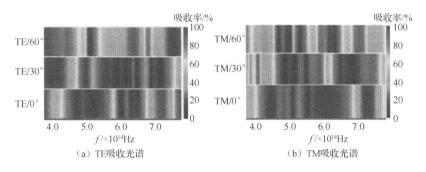

（a）TE吸收光谱   （b）TM吸收光谱

图 4.23   洞结构对 TE 和 TM 偏振光在不同入射角下的吸收光谱

TE 和 TM 偏振光在不同入射角下吸收率在 90%以上的带宽如表 4.1 所示。洞结构在 TM 偏振光 60°斜入射下仍然存在 5 个完美吸收频率，相比之下洞结构在 TE 偏振光 60°斜入射下却没有完美吸收频率，这是因为 TM 偏振光对洞结构所激发的表面等离激元谐振有增强作用，这种增强作用导致了洞结构对 TM 偏振光 60°斜入射的完美吸收。

表 4.1　TE 和 TM 偏振光在不同入射角下吸收率在 90%以上的带宽　　单位：$\times 10^{14}$ Hz

入射角	吸收率			
	100%(TE)	100%(TM)	90%～100%(TE)	90%～100%(TM)
0°	—	4.528	—	—
	5.124～5.128	5.156	4.572～5.576	4.332～4.700
	6.036～6.060	5.5962～5.6	5.952～6.168	4.852～4.928
	6.336	4.528	6.264～6.636	5.072～5.228
	6.516～6.520	5.156	7.720～7.800	5.448～5.680
	—	5.5962～5.6	—	5.712～6.604
30°	6.196	4.92～4.924	4.924～5.096	4.784～5.312
	6.516～6.520	5.532	5.452～6.380	5.448～5.608
	7.188～7.192	6.828～6.852	6.448～6.632	5.884～5.952
	—	—	6.888～7.356	6.428～7.092
60°	—	4.756	—	4.692～4.828
	—	4.980	—	4.916～5.112
	—	5.352	3.800～4.096	5.272～5.452
	—	6.208	5.080～5.240	6.156～6.440
	—	6.360	—	7.020～7.088

如图 4.24 所示圆偏振光以广角入射洞结构的吸收光谱（洞结构对 LCP 和 RCP 的吸收不敏感，吸收光谱相同）。与 TE 和 TM 偏振光相似，总体上吸收值随着入射角的增加而降低，但是洞结构在很大的入射角范围仍然保持很高的吸收性能，例如在 60°的入射角下也仍然具有很宽的近完美吸收频带和多个完美吸收频带。我们总结了洞结构对圆偏振光在广角入射下的近完美和完美吸收频率范围如表 4.2 所示。

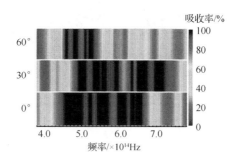

图 4.24　圆偏振光以广角入射洞结构的吸收光谱

表 4.2　LCP 和 RCP 偏振光在不同入射角下吸收率在 90%以上的带宽　　单位：$\times 10^{14}$ Hz

入射角	吸收率	
	100%（LCP/RCP）	90%～100%（LCP/RCP）
0°	4.652～4.656	—
	5.224	—
	5.500	4.460～5.768
	5.992	5.920～6.656
	6.128	—
	6.340	—
	6.524	—
30°	5.380～5.384	—
	5.600	4.864～5.172
	6.644～6.648	5.232～6.012
	6.984	6.272～6.384
	7.096～7.100	6.440～7.272
60°	4.592	5.544～4.656
	4.828	4.736～4.920
	5.240	5.056～5.352

3. 洞结构的表面电磁场分析

我们为了解释洞结构的宽带完美吸收机制，给出了其结构在完美吸收处的电场分布图，如图 4.25 所示。从电场分布图上可见洞结构表面的电场分布同样以椭圆长半轴为对称轴聚集在椭圆的两个边缘与电介质相交的地方，这个对称模式形成了两个电场集中区域，而在下层介质层和金属层也有相似的电场分布。我们能用偶极子近似解释盘结构和洞结构，它们存在多个可极化偶极子。在准静态近似中，盘结构和洞结构都是偶极子模型。电场强度极值由洞结构增强到182.2 V/m，而交叉的纳米盘结构的电场极值只有 177.8 V/m，如图 4.25 所示。

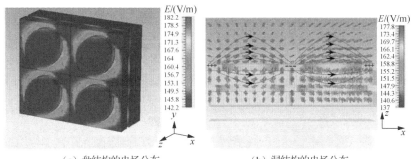

（a）盘结构的电场分布　　　　　（b）洞结构的电场分布

图 4.25　洞结构在完美吸收处的电场分布图

而电场强度分布充分说明了偶极子谐振也发生在结构内部（第二层椭圆金属层），这种交叉多层金属纳米粒子层结构能够增强结构内部与光波的相互作用，而不是停留在结构的表面。由金属功能层可见，对盘结构仍然有部分电场穿过，而对洞结构的电场的透射率几乎为零，从表面电场上看，洞结构的表面电磁场几乎为零意味着反射也非常少，也就说明洞结构比盘结构拥有更高的吸收性能。

洞结构除了具有偶极子谐振现象还存在明显的伪表面等离激元谐振现象，同样盘结构这种伪表面等离激元谐振现象也是杂化的。椭圆亚波长洞结构附近的电磁场与经典意义上的伪表面等离子体现象的电磁场形式相同，也会使局域场增强，达到增强吸收的作用。金属孔洞结构的伪表面等离激元谐振现象能够增强光的透射性，即在结构上层没有吸收的光能通过增强透射作用（extraordinary optical transmission，EOT）达到结构内部，通过第二层椭圆纳米洞结构进行吸收。因此，对本节中提出的双层交叉椭圆洞纳米同期结构会出现两个以上杂化的伪表面等离激元谐振现象，按玻色子理论它们彼此是独立的，这些没有相互作用的谐振连起来就形成了宽频带的完美吸收。

关于这种偏振光垂直入射纳米粒子耦合结构表面所产生的电磁场增强作用以及纳米粒子-孔洞所产生的增强透射作用，都被中国科学院物理研究所北京凝聚态物理国家实验室徐红星研究员小组的研究成果所证明，其研究成果证明了孔洞结构的增强效果可以达到 1 个数量级[53]。

4.3.3　石墨烯置入人工超材料结构的可调吸收设计

具有可调特性的吸收器在开关、传感器及探测等方面具有巨大的应用前景。然而，传统人工超材料的吸收依赖于结构的设计和材料的选择，通常不具备可调特性，基于肖特基二极管和微机电系统等方法得到的结构又不利于材料小型化，因此本节提出利用石墨烯置入周期性的双层交叉椭圆洞纳米结构设计可见光波段可调人工超材料的方法，实现可见光波段宽带可调吸收。石墨烯在应用过程中存在两个弱点：一个是其单原子层厚度而不易识别；另一个就是在可见光波段与光的相互作用弱。石墨烯的吸收率由光导率的实部决定，即在光的入射下，石墨烯载流子发生带间跃迁到导带。通常情况下，单层石墨烯的吸收率为 2.3%。因此，增强石墨烯的带间跃迁是增强石墨烯光吸收的关键。利用金属颗粒和孔洞的纳米周期结构所激发的局域表面等离激元产生的近场增强提高石墨烯导带电子的跃迁概率，从而增加了石墨烯的吸收率。由于这种周期结构缺乏长程有序，这种局域场增强效应存在于光波波谱范围内，因此在整个可见光波段均能提高石墨烯与光的相互作用。

1. 石墨烯置入人工超材料结构

在无石墨烯置入人工超材料的基本结构中，以吸收性能较好的洞结构为例，分别在此结构中加入单层石墨烯和多层石墨烯，如图 4.26 所示。按照材料制备的顺序，首先是第 5 层，即功能层，用来防止光波的透射；其次第 4 层是介质层；再次第 3 层是纳米金属椭圆洞层，椭圆长半轴与 x 轴夹角 $\alpha = 22.5°$；然后第 2 层又是一层介质层；最后第 1 层又是纳米金属椭圆洞层，该层椭圆的长半轴与第 3 层椭圆长半轴之间的夹角 $\beta = 45°$。椭圆的长半轴 r_1 和短半轴 r_2 分别是 150 nm 和 115 nm。单元为边长 350 nm 的正方形，椭圆金属层的厚度 $t = 33$ nm，金属功能层和 SiO_2 介质层的厚度 $d = 70$ nm，石墨烯层分别置入在第 1 层金属表面和金属、介质层之间的位置，如图 4.26 中位置 1 到 5 所示。

仿真中，金属材料选择 Au 模型，电介质材料选择 SiO_2 模型[54,55]。石墨烯只有单层原子与光波相比厚度足够薄，被认为具有复杂的表面电导率，电导率可以用 Drude 模型来描述[52]。我们使用三维时域有限积分法仿真软件 CST Studio Suite 2013 对该结构进行仿真分析，仿真范围为 $3.8 \times 10^{14} \sim 7.8 \times 10^{14}$ Hz，相当于波长 385～789 nm。边界条件 X 和 Y 方向施加周期边界条件，Z 方向设置完美匹配边界条件，TE 和 TM 偏振光分别以 0°到 60°入射到石墨烯置入人工超材料结构（以下简称石墨烯置入结构）上。

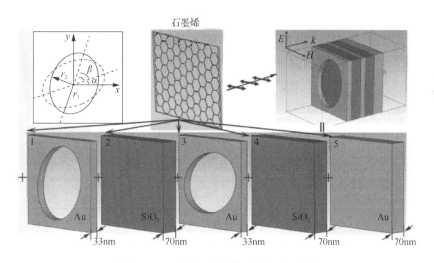

图 4.26　双层交叉椭圆洞纳米周期结构

2. 石墨烯置入结构的吸收性能分析

采用严格的电磁场分析方法三维时域有限积分法仿真软件 CST Microwave Studio 2013 得到该结构的反射系数和透射系数，通过 MATLAB 对反射系数和透射系数的数值计算得到了可见光波段石墨烯置入结构的吸收光谱（$A=1-R-T$），如图 4.27 所示。图中 0°-TE 和 0°-TM 表示 TE、TM 偏振光垂直入射；NG 表示无石墨烯置入结构；MG 表示多层石墨烯置入结构，即在图 4.26 的 1～5 位置上均存在单层石墨烯；P1～P5 表示单层石墨烯分别置入在如图 4.26 的 1～5 的不同位置上。在 3.8×10^{14}～7.8×10^{14} Hz 范围内，通过置入石墨烯吸收性能均有所提高，特别是在无石墨烯结构的吸收波谷处，吸收提高得非常明显。为了更清楚地显示这种调节性能，以下分析过程截取在 3.8×10^{14}～7.8×10^{14} Hz 范围内的部分频段，这些频段能够明显地显示吸收的提高，具有一定的代表性。

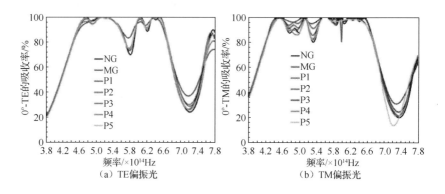

（a）TE偏振光　　　　　　　　　　（b）TM偏振光

图 4.27　可见光波段石墨烯置入结构的吸收光谱

　　首先，考虑石墨烯层数及置入位置对吸收性能的影响，计算得到可见光垂直入射石墨烯置入结构的吸收光谱如图 4.28 所示。

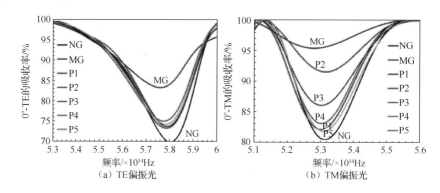

（a）TE偏振光　　　　　　　　　　（b）TM偏振光

图 4.28　可见光垂直入射石墨烯置入结构的吸收光谱

　　TE 和 TM 偏振光垂直入射置入石墨烯层的洞结构的吸收光谱，石墨烯置入不同的位置，以及置入石墨烯的层数对结构吸收性能的影响都很大。当 u_c 为 0.5 eV 时，置入石墨烯层对 TE 偏振光在 5.8×10^{14} Hz、对 TM 偏振光在 5.3×10^{14} Hz 处具有明显的调节作用,特别是多层石墨烯。如图4.28(a)所示,在P1~P5位置分别置入单层的石墨烯对TE偏振光的吸收比无石墨烯结构NG的吸收性能提高了5%左右,但是石墨烯置入的位置对吸收性能的影响不大。在P2~P5位置置入多层石墨烯对TE偏振光的吸收性能提高非常明显,能提高15%左右。如图4.28(b)所示,在P1~P5位置分别置入单层的石墨烯对TM偏振光的吸收比无石墨烯结构NG的吸收性能有显著提高,石墨烯置入的位置(P2~P5)和置入多层石墨烯对TM偏振光的吸收性能提高差别都非常大,其中P1和P5对吸收性能提高2%左右,P4提高4%左右,P3提高6%左右,P2提高12%左右,而多层石墨烯最多能提高16%左右。首先,该结构无论是无石墨烯还是加入石墨烯,其对TE偏振光的吸收性能都比对TM偏振光的吸收性能差,这主要是因为在可见光波段TM偏振光能够激发纳米结构的局部表面等离激元谐振,产生局域的电磁场增强,进而增加吸收。其次,在对TM偏振光的吸收中,在不同位置置入单层石墨烯对吸收性能影响很大,这主要是局域表面等离激元谐振所引起的电磁场增强主要发生在椭圆边缘处,即P2、P3和P4处,因此在此处置入石墨烯层能够显著增强吸收性能。其中P2处的局部表面等离激元谐振最强,起作用是对入射光的第一次吸收。P3处的局部表面等离激元谐振也很强,但是毕竟入射光经过第一次吸收而减少,因此P3处的第二次吸收比P2处的略低。依此类推到达P4的光就更少了,因此吸收性能最低。而多层石墨烯之所以吸收效果最好是综合了所有位置处单层石墨烯的影响给出的吸收效果的和。

考虑多层石墨烯置入结构对TE和TM偏振光垂直入射且随石墨烯化学势变化动态调节时的吸收性能,多层石墨烯置入结构垂直入射的吸收光谱如图4.29所示。

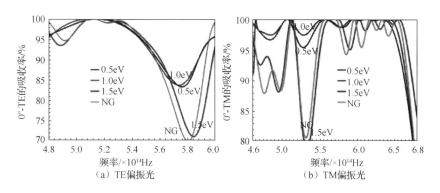

图4.29 多层石墨烯置入结构垂直入射的吸收光谱

TE和TM偏振光垂直入射到多层石墨烯置入的双层交叉椭圆洞纳米周期结构,石墨烯温度T为300 K,化学势为u_c设置为0.5 eV、1.0 eV和1.5 eV。在仿真频率范围内，该结构对 TM 偏振光的吸收率在 80%以上，比 TE 偏振光吸收效果要好，对 TE 偏振光吸收率在 70%以上，且 TM 偏振光有更宽的吸收频带。

从图 4.29（a）所示，多层石墨烯的加入使对频率为 5.85×10^{14} Hz 的 TE 偏振光在化学势为 0.5 eV 和 1.0 eV 的吸收得到明显的提高。与 TE 偏振光相似，对 TM 偏振光入射时，如图 4.29（b）所示 $4.6\times10^{14}\sim6.8\times10^{14}$ Hz 范围内该结构的吸收性能在化学势为 0.5 eV 和 1.0 eV 也有明显提高。图 4.29 所示，石墨烯置入结构满足吸收性能随化学势升高而增强的规律，但是当继续升高化学势即化学势为 1.5 eV 时，结构的吸收性能不仅没有明显的提高，而且几乎和未置入石墨烯时的吸收率相同。这是因为通过化学势的动态调节在一定范围会引起石墨烯介电常数的变化，在置入石墨烯的双层交叉椭圆洞纳米周期结构中，石墨烯的带间转化在高偏置电压下完全被锁住，无法完成能量的转化。相反地，在较低的偏置电压下石墨烯是透明而没有损失的，石墨烯的带间转化可以进行并且在一定偏置电压范围内能量转化随偏置电压升高而增强。由式（4.7）可知，偏置电压直接导致了化学势的变化，所以在低于 1.0 eV 时，结构的吸收率随化学势升高而升高，在化学势达到一定值时，例如化学势为 1.5 eV 时，带间转化被禁止而不具有调节吸收作用。

考虑石墨烯化学势为 1.0eV 时，多层石墨烯置入结构广角入射的吸收光谱如图 4.30 所示。

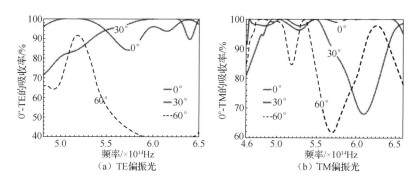

图 4.30　多层石墨烯置入结构广角入射的吸收光谱

除了垂直入射我们还计算了 30°和 60°入射角下的吸收光谱，TE 偏振光的吸收率（40%以上）低于 TM 偏振光的吸收率（60%以上），吸收频带随着入射角的增加而变窄，但是在一些频率区域内仍然存在完美吸收。在整个频率范围内随着入射角的增加吸收率下降。

如图 4.30（a）所示，在石墨烯化学势 1.0 eV 时，TE 垂直入射有更宽的吸收频带（吸收率在 81%以上）。如图 4.30（b）所示，TM 垂直入射有更宽的吸收频带（吸收率在 90% 以上），并且存在三个完美吸收频带，其中 $5.7 \times 10^{14} \sim 6.5 \times 10^{14}$ Hz 形成了宽频带的完美吸收。

3. 基于石墨烯化学势的宽带完美吸收机制分析

多层石墨烯置入双层交叉椭圆洞纳米周期结构有多重功效，包括 4.3 节提到的偶极子共振效应、杂化的表面等离激元效应、超透射效应和依赖于石墨烯的动态调节功能。杂化的表面等离激元能够将入射电磁波能量锁定在近场附近吸收掉，同时洞结构设计可以增强表面的超透射效应[56-59]。超透射效应显示洞结构不仅将所有的光传输到结构内部，而且在洞的边缘也能够相互耦合，相当于增强传输作用。超透射效应发生在入射光波矢与表面等离激元波矢相匹配的时候。大量的入射光波失与表面等离激元波矢耦合将以电磁波的形式通过洞结构传到远场。我们在 4.3.2 节提出的双层交叉椭圆洞纳米周期结构的基础上研究了置入石墨烯层并依靠石墨烯化学势对完美吸收的动态调节功能。吸收光谱的变化可以用典型的等离子体阻尼谐振子（damping harmonic oscillator，DHO）运动来解释[60]。对等离子体，电子的质量是 m，恢复力所引起的位移量是 k。如果有阻力，b 是阻尼系数。在这种情况下，一个电子 DHO 的谐振频率可以描述为 $f_{\text{dampied}} = \frac{1}{2}\sqrt{\frac{k}{m} - \frac{b_2}{4m^2}} = \sqrt{f^2 - \gamma_{\text{t}}}$，式中，$\gamma_{\text{t}}$ 为总阻尼率。显然在有阻尼条件下，DHO 频率的幅值会降低。同时等离子体谐振频率的微小移动也将会影响 DHO 频率的幅值。因此，一个等离子体就可以用一个 DHO 来描述[61]。在表面等离激元纳米粒子中，有两种损耗类型：一是因为等离子体转换自由空间光子所带来的辐射阻尼率 γ_{rad}；二是因为金属损失所带来的非辐射阻尼率 γ_{m}。因此，总阻尼率为 $\gamma_{\text{t}} = \gamma_{\text{rad}} + \gamma_{\text{m}}$。考虑有置入石墨烯结构系统，在高偏置电压下石墨烯的带间转化完全被锁住，因此光子吸收在 $2u_c$ 以下大大减小了吸收率[62]。相反，当偏置电压较小的时候，石墨烯带间没有被禁止，因此置入石墨烯结构总的阻尼率更大，对光子的吸收率则增加。

为了证明多层石墨烯置入结构的完美吸收特性，我们也计算了相类似的传统结构的吸收特性。如图 4.31 所示为不同结构在 TM 偏振光垂直入射的吸收和反射光谱，其中"单椭圆"表示一层椭圆洞、一层 SiO_2 层和 Au 功能层，共三层结构。"双椭圆"表示双层椭圆洞（两个椭圆的长半轴平行）和 Au 功能层中包含两层 SiO_2，共五层结构。"交叉椭圆"表示双层交叉椭圆洞（两个椭圆的长半轴成 45°）和 Au 功能层中包含两层 SiO_2 层，共五层结构。在 TM 偏振光垂直入射下，单椭圆即单层椭圆洞结构只在 4.70×10^{14} Hz、5.15×10^{14} Hz 和 5.55×10^{14} Hz 周围实现完美吸收。双椭圆即双层椭圆洞结构在 4.45×10^{14} Hz、4.80×10^{14} Hz、5.00×10^{14} Hz、5.20×10^{14} Hz、5.55×10^{14} Hz、5.85×10^{14} Hz、6.15×10^{14} Hz 和 6.45×10^{14} Hz 周围实现完美吸收。交叉椭圆即双层交叉椭圆洞结构在 $4.55×10^{14}$ Hz、$5.15×10^{14}$ Hz、$5.55×10^{14}$ Hz、$5.95×10^{14}$ Hz、$6.15×10^{14}$ Hz、$6.30×10^{14}$ Hz 和 $6.65×10^{14}$ Hz 周围实现完美吸收。以上三种结构的完美吸收频带都很窄。本节所提出的置入多层石墨烯双层交叉椭圆洞纳米周期结构在频率 $4.60×10^{14}$～$6.60×10^{14}$ Hz 拥有高达 96%的宽带高吸收，如图 4.31 中实线 $A_{多层石墨烯置入}$ 所示。该结构在 $4.65×10^{14}$ Hz、$5.10×10^{14}$ Hz 和 $5.60×10^{14}$ Hz 周围有三个窄带完美吸收，在 $5.85×10^{14}$～$6.50×10^{14}$ Hz 实现了宽带完美吸收。图 4.31 中吸收光谱显示了这种宽带完美吸收，其中实心曲线 A 和虚线 R 分别表示吸收率和反射率，此时石墨烯的化学势为 1.0 eV。四种结构的反射光谱如图 4.31 中虚线所示，在完美吸收频带处反射曲线为零。功能层完全阻止了光的透射使得透射在整个频率范围内都完全为零，因此不在此图中显示。因此多层石墨烯置入结构可以得到宽带完美吸收，特别是在石墨烯化学势 u_c =1.0 eV 的动态调节下。这个宽带完美吸收占整个可见光波段（$3.8×10^{14}$～$7.8×10^{14}$ Hz）的 16.25%。

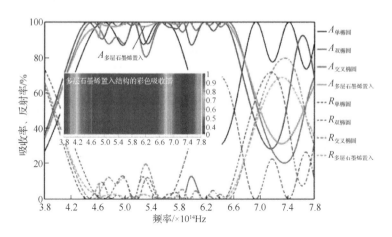

图 4.31　不同结构在 TM 偏振光垂直入射的吸收和反射光谱

为了确认该结构对光的吸收是由于杂化表面等离激元激励的，基于石墨烯化学势完美吸收共振频率下的电场、磁场和能流场的透视图如图 4.32 所示，电磁场的仿真结果分析显示电场、磁场和能流场的透视图在完美吸收时的场分布情况。

本节还给出了常见的表面等离激元结构，如单层椭圆洞结构以及由该结构衍生的多个结构，对比了单层椭圆洞结构、双层椭圆洞结构、交叉椭圆洞结构和置入多层石墨烯双层交叉椭圆洞纳米周期结构，方便读者对交叉椭圆洞结构和置入多层石墨烯双层交叉椭圆洞纳米周期结构能提高吸收性能的理解。

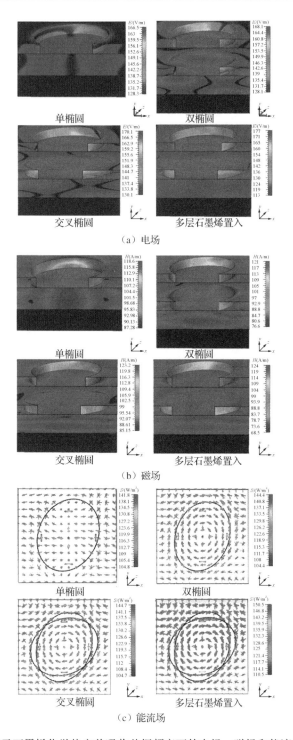

（a）电场

（b）磁场

（c）能流场

图 4.32　基于石墨烯化学势完美吸收共振频率下的电场、磁场和能流场的透视图

电场在 Au 纳米椭圆洞和 SiO₂ 层相接处的边缘高度集中，符合光波入射引起结构谐振所产生的局域场增强现象，通过这种谐振达到对光波吸收的作用。单层椭圆洞结构电场集中的极值是 166.5 V/m，双层椭圆洞结构的电场较单层椭圆洞结构的电场有所增强，极值为 168.1 V/m，双层交叉椭圆洞结构的电场极值是 170.1 V/m，置入多层石墨烯双层交叉椭圆洞纳米周期结构的电场极值是 177 V/m，如图 4.32（a）所示。另外，因为表面等离激元谐振所产生的电流在洞的边缘和洞内所产生的磁场得到集中增强，如图 4.32（b）所示，磁场强度极值也从单层椭圆洞结构的 118.6 A/m 增强到置入多层石墨烯双层交叉椭圆洞纳米周期结构的 124.0 A/m。根据麦克斯韦方程，磁场的集中有两种途径，电荷移动产生的传导电流或者是电场改变的位移电流。这里，磁场的增强和电场增强不同，磁场的增强来源于表面等离子体激元产生的等离子体电流（传导电流）。单层椭圆洞结构的能流为无旋能流，在椭圆洞结构的磁场集中增强下能流极值为 142 W/m²。通过结构叠加，双层平行椭圆洞结构的能流变为有旋能流，但能流极值较小为 144.4 W/m²。改变双层椭圆洞结构中两椭圆长半轴的夹角得到双层交叉椭圆洞结构，双层交叉椭圆洞结构的能流为涡旋能流，而且能流极值得到增强，能流极值为 144.7 W/m²。最后置入多层石墨烯双层交叉纳米椭圆洞结构进一步增强了涡旋能流，极值为 150.5 W/m²，如图 4.32（c）所示。

一方面，表面等离子激元纳米结构可以明显增强界面的局域场、增强石墨烯和光的相互作用来提高对光的吸收率；另一方面，结构厚度对吸收所产生的影响也不能被忽略，增加厚度可以有效抑制等离激元谐振频率的劈裂得到宽带的吸收光谱。在最近的研究中，石墨烯和 Au 表面等离激元结构能够有效地增强对光的吸收率，该结构在光电子晶体管，光电探测器、生物传感器和表面增强拉曼光谱等方面有巨大的潜在应用[48,49,63,64]。

4.3.4　石墨烯置入人工超材料结构随石墨烯温度变化的稳定吸收特性

温度在 200～350 K 时我们计算得到多层石墨烯置入结构垂直入射的吸收光谱（吸收率在 99.9%以上）如图 4.33 所示，其中曲线 NG 表示无石墨烯结构的吸收光谱，其他曲线为多层石墨烯置入结构在不同温度下的吸收光谱。

图 4.33（a）显示了 TE 偏振光垂直入射到无石墨烯结构和置入石墨烯的双层交叉椭圆纳米周期结构随着温度动态调节的完美吸收光谱。多层石墨烯置入结构的完美吸收频带是无石墨烯结构完美吸收频带的 3.57 倍，多层石墨烯置入结构在温度 $T = 200$ K、250 K、300 K、350 K 的调节下，完美吸收频率为 $5.0600 \times 10^{14} \sim 5.2100 \times 10^{14}$ Hz，而无石墨烯结构的窄带吸收频带是 $5.0865 \times 10^{14} \sim 5.1285 \times 10^{14}$ Hz。与无石墨烯结构的完美吸收曲线相比，在室温（300 K）下的置入石墨烯结构的完

美吸收曲线向高频方向蓝移,同时完美吸收频带得到拓宽。当温度升高到 350 K 时与 300 K 相比完美吸收频带并没有变化。当温度降低到 250 K 时,完美吸收频带继续向高频移动。当继续降低温度到 200 K 时,完美吸收频带又重新向低频移动,中心频率与无石墨烯的中心频率基本重合,但是频带拓宽了 3 倍左右。由此可见,多层石墨烯置入结构在可见光波段随石墨烯温度的动态调节完美吸收规律与在太赫兹波段的线性规律并不完全相同[65]。

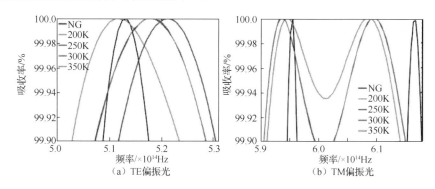

图 4.33 多层石墨烯置入结构垂直入射的吸收光谱

如图 4.33(b)所示,多层石墨烯置入结构随温度可调的完美吸收频带是无石墨烯结构完美吸收频带的 6 倍。无石墨烯结构有两个窄完美吸收频带,分别在频率为 $5.95×10^{14}$ Hz 和 $6.16×10^{14}$ Hz 的附近。而多层石墨烯置入结构将两个窄带连接在一起,形成了一个宽的完美吸收频带。当石墨烯的温度为 200 K 时,无石墨烯结构的完美吸收频带为 $5.90×10^{14}$~$6.15×10^{14}$ Hz,吸收幅值有明显提高。这是因为,当两个椭圆洞结构交叉耦合的时候其偶极子是杂化的,电磁场的相互作用不能被忽略,结构的色散关系被明显改变,表面等离激元的谐振频率分裂为低频模式和高频模式两个对称模式,因此吸收光谱表现为多频带吸收,在 TM 偏振光垂直入射时得到了左边和右边两个完美吸收频带。在置入多层石墨烯后,石墨烯阻止了表面等离激元谐振频率的分裂,即表现为宽带的完美吸收。

考虑多层石墨烯置入结构对 TE 和 TM 偏振光广角入射随温度变化动态调节的完美吸收性能,其中多层石墨烯置入结构 30° 入射的吸收光谱如图 4.34 所示,多层石墨烯置入结构 TM 偏振光 60° 入射的吸收光谱如图 4.35 所示。置入石墨烯结构在 TE 偏振光以 30° 角入射时有多个较宽的完美吸收频带。无石墨烯结构的窄带完美吸收,其完美吸收频率为 $6.1650×10^{14}$~$6.1955×10^{14}$ Hz,相对之下,多层石墨烯置入结构的宽带完美吸收为 $6.0500×10^{14}$~$6.2500×10^{14}$ Hz,完美吸收频带扩展了 6 倍多,如图 4.34(a)所示。这个宽带完美吸收随着温度的动态调节规律是随着温度的升高吸收幅值虽然有所降低但是频带得到扩展,相反温度降低吸收幅值增加但是吸收频带变窄。如图 4.34（b）所示，TM 偏振光以 30°入射到无石墨烯结构获得 3 个窄带完美吸收，相似地，TM 偏振光以 30°入射到多层石墨烯置入结构上也有 3 个完美吸收频带，不同的是这些完美吸收频带在温度为 200 K、250 K、300 K 和 350 K 的调节下，完美吸收频带被拓宽了 1.5～2 倍。在低频率区域的完美吸收频带随着石墨烯的加入而蓝移，在较高频率区域红移。

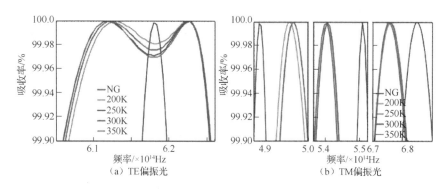

图 4.34　多层石墨烯置入结构 30°入射的吸收光谱

如图 4.35 所示，TM 偏振光以 60°入射到无石墨烯结构得到 5 个窄带的完美吸收，而 TE 偏振光以 60°入射到无石墨烯结构没有得到完美吸收频带，因此此图中没有显示。对于无石墨烯结构来说这 5 个完美吸收频带非常窄，几乎就是一些频率点。与无石墨烯结构相比，多层石墨烯置入结构在温度为 200 K、250 K、300 K 和 350 K 时，完美吸收的带宽被扩展了 3～4 倍。特别是当温度为 250 K 时置入石墨烯结构在高频段仍然具有明显的调节作用。

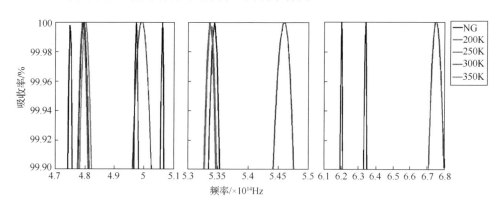

图 4.35　多层石墨烯置入结构 TM 偏振光 60°入射的吸收光谱

在整个可见光波段（$3.8\times10^{14}\sim7.8\times10^{14}$ Hz），TE 偏振光垂直入射的吸收光谱如图 4.36（a）所示，TM 偏振光垂直入射的吸收光谱如图 4.36（b）所示。在一般温度下，该结构的完美吸收机制是杂化的表面等离激元谐振吸收，但是当温度降到 200 K 时该结构的完美吸收得到增强，这主要是吸收机制。

如图 4.36（a）和图 4.36（b）所示，温度的调节作用在频率范围（$3.8 \times 10^{14} \sim 7.8 \times 10^{14}$ Hz）内并不明显，但是多层石墨烯置入结构要比无石墨烯结构具有更宽的近完美吸收频带。通常，在可见光波段只有 TE 偏振光与材料相互作用，因此我们认为吸收与偏振无关[66]。然而，在本节中该结构的吸收光谱表现出与 TM 的强烈相互作用，也就是吸收是与 TE 和 TM 偏振相关的。这种偏振相关与结构中的双层交叉椭圆洞纳米周期结构有关，交叉的纳米椭圆洞会产生杂化的表面等离激元。为了说明在高频段（温度 250 K 以上时）杂化表面等离激元谐振增强吸收的物理机制，我们给出了一系列模型进行对比，如图 4.36（c）和图 4.36（d）所示。这些模型是单椭圆结构、双椭圆结构、交叉椭圆结构和多层石墨烯置入结构。如图 4.36（c）所示，单椭圆结构中电场强度的极值是 118.6 V/m；双椭圆结构的电场强度增强到 121.5 V/m；交叉椭圆结构将电场强度增强到 123.2 V/m；最后多层石墨烯置入结构将电场强度增加到 124.4 V/m。由各模型电场强度的分布可知，单椭圆结构在可见光波段显示了最差的表面等离激元谐振，相反其他三种结构都引入了强烈的表面等离激元谐振。原因是其他结构由两个或更多的部分组成时，各部分之间由于各自强烈的电磁场作用而带有强烈的耦合效应。这种混合组分的结构比单一组分的结构具有更强的表面等离激元谐振效应，如图 4.36（c）所示。交叉椭圆结构的杂化表面等离激元可以在纳米尺寸上使电磁场能量在局部集中并放大。对于入射波，多层石墨烯置入结构的吸收频率在 5.95×10^{14} Hz 左右，电场被明显增强到 124.4 V/m，并且吸收频带是交叉椭圆结构的 6 倍，如图 4.36（b）所示。这种局域集中增强作用都归因于多层石墨烯置入结构的杂化表面等离激元谐振机制使电场集中在椭圆洞内，可见光和石墨烯的作用得到增强。除了这种局域增强作用，石墨烯还具有减少可见光学维度的作用。多层石墨烯置入结构可以通过杂化表面等离激元控制可见光从三维变为二维，因此可以有效地控制纳米尺寸下的可见光传输。如图 4.36（d）所示，杂化表面等离激元谐振机制使能流从单椭圆结构的无旋到双椭圆结构的有旋。最大的能流密度为 142～144.4 W/m²。能流密度通过双交叉椭圆结构得到提高，最大值为 144.7 W/m²，最后被多层石墨烯置入结构增强到 150.5 W/m²。多层石墨烯置入结构的这种增强作用直接导致了完美吸收和宽频带的近完美吸收。一方面，由于石墨烯的加入提高了结构的厚度从而抑制了表面等离激元谐振频率的分裂；另一方面，因为这种杂化的表面等离激元结构提高了金属结构和石墨烯的相互作用。杂化的表面等离激元谐振可以显著增强局域电场强度，增强石墨烯和可见光之间的相互作用，进一步地增强了对可见光的吸收率。

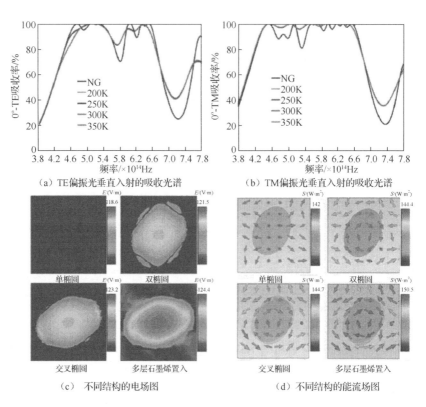

（a）TE偏振光垂直入射的吸收光谱

（b）TM偏振光垂直入射的吸收光谱

（c）不同结构的电场图

（d）不同结构的能流场图

图 4.36 基于石墨烯温度的宽带完美吸收和电场、能流场

在可见光波段，每层石墨烯的反射率仅为 0.1%，十层石墨烯的反射率也只有 2%。每增加一层石墨烯对可见光的吸收就增加 2.3%。石墨烯中最重要和最常见的光子吸收过程是自由的载流子吸收，载流子浓度受温度影响不大，因为石墨烯电子迁移率在温度为 50～500 K 时很难受到温度的影响。然而在本节中，当温度为 200 K 的低温时，多层石墨烯置入结构的吸收有一定的提高出现了一些完美吸收谱线，这些不连续的谱线是石墨烯内部激子吸收导致的，当入射光的光子能量、石墨烯价带能量、激子能级之间的距离非常接近时，激子就会对光子产生吸收，通常激子的吸收在低温下发生，且随温度下降吸收更加明显，更容易观察[67]。

4.3.5 小结

本节介绍了基于活性媒质的光波波段动态可调人工超材料。在计算得出石墨烯物理参数随化学势和温度变化的前提下，将石墨烯置入双层交叉椭圆洞纳米周期结构，通过计算得出该结构随石墨物理参数变化的动态可调吸收性能。其中置入多层石墨烯的吸收性能比置入单层石墨烯的吸收性能好，吸收率能提高 16% 以上。而单层石墨烯在表面等离激元谐振层处对 TM 偏振光的吸收率提高明显。多层石墨烯置入结构的吸收率随石墨烯的化学势升高而增加，最高增加 18%。石墨烯的调节具有一定限制，如继续增加化学势到 1.5 eV 时，石墨烯的导带变为禁带，能量无法进行转换，石墨烯的调节作用消失。石墨烯置入结构的吸收随石墨烯的温度变化稳定，只有在极低温度（200 K）下，受石墨烯内部激子吸收的影响，吸收性能略有提高。虽然可调太赫兹、红外光和可见光波段人工超材料的研究取得了很多成果，但其在光学性能和调制性能的诸多方面仍然需要进一步的提高，如改善调制幅度和调制速率、调制的可重复性、调制所需的功率消耗、人工超材料结构的稳定性和持久性等。

参 考 文 献

[1] Zheludev N I. The road ahead for metamaterials[J]. Science, 2010, 328(5978): 582-583.

[2] Zheludev N I, Kivshar Y S. From metamaterials to metadevices[J]. Nature Materials, 2012, 11(11): 917-924.

[3] Gil I, Bonache J, Garcia G J, et al. Tunable metamaterial transmission lines based on varactor-loaded split-ring resonators[J]. IEEE Transactions on Microwave Theory and Techniques, 2006, 54(6): 2665-2674.

[4] Shadrivov I V, Morrison S K, Kivshar Y S. Tunable split-ring resonators for nonlinear negative-index metamaterials[J]. Optics Express, 2006, 14(20): 9344-9349.

[5] Fu Y H, Liu A Q, Zhu W M, et al. A micromachined reconfigurable metamaterial via reconfiguration of asymmetric split-ring resonators[J]. Advanced Functional Materials, 2011, 21(18): 3589-3594.

[6] Ou J Y, Plum E, Jiang L, et al. Reconfigurable photonic metamaterials[J]. Nano Letters, 2011, 11(5): 2142-2144.

[7] Zhu W M, Liu A Q, Zhang X M, et al. Switchable magnetic metamaterials using micromachining processes[J]. Advanced Materials, 2011, 23(15): 1792-1796.

[8] Ou J Y, Plum E, Zhang J, et al. Erratum: an electromechanically reconfigurable plasmonic metamaterial operating in the near-infrared[J]. Nature Nanotechnology, 2013, 8(4): 252-255.

[9] Gil I, Martin F, Rottenberg X, et al. Tunable stop-band filter at Q-band based on RF-MEMS metamaterials[J]. Electronics Letters, 2007, 43(21): 1153.

[10] Chen H T, Padilla W J, Zide J M O, et al. LETTERS Active terahertz metamaterial devices[J]. Nature, 2006, 444(6): 783-790.

[11] Gholipour B, Zhang J, Macdonald K F, et al. An all-optical, non-volatile, bidirectional, phase-change meta-switch[J]. Advanced Materials, 2013, 25(22): 3050-3054.

[12] Nikolaenko A E, De A F, Boden S A, et al. Carbon nanotubes in a photonic metamaterial[J]. Physical Review Letters, 2010, 104(15): 153902.

[13] Zhao Q, Kang L, Du B, et al. Electrically tunable negative permeability metamaterials based on nematic liquid crystals[J]. Applied Physics Letters, 2007, 90(1): 011112.

[14] Smith D R, Padilla W J, Vier D C, et al. Composite medium with simultaneously negative permeability and permittivity[J]. Physical Review Letters, 2000, 84(18): 4184-4187.

[15] Fedotov V A, Rose M, Prosvirnin S L, et al. Sharp trapped-mode resonances in planar metamaterials with a broken structural symmetry[J]. Physical Review Letters, 2007, 99(14): 147401.

[16] Valentine J, Zhang S, Zentgraf T, et al. Three-dimensional optical metamaterial with a negative refractive index[J]. Nature, 2008, 455(7211): 376-379.

[17] Baena J D, Bonache J, Martin F, et al. Equivalent-circuit models for split-ring resonators and complementary split-ring resonators coupled to planar transmission lines[J]. IEEE Transactions on Microwave Theory and Techniques, 2005, 53(4): 1451-1461.

[18] Zhou J, Koschny T, Kafesaki M, et al. Saturation of the magnetic response of split-ring resonators at optical frequencies[J]. Physical Review Letters, 2005, 95(22): 223902.

[19] Zhao Y, Wang C, Shen Y, et al. Compact differential dual-band slot antenna based on LHMs[C]// Antennas & Propagation, New York: Institute of Electrical and Electronics Engineers, 2014: 353-356.

[20] 刘海文, 朱爽爽, 文品, 等. 基于发卡式开口谐振环的柔性双频带超材料[J]. 物理学报, 2015, 64(3): 516-521.

[21] Lin B Q, Wei W, Da X Y, et al. A novel ultra-broad-band metamaterial absorber based on multilayer resistance films[J]. Acta Electronica Sinica, 2014, 42(3): 607-610.

[22] Lu M, Li W, Brown E R. Second-order bandpass terahertz filter achieved by multilayer complementary metamaterial structures[J]. Optics Letters, 2011, 36(7): 1071-1073.

[23] Rudolph S M, Grbic A. A Broadband three-dimensionally isotropic negative-refractive-index medium[J]. IEEE Transactions on Antennas & Propagation, 2012, 60(8): 3661-3669.

[24] Fu W , Han Y , Li J , et al. Polarization insensitive wide-angle triple-band metamaterial bandpass filter[J]. Journal of Physics D: Applied Physics, 2016, 49(28): 285110.

[25] Kundu A, Das S, Maity S, et al. A tunable band-stop filter using a metamaterial structure and MEMS bridges on a silicon substrate[J]. Journal of Micromechanics & Microengineering, 2012, 22(4): 2303-2309.

[26] Gorur A K, Karpuz C, Ozek A, et al. Metamaterial based dual‐band bandpass filter design for WLAN/WiMAX applications[J]. Microwave & Optical Technology Letters, 2014, 56(10): 2211-2214.

[27] Liu H, Lei J, Zhan X, et al. Compact quad-band superconducting metamaterial filter based on split ring resonator[J]. Applied Physics Letters, 2014, 104(22): 2075-2084.

[28] Vaishali R, Seema A, Animesh B. Compact triple-band bandpass filter using spilt ring resonator[J]. Microwave and Optical Technology Letters, 2015, 5(57): 1222-1225.

[29] 赵亚娟, 王东红, 张泽奎, 等. 基于超材料结构的小型化可调滤波器[J]. 光子学报, 2017(6): 95-99.

[30] 王蕾. 基于 MEMS 技术太赫兹波段超材料器件的研究[D]. 哈尔滨: 哈尔滨理工大学, 2015: 35-40.

[31] Fleischhauer M. Electromagnetically induced transparency and coherent-state preparation in optically thick media[J]. Optics Express, 1999, 4(2):107-112.

[32] Fleischhauer M, Physik F, Kaiserslautern D, et al. Electromagnetically induced transparency: optics in coherent media[J]. Reviews of Modern Physics, 2005, 77(2): 633-673.

[33] Gu J, Singh R, Liu X, et al. Active control of electromagnetically induced transparency analogue in terahertz metamaterials[J]. Nature Communications, 2011, 3(4): 1151.

[34] He X J, Wang L, Wang J M, et al. Electromagnetically induced transparency in planar complementary metamaterial for refractive index sensing applications[J]. Journal of Physics D: Applied Physics, 2013, 46(36): 365302.

[35] Dolling G, Enkrich C, Wegener M, et al. Cut-wire pairs and plate pairs as magnetic atoms for optical metamaterials[J]. Optics Letters, 2012, 30(23): 3198-3200.

[36] Liu N, Guo H, Fu L, et al. Three-dimensional photonic metamaterials at optical frequencies[J]. Nature Materials, 2008, 7(1): 31-37.

[37] Zhang W. Resonant terahertz transmission in plasmonic arrays, of subwavelength holes[J]. European Physical Journal - Applied Physics, 2008, 43(1): 1-18.

[38] Shrekenhamer D, Chen W C, Padilla W J. Liquid crystal tunable metamaterial absorber[J]. Physical Review Letters, 2013, 110(17): 177403.

[39] Wu J. Tunable ultranarrow spectrum selective absorption in a graphene monolayer at terahertz frequency[J]. Journal of Physics D: Applied Physics, 2016, 49(21): 215108.

[40] Wunsch B, Stauber T, Sols F, et al. Dynamical polarization of graphene at finite doping[J]. New Journal of Physics, 2006, 8(12): 318.

[41] Hwang E H, Sarma S D. Dielectric function, screening, and plasmons in two-dimensional graphene[J]. Physical Review B, 2007, 75(20): 205418.

[42] Jablan M, Bulian H, Soliačić M. Plasmonics in graphene at infrared frequencies[J]. Physical Review B, 2009, 80(24): 245435.

[43] Shi X, Han D, Dai Y, et al. Plasmonic analog of electromagnetically induced transparency in nanostructure graphene[J]. Optics Express, 2013, 21(23): 28438.

[44] Cheng H, Chen S, Yu P, et al. Dynamically tunable plasmonically induced transparency in periodically patterned graphene nanostrips[J]. Applied Physics Letters, 2013, 103(20): 203112.

[45] Fallahi A, Perruisseau-Carrier J. Manipulation of giant Faraday rotation in graphene metasurfaces[J]. Applied Physics Letters, 2012, 101(23): 231605.

[46] Ding J, Arigong B, Ren H, et al. Tuneable complementary metamaterial structures based on graphene for single and multiple transparency windows[J]. Scientific Reports, 2014, 4(1): 6128.

[47] Hu J, Wang J, Lin Q, et al. Tunable double transparency windows induced by single subradiant element in coupled graphene plasmonic nanostructure[J]. Applied Physics Express, 2016, 9(5): 052001.

[48] Yang K, Liu S, Arezoomandan S, et al. Graphene-based tunable metamaterial terahertz filters[J]. Applied Physics Letters, 2014, 105(9): 093105.

[49] Li J H, Wang L L, Sun B, et al. Controlling mid-infrared surface plasmon polaritons in the parallel graphene pair[J]. Applied Physics Express, 2014, 7(12): 125101.

[50] Linder J, Halterman K. Graphene-based extremely wideangle tunable metamaterial absorber[J]. Scientific reports, 2016, 6(1): 31225.

[51] Hanson G W. Dyadic green's functions and guided surface waves for a surface conductivity model of graphene[J]. Journal of Applied Physics, 2008, 103(6): 064302.

[52] Diaz J S G, Carrier J P. Graphene-based plasmonic switches at near infrared frequencies[J]. Optics express, 2013, 21(13): 15490.

[53] Wei H, Hao F, Huang Y, et al. Polarization dependence of surface-enhanced raman scattering in gold nanoparticle-nanowire systems[J]. Nano Letters, 2008, 8(8):2497-2502.

[54] Dodge M J. Refractive properties of magnesium fluoride[J]. Applied optics, 2014, 23(12): 1980-1985.

[55] Berini P. Plasmon polariton modes guided by a metal film of finite width[J]. Optics Letters, 1999, 24(15): 1011-1013.

[56] 王成, 王妮, 周伟, 等. "点击化学"在放射性药物合成中的应用[J]. 化学进展, 2010, 22(8): 1591-1602.

[57] 刘清, 张秋禹, 陈少杰, 等. 巯基-烯/炔点击化学研究进展[J]. 有机化学, 2012, 32(10): 1846-1863.

[58] 刘清, 张秋禹, 周建, 等. 巯基-烯光聚合制备交联网络聚合物的研究进展[J]. 材料导报, 2011, 25(21): 140-145.

[59] Lin H, Wan X, Jiang X S, et al. A nanoimprint lithography hybrid photoresist based on the thiol-ene system[J]. Advanced Functional Materials, 2011, 21(15): 2960-2967.

[60] Brckner F, Friedrich D, Britzger M, et al. Encapsulated subwavelength grating as a quasi-monolithic resonant reflector[J]. Optics Express, 2009, 17(26): 24334-24341.

[61] Khurgin J B, Sun G. Scaling of losses with size and wavelength in nanoplasmonics and metamaterials[J]. Applied Physics Letters, 2011, 99(21): 211106.

[62] Balci S, Balci O, Kakenov N, et al. Dynamic tuning of plasmon resonance in the visible using graphene[J]. Optics Letters, 2016, 41(6): 1241-1244.

[63]　Zhao Y, Li X Y, Du Y X, et al. Strong light-matter interactions in sub-manometer gaps defined by monolayer graphene: toward highly sensitive SERS substrates[J]. Nanoscale, 2014, 6(19): 11112-11120.

[64]　Konstantatos G, Badioli M, Gaudreau L, et al. Hybrid graphene-quantum dot phototransistors with ultrahigh gain[J]. Nature Nanotechnol, 2012, 7(6): 363-368.

[65]　Ardakani A G. Tunability of absorption with temperature in the terahertz regime based on photonic crystals containing graphene and defect InSb layers[J]. Journal of Applied Physics, 2015, 88(7): 1-8.

[66]　Geim A K, Novoselove K S. The rise of graphene[J]. Nature Materials, 2007, 6(3): 183-196.

[67]　Emani N, Chung T, Ni X, et al. Electrically tunable damping of plasmonic resonances with graphene[J]. Nano Letters, 2012, 12(10): 5202-5206.

5 人工超材料的应用

作为一种新型电磁功能材料，人工超材料是经由人工设计的金属微纳结构按一定规律排列在树脂、陶瓷、二氧化硅等基底上，既可以实现对电磁波的调制又可以改变电磁波传播方向的材料。人工超材料是一个新兴交叉领域，诞生于 2000 年，并两次入选美国 *Science* 杂志"世界十大科技突破"。人工超材料融合了电子信息、数理统计、生物医学、无线通信等新兴尖端领域先进技术，其应用前景十分广阔，可应用在航空航天、无线互联、生物医疗等众多高新技术领域。因人工超材料的超常电磁特性，其在雷达、隐身、电子对抗等诸多技术领域拥有巨大的应用潜力和发展空间。其中，人工超材料天线具有平面化、小型化、可拼装等特点，是对传统天线的一次革命性技术突破与创新。另外，人工超材料还有望解决 WiFi无线密度高、流量大、电磁环境复杂等问题。人工超材料能够突破吸波理论极限，形成超高吸收性能，利用两种谐振结构之间的电耦合产生的电磁感应透明，已在隐身领域得到应用。

目前，很多发达国家已经将人工超材料作为具有国家战略意义的新兴产业，积极投入到人工超材料技术的研发中，力争在人工超材料领域占主导地位。2013年，全球人工超材料产业市场规模约 2.9 亿美元。本章主要介绍三种人工超材料应用实例。

5.1 人工超材料天线

微带天线是一种低剖面、能够很好适应载体结构的天线，由于其重量轻、易于制作、尺寸小等特点受到人们的青睐。微带天线在越来越多设备上的应用也使得人们对其性能提出了更多的要求，其缺点如增益较低、方向性差、损耗大、频带较窄等问题也亟待克服[1]。人工超材料进入人们的视野以后，有人提出可以将双负人工超材料应用在微带天线上，利用人工超材料对天线表面波的抑制，使微带天线的许多性能得到改善，例如提高定向性、带宽和增益等[2]。

5.1.1　K波段人工超材料的设计及其在微带天线中的应用

目前所提出的双负人工超材料由于受尺寸影响,大多集中在较低频率的波段,对于更高频率人工超材料的研究和应用还很少。这是由于高频率的人工超材料其单元尺寸通常会较小,而较小尺寸的人工超材料又受其辐射面积的影响,难以应用在微带天线上。本节提出了一种新型六边形谐振器与金属线组合而成的人工超材料,通过较小谐振环并联的方式,在尺寸不变的情况下,提高材料的谐振频率,在K波段实现了介电常数和磁导率同时为负。同时设计出一种同频段的微带天线,并设计了一款新型谐振器加载在天线上,利用 HFSS 软件对加载谐振器的天线和普通天线进行仿真对比,结果表明,加载新型谐振器的微带天线各项性能都得到了改善,实现了较高频段人工超材料在微带天线上的应用[3]。

1.　新型双负人工超材料的设计与仿真

目前提出的双负人工超材料大多会受到尺寸的限制,谐振频率普遍偏低,为了解决这一难题,本节提出新型双负人工超材料通过加载等效电容和等效电感实现复合左右手传输线结构[4],实现了较大单元大尺寸人工超材料在高频段的介电常数和磁导率同时为负。复合左右手传输线结构等效电路如图 5.1 所示。

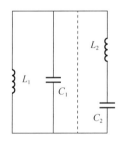

图 5.1　复合左右手传输线结构等效电路图

可以看出,电路总体可以分为两部分:虚线左边的并联支路和虚线右边的串联支路,两者共同组成了复合左右手传输线结构。其中并联支路由开口谐振环产生,其谐振频率为

$$f_m = \frac{1}{2\pi\sqrt{L_1 C_1}} \tag{5.1}$$

分别计算电容 C_1 与电感 L_1:

$$C_1 = \varepsilon S / g \tag{5.2}$$

$$L_1 = \frac{\mu_0}{\pi}\left[a\ln\frac{2^{a+2b}(ab)^{a+b}}{r^{a+b}(a+b)^a} - 2b + \frac{9d}{8}\right] \qquad (5.3)$$

式中，S 为矩形线圈横截面积；g 为谐振腔开口宽度；ε 为空气的介电常数；a 和 b 分别为矩形线圈中线位置的长和宽；d 为矩形线圈金属条的宽度；μ_0 为真空磁导率。

从式（5.2）可以看出，电容 C_1 的大小与谐振腔开口宽度有关，而其开口宽度需要根据负磁导率和负介电常数出现的频率范围进行调整，故而不考虑电容 C_1 的影响。由式（5.3）可以看出，电感 L_1 的大小随着谐振腔尺寸的增大而增大，再根据式（5.1）得出，谐振频率 f_m 随着谐振腔尺寸的增大而减小。因此较高频段的双负人工超材料其单元尺寸必然变小，受辐射面积影响难以应用在微带天线上。因此，目前提出人工超材料微带天线，频率范围受结构尺寸的限制，大多集中在 C 波段和 X 波段。

新型双负人工超材料结构包括三个部分：介质基板、覆盖在介质基板上的新型谐振器和一条矩形金属导线。介质基板选择介电常数为 4.4 的 FR4-epoxy，厚度为 0.25 mm。新型谐振器由厚度为 0.1 mm 的铜片制成，双负人工超材料结构如图 5.2 所示，由一个三角形和六条金属线形成三个小的谐振环，整体呈现为正六边形。

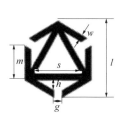 

（a）新型谐振器 　　　（b）新型谐振器组成的双负人工超材料

图 5.2　双负人工超材料结构

图 5.2 中，谐振器长度 $l = 3.78$ mm，边长 $m = 1.75$ mm，谐振腔高度 $h = 0.66$ mm，三角形边长 $s = 2.77$ mm，金属条宽 $w = 0.2$ mm，开口宽度 $g = 0.44$ mm。根据 TE、TM 极化波的入射方向，分析其等效电路如图 5.3 所示。

加入金属线后相当于在点 a_1、a_2、a_3 处串联电容和电感，下方两个电容 C_2 等效为一个较大的电容 C_3，电路简化为如图 5.4 所示的电路图。

在图 5.4 中，虚线左边电路为并联支路，右边电路为谐振的串联支路，符合左右手传输线复合结构。对并联支路中的谐振电路进行分析，得其谐振频率为

$$f_m = \frac{1}{2\pi}\sqrt{\frac{1}{2C_1L_1} + \frac{1}{2C_1L_1}} = \frac{1}{2\pi\sqrt{C_1L_1}} \qquad (5.4)$$

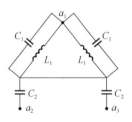 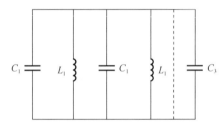

图 5.3　谐振器等效电路图　　　　　图 5.4　等效电路简化后的电路图

从图 5.4 和式（5.4）可以看出，新型谐振器相当于将两侧的两个小的谐振腔并联，其谐振频率约等于单个小谐振腔的谐振频率，所以相比较于文献[2]提出的单个谐振腔，同等尺寸下新型谐振器的谐振频率变大，从而在较大尺寸下同时实现了高频段的负磁导率和负介电常数。

通过电磁软件 HFSS 对材料进行仿真得到其 S 参数，再根据参数提取法则，利用 MATLAB 计算出新型双负人工超材料的电磁参数如图 5.5 所示。由图 5.5 可以看出，在 18.8 GHz 处新型双负人工超材料实现了介电常数和磁导率同时为负。

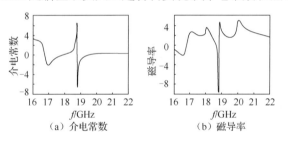

（a）介电常数　　　　　　　　（b）磁导率

图 5.5　新型双负人工超材料的电磁参数

2. 新型谐振器微带天线的设计与仿真分析

设计微带天线中心频率 f=18.8 GHz，其结构采用文献[5]中设计的矩形微带天线，如图 5.6 所示。选用 Arlon AD270 作为介质基板，相对介电常数 ε_r = 2.7，厚度 d_1 =0.5 mm，辐射贴片宽度、长度比选为 1.5。利用 MATLAB 计算出天线尺寸：辐射贴片长度 l_1 = 4.38 mm，宽度 w_1 = 6.57 mm，微带线的线宽 w_2=1.25 mm，参考长度和宽度分别为辐射贴片长度和宽度的 1.5 倍。

根据微带天线和人工超材料的尺寸，在微带天线两侧的对称位置各加一个由新型人工超材料组成的贴片，每个贴片上放置两个新型谐振器，制成基于新型谐振器的微带天线，如图 5.7 所示。其中人工超材料与微带天线的距离 s_1 = 82 mm，两个谐振器之间的距离 D = 0.54 mm。

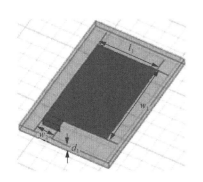

图 5.6　微带天线结构

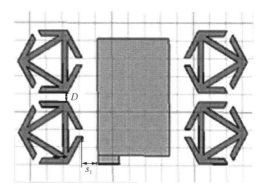

图 5.7　加载新型谐振器的微带天线

5.1.2　结果及分析

1.　天线的驻波比

按照计算的天线尺寸，利用 HFSS 软件分别对加载新型谐振器的微带天线和未加载新型谐振器的微带天线进行仿真，得到两种天线的驻波比如图 5.8 所示。

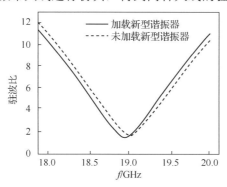

图 5.8　两种天线的驻波比

从图 5.8 可以看出，未加载新型谐振器的微带天线其驻波比小于 2 的频率范围为 19.00～19.12 GHz，加载新型谐振器材料的微带天线驻波比小于 2 的频率范围为 18.91～19.10 GHz，带宽增加了 58.3%，说明加载新型谐振器有效增加了天线的带宽，改善了天线的窄带缺陷。与此同时，天线的中心频率向低频移动了约 75 MHz。

2.　天线的方向图

利用 HFSS 软件仿真得到两种天线的史密斯圆，如图 5.9 所示。从图 5.9 中可以看出，加载新型谐振器的微带天线在 0° 的天线增益为 7.2 dB，未加载新型谐振器的微带天线增益为 6.4 dB，说明天线正向的增益得到了加强。同时可以看出加载新型谐振器的微带天线方向图变窄，侧向与背向辐射减弱，说明谐振器有效地抑制了天线副瓣，使得天线的定向性得到了提高。

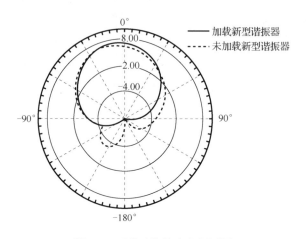

图 5.9　两种天线的史密斯圆图

5.1.3　小结

本节介绍了人工超材料在微波波段的应用实例，实例设计了一种新型谐振器与金属线组成的双负人工超材料，利用较小谐振腔并联的方式在较大尺寸下提高了谐振频率，解决了由于单元尺寸限制微带天线大多集中于较低的 C 波段及 X 波段的问题。加载新型谐振器的微带天线比未加载新型谐振器的微带天线增大了天线的带宽，提高了天线的增益，并且有效抑制了天线的副瓣，使得天线的定向性得到了改善，最终实现了微波波段电磁双负人工超材料在微带天线上的应用。

5.2　人工超材料吸收器

人工超材料吸收器概念由 Landy 等[6]于 2008 年首次提出。人工超材料吸收器本质上是一种谐振结构，由上层谐振单元、中间的介质层和下层金属功能层构成。谐振单元可以通过等比缩放自由控制其工作频段，因此人工超材料吸收器的工作范围可以覆盖射频、微波、太赫兹以致光波波段的宽广频谱空间，其在工程上的应用价值主要体现在热辐射探测[7]、热辐射成像[8]和生化物质检测[9]等三个方面。人工超材料吸收器良好的频率适应性和巨大的市场前景吸引了大批科研人员和工程技术人员的关注。近年来，其结构形式的演变也得到了极大加速，大量形式各样的新颖结构涌现出来，其中包括电场耦合结构[10]、分形结构[11]和各种频率选择表面结构[12]等，其发展趋势是工作频带广谱化[13]、多频化[14]、宽频化[15]、单元尺寸小型化、吸收性能的极化稳定度更高[16]、随入射角变化的程度更低[17]。

5.2.1 基于四臂阿基米德螺旋结构的三频带吸收

马岩冰等[18]将四臂阿基米德螺旋这种非频变结构应用到人工超材料吸收器中，取得了三频带吸收、极化稳定、受入射角影响小的优异性能，采用目前流行的等效介质理论和多种干涉理论对该型吸收器进行了对比分析，并结合实验对其吸收性能进行了验证。

1. 仿真设计

非频变结构是一种在形式上具有自相似特性的结构，当其结构尺寸与工作频率按相同比例变化时，其电性能保持不变或变化很小。在工程应用中较常见的包括阿基米德螺旋结构、等角螺旋结构、对数周期结构等，以及基于这些结构的各种变形体。该研究将阿基米德螺旋引入人工超材料吸收器的上层谐振结构中，对其在不同入射角下的吸波性能进行了分析。在直角坐标系下阿基米德螺旋线的建构方程：

$$\begin{cases} x = (r + e\theta)\cos(\theta) \\ y = (r + e\theta)\sin(\theta) \end{cases}, \quad \theta \in (0, n\pi) \tag{5.5}$$

式中，θ、e、r 分别为螺旋线转过的角度、螺旋增长率、螺旋起始点与原点的间距。为了使吸收器在各种入射角下均能表现出良好的吸收性能，需要吸收器在结构上具有旋转对称性，因此可将螺旋线以 90° 旋转 4 次得到具有对称结构的四臂阿基米德螺旋线。基于四臂阿基米德螺旋结构的人工超材料吸收器在 HFSS 中的仿真模型如图 5.10 所示。

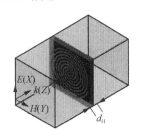 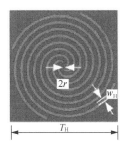

图 5.10　基于四臂阿基米德螺旋结构的人工超材料吸收器在 HFSS 中的仿真模型

四臂阿基米德螺旋结构人工超材料吸收器的各项参数为：线宽 $w_H = 0.3$ mm，单元周期 $T_H = 11.5$ mm。单元结构处于厚度 $d_H = 1.2$ mm、$\varepsilon = 4.6$（1-i0.025）的介质板表面，吸收器下表面的全金属覆盖形式使得入射波不能穿透，透射率

$T(\omega) = S_{12}^2 = 0$；电磁波从端口 Floquet 1 入射，从端口 Floquet 2 出射，单元边界条件选用周期性边界条件。

吸收率 $A(\omega)$ 的计算公式为

$$A(\omega) = 1 - T(\omega) - R(\omega) \qquad (5.6)$$

四臂阿基米德螺旋结构人工超材料吸收器的反射与吸收特性如图 5.11 所示，分别在 4.35 GHz、6.28 GHz 和 8.76 GHz 处可以观测到 3 个吸收率为 97.3%、97.3% 和 97.2% 的吸收峰。

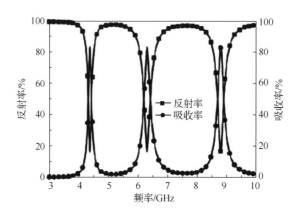

图 5.11 四臂阿基米德螺旋结构人工超材料吸收器的反射与吸收特性

2. 等效介质理论

目前，学术界普遍采用等效介质理论或干涉理论[19]来解释人工超材料吸收器内在的物理本质。等效介质理论把人工超材料吸收器视为一种等效介质，并采用等效的材料属性 e，即等效介电常数和等效磁导率来表征这种等效介质。在入射波电场的作用下，吸收器上层周期阵列产生电谐振，电谐振产生等效的介电常数。入射波同时会在谐振阵列和金属功能层之间产生反向平行电流，这种电流所引起的磁响应等同于等效介质中的等效磁导率。改变谐振单元的结构形式和周期，以及层间距可以达到调整介电常数和等效磁导率，以实现等效波阻抗 Z_{eff} 和真空波阻抗 Z_0 的波阻抗匹配目的，此时吸收器上表面处的输入等效波阻抗与真空波阻抗实现匹配，对入射波的反射率为零，由吸收率计算公式可知，此时在谐振频率处人工超材料吸收器对入射波实现了完美吸收。将图 5.11 中 3 个吸收频率处的反射系数代入：

$$Z_{\text{eff}} / Z_0 = \frac{1 + R(\omega)}{1 - R(\omega)} \qquad (5.7)$$

吸收器上表面与真空分界面处的归一化波阻抗，如图 5.12 所示。四臂阿基米德螺旋结构吸收器在其 3 个吸收频率处的归一化波阻抗分别为 0.76-i0.17、1.15+i0.33、1-i0.34，都基本实现了与真空的波阻抗匹配。

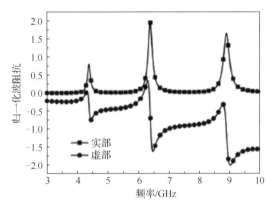

图 5.12　吸收器上表面与真空分界面处的归一化波阻抗

等效介质理论认为该人工超材料吸收器的吸收现象源自其表面电流的偶极子谐振。吸收器上层谐振表面和下层金属功能层表面处的电流分布如图 5.13 所示，四臂阿基米德螺旋吸收器在第一吸收频率处的表面电流主要集中分布于上层谐振单元和下层金属功能层的边缘位置，其分布形式与传统圆环形吸收器相仿。随着吸收频率的升高，金属功能层上起偶极子谐振作用的电流所流经的路径越来越短，此时可以从图 5.13（c）和图 5.13（d）中看出，在第二吸收频率处和第三吸收频率处，吸收器的有效谐振区越来越集中于金属功能层的中心。

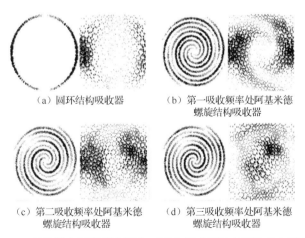

（a）圆环结构吸收器　　　　（b）第一吸收频率处阿基米德
　　　　　　　　　　　　　　　螺旋结构吸收器

（c）第二吸收频率处阿基米德　（d）第三吸收频率处阿基米德
　　螺旋结构吸收器　　　　　　　螺旋结构吸收器

图 5.13　吸收器上层谐振表面和下层金属功能层表面处的电流分布

3．实验验证

采用传统 PCB 工艺制备四臂阿基米德螺旋结构人工超材料吸收器，其上层由约 18×18 个四臂阿基米德单元组成，中间与金属功能层的隔离层采用介电常数为 4.6 的 FR4 介质板，经加工制备的人工超材料吸收器测试样品与局部放大如图 5.14 所示。

图 5.14　人工超材料吸收器测试样品与局部放大

TE 极化波和 TM 极化波仿真结果与测试结果如图 5.15 和图 5.16 所示。从图 5.15 和图 5.16 中可以看出，仿真结果与测试结果之间取得了很好的一致性。

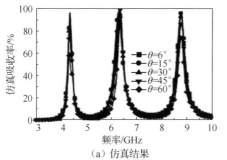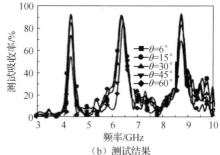

（a）仿真结果　　　　　　　　　　　（b）测试结果

图 5.15　TE 极化波

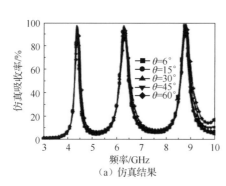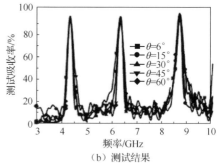

（a）仿真结果　　　　　　　　　　　（b）测试结果

图 5.16　TM 极化波

在 TE 极化波的入射下，入射角由 6°变化至 60°的过程中，4.32 GHz 处的吸收率减弱的幅度较大,从 92.9%减小至 54.6%;而位于 6.32 GHz 处的吸收峰其吸收率在 60° 时仍保持 86.4%的较高水平;8.72 GHz 处的吸收率的变化趋势与 4.32 GHz 处的吸收峰相似,入射角对吸收率有较为明显的减弱作用,入射角为 6° 时吸收率为 93.7%,而入射角为 60° 时吸收率仅为 68.8%。当入射波为 TM 极化波时,吸收率随入射角的变化在 3 个吸收峰处的变化都不明显,在 60° 时都保持着较高吸收率,分别为 91.7%、86.1%和 92.5%。

5.2.2 基于椭圆结构的宽带近完美吸收和多带完美吸收

基于表面等离激元谐振的电磁波吸收材料是通过结构的设计、材料的选择等手段达到一定吸波效果的一类人工超材料。与传统的谐振环结构吸波人工超材料不同,其对电磁波的吸收依赖于表面等离激元的激发,即利用入射光子与结构的耦合作用,激发出表面等离激元,将入射电磁波的能量限制在结构的局域场中而损耗掉。表面等离激元通常产生在红外光和可见光等高频段,根据传播方式的区别,可将其分为传播型和局域型两种,并且这两种表面等离激元模式都具有局域场增强作用,都可以被用来设计吸收电磁波。4.3 节设计的交叉椭圆洞结构和本节设计的交叉椭圆盘结构,这两种电磁人工超材料在可见光波段实现了宽带的近完美吸收和多带的完美吸收。

1. 表面等离激元理论

表面等离激元是固体-介质界面处的电子集体运动的一种元激发,作为准粒子,SP 被证明是一种玻色子[20]。SP 是光子与金属的等离子体频率相接近时,两者相互耦合,而形成的表面等离激元谐振,因此 SP 最显著的性质就是局域场增强。利用 SP 的局域场增强作用,表面等离激元可以有很多应用,比如滤波和吸收。此处就是围绕完美吸收人工超材料进行阐述的。

表面等离激元通常包括传播型表面等离激元(图 5.17(a))和局域型表面等离激元(图 5.17(b))。从理论上说传播型表面等离激元的激发可如下表述:金属和介质层状结构界面如图 5.17(a)所示,设传播型表面等离激元沿 x 轴正向传播,z 轴垂直于界面,坐标原点在界面处。$z > 0$ 处为电介质,介电常数为 ε_d;$z < 0$ 处为金属,其介电常数为 ε_m。设两种介质均为非铁磁介质,即有 $\mu_d = \mu_m = \mu_0$。根据麦克斯韦方程:

$$\nabla \times E = -\frac{\partial B}{\partial t} \tag{5.8}$$

$$\nabla \times H = -\frac{\partial D}{\partial t} \tag{5.9}$$

消去磁场矢量得

$$\nabla \times (\nabla \times E) + \mu_0 \frac{\partial D}{\partial t} = 0 \qquad (5.10)$$

式中，B、D、E、H、μ_0、ε_0、ε_d 分别表示磁感应强度、电位移矢量、电场矢量、磁场矢量、真空磁导率、真空介电常数和介质的介电常数，其中，$D = \varepsilon_0 \varepsilon_d E$。

通常，表面波的场集中在介质界面处并沿法向呈指数衰减，其在 $z > 0$ 时：

$$E_d = E_d^0 \exp(-k_{dz}z) \exp[\mathrm{i}(k_x x - \omega t)] \qquad (5.11)$$

在 $z < 0$ 时：

$$E_m = E_m^0 \exp(-k_{mz}z) \exp[\mathrm{i}(k_x x - \omega t)] \qquad (5.12)$$

式中，E_d 为介质中的电场，下标 d 表示介质；E_m 为金属中的电场，下标 m 表示金属。

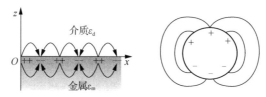

（a）传播型表面等离激元　　　　　（b）局域型表面等离激元

图 5.17　表面等离激元

为计算方便，略去式（5.11）和式（5.12）中传播因子 $\exp(\mathrm{i}(k_x x - \omega t))$ 并利用 $\nabla \times E = 0$，把式（5.11）和式（5.12）代入式（5.10），于是在 $z > 0$ 时：

$$E_d = \exp(\frac{\mathrm{i}k_x}{k_{dz}} E_{dx}^0, E_{dy}^0, E_{dz}^0) \exp(\mathrm{i}(k_x x - \omega t)) \qquad (5.13)$$

在 $z < 0$ 时：

$$E_m = \exp(\frac{\mathrm{i}k_x}{k_{mz}} E_{mx}^0, E_{my}^0, E_{mz}^0) \exp(\mathrm{i}(k_x x - \omega t)) \qquad (5.14)$$

衰减系数 k_{dz} 和 k_{mz} 分别为

$$k_{dz}^2 = k_x^2 - k_0^2 \varepsilon_d \qquad (5.15)$$

$$k_{mz}^2 = k_x^2 - k_0^2 \varepsilon_m \qquad (5.16)$$

同样的，我们得到磁场的表达式，在 $z > 0$ 时：

$$H_d = \frac{\mathrm{i}}{\omega \mu_0} (\mathrm{i}k_x E_{dy}^0, \frac{k_0^2 \varepsilon_d}{k_{dz}} E_{dx}^0, k_{dz} E_{dz}^0) \exp(-(k_{dz}z)) \qquad (5.17)$$

在 $z < 0$ 时：

$$E_m = \frac{\mathrm{i}}{\omega \mu_0} (\mathrm{i}k_x E_{my}^0, \frac{k_0^2 \varepsilon_m}{k_{dz}} E_{mx}^0, k_{mz} E_{my}^0) \exp(-(k_{mz}z)) \qquad (5.18)$$

另外，由边界条件可得

$$E_{dy}^0 = E_{my}^0 \tag{5.19}$$

$$E_{dx}^0 = E_{mx}^0 \tag{5.20}$$

$$\frac{\varepsilon_d}{k_{dx}^0} E_{dx}^0 = -\frac{\varepsilon_m}{k_{mx}^0} E_{mx}^0 \tag{5.21}$$

$$k_{dz} E_{dy}^0 = -k_{mz} E_{my}^0 \tag{5.22}$$

由上述理论推导可以得到表面等离激元激发存在的条件：

（1）由于 k_{dz} 和 k_{mz} 都是正的实数，由式（5.19）和式（5.22）可知 $E_{dy}^0 = E_{my}^0 = 0$，说明表面等离激元波一定是横磁波。

（2）由式（5.22）说明表面等离激元波只能在界面两侧介电常数符号相反的情况下存在。因为金属介电常数的实部是负的，满足 PSP 的存在条件。

（3）由于绝大多数金属的 $\varepsilon_m < 0$ 且 $|\varepsilon_m| \gg \varepsilon_d$，使得 k_x 为实数，而且 $k_x > \omega/c$（c 为真空光速），其中 k_x 确定等离激元的谐振频率，可见表面等离激元的波振幅是以指数形式衰减的。

$z < 0$ 的区域表示金属，介电常数为 $\varepsilon_m = \varepsilon_r + i\varepsilon_i$。其中，$\varepsilon_r$ 和 ε_i 分别是实部和虚部。$z > 0$ 的区域表示介质，介电常数为 ε_d，且 $\varepsilon_r > 0$。忽略介质的磁导率 $\mu_d = \mu_m = \mu_0$，通过求解亥姆霍兹方程 $(\nabla^2 E + k^2 E = 0)$ 会得到一般 PSP 的传播常数的基本表达式，即

$$\beta = \frac{\omega}{c}\sqrt{\frac{\varepsilon_d \varepsilon_m}{\varepsilon_d + \varepsilon_m}} = \frac{\omega}{c} n_{eff} \tag{5.23}$$

式中，n_{eff} 为等效折射率。PSP 传播距离、损耗和折射率之间的关系为

$$\alpha = 20\log(e)k_0 n_{eff}'' \approx 8.686 k_0 n_{eff}'' = 8.686/L_p \tag{5.24}$$

PSP 的波长是

$$\lambda_{PSP} = \frac{2\pi}{\beta} = \lambda_0 \sqrt{\frac{\varepsilon_d + \varepsilon_m}{\varepsilon_d \varepsilon_m}} < \lambda_0 \tag{5.25}$$

由式（5.25）可知 PSP 的波长一直都小于真空中的光波长，这就是表面等离激元的亚波长特性。

电磁场在介质和金属中的穿透深度为

$$\delta_m = \frac{1}{k}\left|\frac{\varepsilon_m + \varepsilon_d}{\varepsilon_m^2}\right|^{1/2} \tag{5.26}$$

$$\delta_d = \frac{1}{k}\left|\frac{\varepsilon_m + \varepsilon_d}{\varepsilon_d^2}\right|^{1/2} \tag{5.27}$$

在界面处，电磁波可以表示为

$$E = E_0 \exp(i(k_x x + k_z z - \omega t)) \tag{5.28}$$

在界面上满足电磁场连续性条件，可得到麦克斯韦边界条件：

$$\frac{k_{zm}}{\varepsilon_m} + \frac{k_{zd}}{\varepsilon_d} = 0 \tag{5.29}$$

式（5.29）称为表面极化色散关系，由能量守恒可知：

$$k_x^2 + k_{zi}^2 = \varepsilon_i (\frac{\omega}{c})^2 \tag{5.30}$$

式中，c 为真空光速。由式（5.28）～式（5.30）可求得

$$k_x = \frac{\omega}{c} (\frac{\varepsilon_m \varepsilon_d}{\varepsilon_m + \varepsilon_d})^{1/2} \tag{5.31}$$

忽略电子碰撞阻尼作用，金属的介电常数为 $\varepsilon_m = 1 - \omega_p^2 / \omega^2$，其中 ω_p 为金属的等离子体频率，代入式（5.31），得

$$k_x = \frac{\omega}{c} \sqrt{\frac{(1 - \frac{\omega_p^2}{\omega^2})\varepsilon_d}{(1 - \frac{\omega_p^2}{\omega^2}) + \varepsilon_d}} = \frac{\omega}{c} \sqrt{\frac{(\omega^2 - \omega_p^2)\varepsilon_d}{(\omega^2 - \omega_p^2) + \varepsilon_d \omega^2}} \tag{5.32}$$

当 k_x 趋向无穷同时要求式（5.32）右边分母也趋向于 0，即 SP 的频率 ω_{SP} 为

$$(\omega_{SP}^2 - \omega_p^2) + \varepsilon_d \omega_{SP}^2 = 0 \tag{5.33}$$

所以得

$$\omega_{SP} = \frac{\omega_p}{\sqrt{1 + \varepsilon_d}} \tag{5.34}$$

这样色散曲线在 k_x 趋向无穷的时候趋向 SP 频率 ω_{SP}，如图 5.18（a）所示。

LSP 与 PSP 不同，PSP 会产生波，并沿金属电介质界面传播，而 LSP 不但不能产生波，其自由电子还被限制在金或银等贵金属粒子内。相似的是，无论 LSP 还是 PSP 都存在局域的电磁场增强和显著的消光现象，可以应用在增强拉曼散射、增强型太阳能电池、光镊和光热效应[21,22]。

我们知道 SP 是纵向密度波的振荡，由理论推导可知只有可见光波段 TM 偏振光激发金属-介质表面才会产生 SP 现象，TE 偏振光一般除了金属正弦光栅结构在特殊的情况下才能激发 SP 否则无法激发 SP，这极大地限制了其应用。2004 年 J. B. Pendry 等提出，尺寸小于波长或和波长可以比拟的孔洞按一定的方式排列时，光在孔洞的内壁被反射，反射波彼此耦合，这种耦合类似于 SP 的激发，周围的电磁场得到增强，形式与 SP 完全相同，被命名为类表面等离激元现象（spoof SP）[23,24]。以光学角度分析，孔洞结构在红外光和可见光波段存在超透射（extraordinary optical transmission，EOT）现象。超透射现象是 T. W. Ebbesen 发现并命名的，是指光经

过孔洞时由于孔洞内壁反射波耦合作用使得透射光得到增强，远大于孔洞结构所占的比例，通常这种 EOT 现象伴随着 SP 的激发。

如图 5.18（b）所示，设有一块金属板，金属板刻有正方形孔洞阵列结构，孔洞边长为 a，周期为 d，入射波长为 λ。三者满足：$a < d \leqslant \lambda$，孔洞结构的等效介电常数、等效磁导率在 x、y 方向上的分量分别为

$$(\varepsilon_{\text{eff}})_x = (\varepsilon_{\text{eff}})_y = \frac{\pi^2 d^2 \varepsilon}{8a^2}(1 - \frac{\pi^2 c_0^2}{a^2 \omega^2 \varepsilon \mu}) \tag{5.35}$$

$$(\mu_{\text{eff}})_x = (\mu_{\text{eff}})_y = \frac{8a^2 \mu}{\pi^2 d^2} \tag{5.36}$$

式中，c_0 为真空光速；ω 是入射光角频率，ω 不是任意变化的，存在一个截止频率 ω_p 为

$$\omega_p = \frac{\pi c_0}{2a\sqrt{\varepsilon \mu}} \tag{5.37}$$

这样，在孔洞结构的表面激发一种二维电磁波，从色散关系可以看到其与表面等离激元谐振的色散关系一致，故称为类表面等离激元，如图 5.18（c）所示。

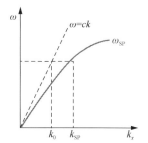
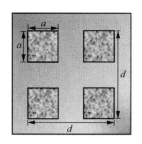
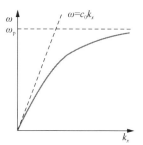

（a）表面等离激元谐振的色散关系　（b）方形孔洞阵列金属铁板　（c）类表面等离激元谐振的色散关系

图 5.18　色散关系图

SP 在金属中的渗透深度与金属趋肤效应有关，通常因为 SP 在金属内部电场的渗入深度与介质内渗入深度成反比，所以平滑的金属和介质分界面无法产生 SP 现象，通常入射在平滑金属表面的波只能反射，无透射和吸收现象，常作为人工超材料吸收器的功能层来阻挡光波的透射，通过其反射功能使波在介质中反复被吸收，以达到提高吸收率的效果。当金属表面构造一系列的诸如亚波长孔洞周期结构时，电场会深入结构内部，强度与渗入结构内部的距离成 e 指数衰减关系。这种关系与电场在红外光和可见光波段的 SP 现象相似，因此亚波长孔洞结构可以得出与 SP 现象相似的局域场增强现象。

研究发现，SP 在 EOT 现象中起到了重要的作用。光的能量随着入射进亚波长孔洞结构的深度而衰减。通常，在研究吸收人工超材料时主要采用的是 SP 产

生的局域场增强效应,对于是 PSP 共振还是 LSP 共振产生的局域场增强不作具体分析,但是当 PSP 共振和 LSP 共振在 EOT 现象中同时存在时,PSP 和 LSP 之间的局域场就会相互作用,发生谐振峰的强度以及谐振频率改变的现象[25]。

2. 交叉椭圆盘结构的设计

本节设计的双层交叉椭圆盘纳米周期结构如图 5.19 所示,单元尺寸为 350 nm× 350nm×276 nm。类似结构可以通过标准的电子束光刻技术来制备[26-28],根据文献中提到的制备过程,依次是一层 70 nm 金属功能层,作用是严禁光的透射;一层 70 nm 的 SiO₂ 介质层;一层 33 nm 的金属椭圆盘层,椭圆盘长半轴与 x 轴夹角 22.5°;一层 70 nm 的 SiO₂ 介质层;一层 33 nm 的金属椭圆盘层,该层椭圆盘的长半轴与上一层椭圆盘的长半轴之间的夹角为 $\beta_{盘}$,单元边长为 350 nm。

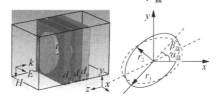

图 5.19　双层交叉椭圆盘纳米周期结构

这里,金属层我们选择贵金属银或金。介质层选择介电常数小的材料(SiO₂)来获得高吸收[29]。底部金属功能层的厚度大于可见光波的趋肤深度,其作用是使透射率为零。基于 CST Microwave Studio 2013 仿真分析双层交叉椭圆盘纳米周期结构,仿真范围为 $3.8×10^{14}$～$7.8×10^{14}$ Hz,相当于波长 385～789 nm;边界条件 x、y 方向施加周期边界条件,z 方向施加完美匹配边界条件。

3. 双层交叉椭圆盘纳米周期结构优化和吸收分析

电磁波在介质中的吸收率 A 可表示为

$$A = 1 - R - T \qquad (5.38)$$

式中,反射率 $R = |S_{11}|^2$;透射率 $T = |S_{21}|^2$。因此,对应的吸收率 A 还可以表示为

$$A = 1 - |S_{11}|^2 - |S_{21}|^2 \qquad (5.39)$$

对于人工超材料进行一定的设计,通过合理设计和优化可以使结构的等效介电常数和等效磁导率相等,即 $\varepsilon_{eff} = \mu_{eff}$ 时等效波阻抗与真空中的波阻抗可以实现波阻抗匹配[30,31]:

$$Z_{eff} = \sqrt{\frac{\mu_{eff}}{\varepsilon_{eff}}} = 1 \qquad (5.40)$$

由于结构等效波阻抗与真空中电磁波的波阻抗匹配,反射率 R=0,对于有金

属功能层的人工超材料而言，此时的透射率 $T=0$，通过同时降低结构的透射率和反射率为零，使得吸收率 $A=1$，即完美吸收。

通过 CST Microwave Studio 的仿真分析我们得到 S 参数的线性表示，再经过 MATLAB 对 S 参数的数值计算得到了吸收光谱，其中对于 TE 和 TM 偏振光的吸收率可由公式 $A=1-R-T$ 给出；左旋圆偏振光 LCP 的吸收率可由公式 $A_-=1-R_--R_{+-}-T_--T_{+-}$ 给出；右旋圆偏振光 RCP 的吸收率可由公式 $A_+=1-R_+-R_{-+}+T_+-T_{-+}$ 给出，这里 A、R 和 T 分别表示结构对光波的吸收率、反射率和透射率，下角标 "–" 表示左旋圆偏振光，"+" 表示右旋圆偏振光，"–+" 和 "+–" 表示左旋圆偏振光和右旋圆偏振光的交叉极化。

考虑金属材料和 $\beta_{盘}$ 对吸收性能的影响，如图 5.20 所示。由图 5.20 可以看出，该结构对 TE 和 TM 偏振光的吸收略显敏感，而对 LCP 和 RCP 的吸收则不敏感，吸收光谱完全相同。

如图 5.20（a）和 5.20（b）分别显示了当金属层选择 Ag 和 Au 时双层交叉椭圆盘纳米周期结构对光的吸收性能，可见对各种模式下的偏振光选择 Au 为该结构的金属材料时其吸收性能都远远高于选择 Ag 为金属材料时的吸收性能。在仿真频率范围内，选择 Au 时，该结构的吸收率在 95% 以上，而选择 Ag 时，吸收率为 63%。在光电薄膜太阳能电池领域，利用贵金属纳米粒子能够增强入射光在薄膜内的散射和辐射特性，提高光电转换效率，在光热转换领域，利用贵金属纳米粒子在近红外和可见光波段的辐射特性能够增强薄膜结构对入射辐射的光学和热学效应。贵金属纳米粒子在相同尺寸下，Au 的散射度要略大于 Ag 的散射度，因此当金属材料选择 Au 时的吸收效果要更好一些。

考虑夹角对吸收的影响，如图 5.20（a）所示，夹角对 Ag 结构的吸收影响更大，首先对 TE 和 TM 偏振光随着夹角的变化吸收性能正好相反，即夹角减小时该结构对 TE 偏振光的吸收增大，夹角增大时该结构对 TM 偏振光的吸收增大，详见图 5.20（a）中（i）和（ii）的 $5.2 \times 10^{14} \sim 5.3 \times 10^{14}$ Hz 频率范围处。对 TE 而言吸收曲线随着夹角的增大向低频方向移动，如图 5.20（a）中（i）所示。相反对 TM 而言吸收曲线随夹角增大向高频方向移动，如图 5.20（a）中（ii）所示。这种相反的增强作用归因于 TM 偏振光激发的表面等离激元使吸收作用增强。对圆偏振光而言吸收曲线随着夹角变化保持稳定（移动较小），如图 5.20（a）中（iii）所示。以上曲线的移动如图中箭头和圆点所示，其中方向向左的箭头表示曲线向低频方向移动，方向向右的箭头表示曲线向高频方向移动，圆点表示曲线不移动或移动较小。从吸收幅值上看，对圆偏振光的吸收比对 TE 或 TM 偏振光的吸收提高 10% 左右。特别是当夹角为 45° 时，Ag 结构具有很宽的近完美吸收频带。

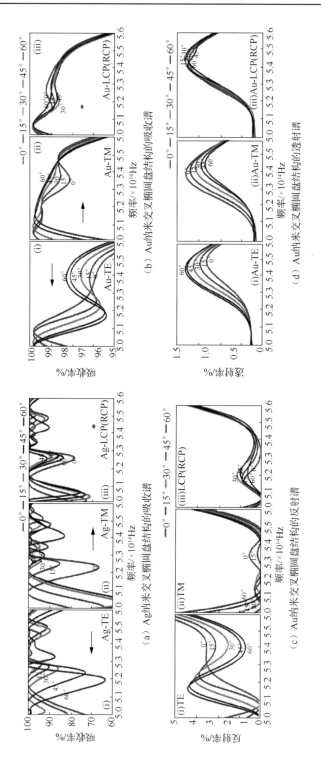

图 5.20　金属材料和夹角对吸收性能的影响

如图 5.20（b）所示为夹角对 Au 结构吸收的影响。与 Ag 结构相类似，对 TE 而言吸收曲线随着夹角的增大向低频方向移动，如图 5.20（b）中（i）所示。相反对 TM 而言吸收曲线随夹角增大向高频方向移动，如图 5.20（b）中（ii）所示。对圆偏振光而言吸收曲线随着夹角变化保持稳定（移动较小），如图 5.20（b）中（iii）所示。从吸收幅值来看，随夹角增大 Au 结构对 TE 偏振光的吸收幅值在高频区域增加明显，如 5.4×10^{14} Hz 左右处；对 TM 偏振光的吸收幅值也有明显的提高，但伴随着吸收频带的下降。对圆偏振光而言，夹角对吸收幅值和带宽影响都不大，但是我们能够发现当夹角为 60° 时，吸收曲线最平滑，波动最小，吸收最稳定。

如图 5.20（c）和图 5.20（d）所示，Au 结构对不同偏振光的反射光谱和透射光谱在吸收区域反射和透射都非常小，特别是透射光谱，由于金属功能层的存在，使得透射几乎为零。而反射光谱，尤其是当夹角为 60° 的时候，该结构对 TE、TM、LCP 和 RCP 偏振光的反射最小。因此夹角为 60° 是最优化几何参数之一。

长半轴对吸收性能的影响如图 5.21 所示，图 5.21（a）～（c）分别显示了椭圆长半轴对双层交叉椭圆盘纳米周期结构的吸收光谱、反射光谱和透射光谱。

从吸收光谱我们了解到该结构对不同模式的偏振光的吸收频率随长半轴的变化没有明显的变化，但是吸收幅值变化非常大。如对 TE 偏振光（图 5.21（a）中的（i）），在较低频率范围 4.4×10^{14}～4.8×10^{14} Hz 附近，吸收幅值随着长半轴的增加有明显的增长，相反在较高频率区域 5.2×10^{14} Hz 附近，吸收的幅值随着长半轴的增加则较小。对 TM 偏振光（图 5.21（a）中的（ii）），在较低频率范围 4.4×10^{14}～4.7×10^{14} Hz 附近，吸收的幅值随着长半轴的增加而减小，近完美吸收频带在长半轴为 145 nm 最宽，在中间频率 4.8×10^{14} Hz 左右，吸收幅值随着长半轴的变化有个扭转，在较高频率范围 5.0×10^{14}～5.6×10^{14} Hz 处，吸收幅值没有变化但是吸收频率随长半轴的增加向高频方向略微移动。对圆偏振光（图 5.21（a）中的（iii）），在较低频率范围 4.4×10^{14}～4.8×10^{14} Hz 处，吸收特性类似于 TE 偏振光，吸收的幅值随着长半轴的增加而增长；在 4.8×10^{14} Hz 左右，吸收特性类似 TM 偏振光，吸收幅值随着长半轴的变化有个扭转；而在较高频率范围 5.0×10^{14}～5.6×10^{14} Hz 处，吸收幅值与吸收频率随长半轴的变化没有任何变化。

在反射光谱中，其变化规律正好与透射光谱相反，恰好符合了在透射率为零时反射减小吸收增大、反射增大吸收减小的规律。在透射光谱中，我们看到透射率非常小，可以近似为零透射。在近似为零的透射光谱中，该结构对不同模式偏振光的透射率规律非常相似，都是随长半轴的增加而减小，频率也相应地向高频方向略微移动。

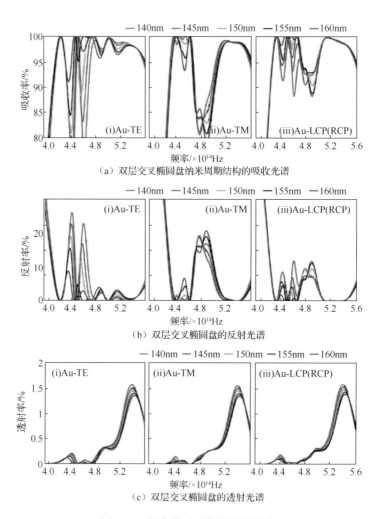

图 5.21　长半轴对吸收性能的影响

　　综合以上分析，考虑该结构长半轴的变化（140～160nm）在整体频率范围内对不同模式的偏振光的吸收情况，其中长半轴 160 nm 时吸收最高，反射和透射最低，因此我们认为长半轴为 160 nm 是该结构最优化几何参数之一。

　　短半轴对吸收性能的影响如图 5.22 所示，图 5.22（a）～（c）分别显示了椭圆短半轴对双层交叉椭圆盘纳米周期结构的吸收光谱、反射光谱和透射光谱。

　　从吸收光谱、反射光谱和透射光谱上看，其幅值变化规律大致与长半轴对结构的吸收光谱、反射光谱和透射光谱的影响规律相似。不同的是该结构随短半轴变化的吸收、反射和透射变化规律更加一致，没有出现类似 TM 偏振光和圆偏振光在中频区域 4.8×10^{14} Hz 左右吸收和反射幅值随着长半轴的变化发生扭转的现象，而且吸收光谱的吸收频率随着短半轴的增加向低频方向有明显的移动，且吸收幅值也有明显的提高。与调节长半轴相比，调节短半轴在吸收光谱中可以看到的完美吸收频带更多，且带宽也有相应的拓展。透射光谱的规律与吸收光谱的规律一致，只是当我们在相同量级下调节短半轴，透射率下降的才更明显。

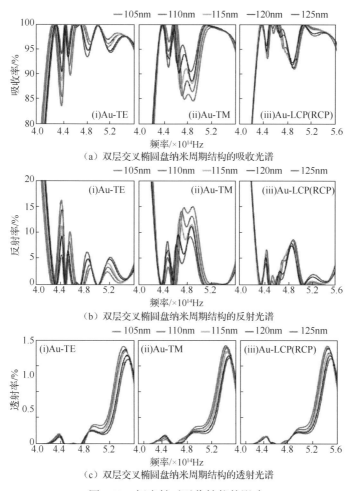

图 5.22　短半轴对吸收性能的影响

考虑该结构短半轴的变化（105～125 nm）在整体频率范围内对不同模式的偏振光的吸收情况，其中短半轴为 125 nm 时吸收最高，反射和透射最低，因此我们认为短半轴为 125 nm 是该结构最优化几何参数之一。

考虑电介质厚度对吸收的影响，如图 5.23 所示的是介质层 SiO_2 在不同厚度下的吸收光谱。

为了估量介质层厚度对该结构吸收性能的影响，根据对双层交叉椭圆盘纳米周期结构的几何优化，选择最优化几何参数夹角为 60°、长半轴为 160 nm 和短半轴为 125 nm 不变，给出 SiO_2 的厚度对吸收的影响，如图 5.23 所示。金属椭圆层厚度保持 33 nm 不变，SiO₂ 介质层厚度从 70 nm 依次减小到 20 nm。Au 纳米粒子分别在 $5.0×10^{14}$ Hz 和 $7.0×10^{14}$ Hz 左右处有两个 SP 谐振吸收峰，从吸收光谱上发现，随着 SiO₂ 介质层厚度的增加，椭圆盘（Au 纳米粒子）吸收峰的位置发生了红移。当 SiO₂ 介质较薄时，不能忽略结构中双层交叉椭圆盘谐振结构相互作用的影响，表现为耦合特性，在两个 SP 的作用下，结构出现两个明显的谐振吸收峰，分别为低频模式和高频模式。当我们增大 SiO₂ 介质厚度，极大削弱了两个 SP 谐振的相互作用，每个 SP 共振单独存在，表现为相互独立的谐振特性，且 SiO₂ 介电常数比较大，所以谐振峰红移，形成一个宽带吸收。从实验结果来看，改变 SiO₂ 介质层厚度可以调制 Au 纳米颗粒的 SP 谐振吸收峰的位置。

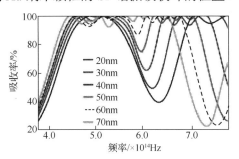

图 5.23　SiO₂ 的厚度对吸收的影响

考虑最优化双层交叉椭圆盘纳米周期结构的宽带吸收光谱如图 5.24 所示，在整个可见光区域 $4.0×10^{14} \sim 7.8×10^{14}$ Hz，数值模拟显示该结构对不同模式的偏振光垂直入射有 85% 以上的宽带吸收。且该结构在显示频率区域内有三个较窄的完美吸收频带，在完美吸收频带内反射率和透射率均为零。

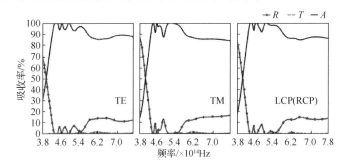

图 5.24　最优化双层交叉椭圆盘纳米周期结构的宽带吸收光谱

考虑最优化双层交叉椭圆盘纳米周期结构的广角吸收光谱，如图 5.25 所示。

在上面的分析中，仅考虑了垂直入射光，下面我们给出在较宽入射角下该结构的吸收光谱，入射角的变化范围为 $0° \sim 40°$。对不同模式的偏振光，吸收规律随入射角的变化一致，即入射角增加，吸收频率向高频方向移动，吸收幅值在较低频率处有所降低，在较高频率区域吸收幅值有所升高，如十字线左右两边所示。尤其是 40° 入射时的高频区域，十字线右边所示该结构对不同模式的偏振光仍然具有 90% 以上的宽频带高吸收性能。

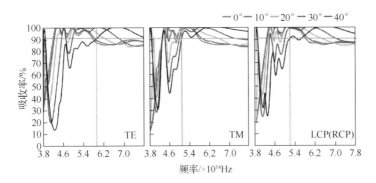

图 5.25　最优化双层交叉椭圆盘纳米周期结构的广角吸收光谱

4. 双层交叉椭圆盘纳米周期结构的表面电磁场分析

为了更好地理解双层交叉椭圆盘纳米周期结构的完美吸收机制，本节给出了不同偏振光在双层交叉椭圆盘纳米周期结构完美吸收频率下的电磁场分布图（图 5.26），图 5.26（a）为电场分布图，图 5.26（b）为磁场分布图。对 TE 偏振光的完美吸收频率 $f = 4.672 \times 10^{14}$ Hz，对 TM 偏振光的完美吸收频率 $f = 4.568 \times 10^{14}$ Hz，对圆偏振光的完美吸收频率 $f = 4.420 \times 10^{14}$ Hz。

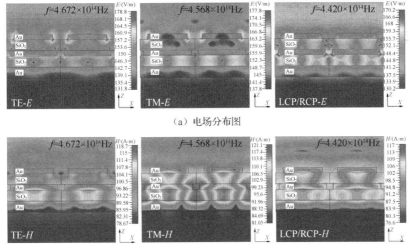

图 5.26　双层交叉椭圆盘纳米周期结构完美吸收频率下的电磁场分布图

如图 5.26（a）所示为对 TE 和 TM 偏振光的电场分布图，在上层的金属圆盘边缘与介质层相接处的电场强度较强，汇聚正电荷，在椭圆中心部位电场强度较弱，汇集负电荷，正电荷堆积在金属圆盘边缘与介质层相接处，在负电荷两边成对称分布，可以等效为两个具有方向性的偶极子。在 TE 偏振光斜入射下，因为磁偶极子具有一定的方向性，随着入射角的增加 TE 偏振光的磁分量在这个具有方向性的磁偶极子方向上逐渐减小，因此磁偶极子谐振逐渐减弱，进而 TE 偏振光下结构的吸收频带随入射角的增大而减小。而对于 TM 偏振光斜入射下，磁场方向不随入射角变化，因此仍具有较宽频带的吸收特性，并且从 TM 偏振光的电场强度明暗分布图可以看到明显存在表面等离激元谐振，并且在双层交叉椭圆盘结构中这种表面等离激元是杂化的，导致了明显的电场增强作用，进而导致该结构对 TM 偏振光的吸收率比对 TE 偏振光的吸收率更高。相反，对圆偏振光的电场分布图，值得注意的是电场的强度局域增强作用逐步向结构内部移动，最大的电场强度发生在下层金属圆盘边缘与下层介质相接处。电场强度极值之所以能够在结构下层金属椭圆层产生，完全是因为我们所设计的双层交叉椭圆盘纳米周期结构当圆偏振光入射到该结构表面时，激发出的表面等离激元光场叠加产生了具有不同拓扑荷的涡旋光场，涡旋光场穿过表层金属椭圆盘和介质层达到第二层金属椭圆盘层引起再次磁偶极子谐振和等离激元谐振，进而达到对圆偏振光的吸收。

如图 5.26（b）所示为不同偏振光下的磁场分布图。与电场分布图相比，该结构在电场较弱的地方磁场较强。电场分布在椭圆金属盘的边缘形成电流环流，产生感应磁场，这个感应磁场会与入射光的磁场相互作用。而磁场主要局域在介质层椭圆的正下方，不同偏振光下磁场强度在下层电介质比上层电介质中的分布强，这是因为椭圆盘纳米周期结构能够激发表面等离激元，而交叉的椭圆盘纳米周期结构之间，不同的表面等离激元相互作用，通常我们将这种相互作用称为杂化表面等离激元谐振机制。这种杂化机制可以通过增加双层交叉椭圆盘纳米周期结构的夹角使局域场得到增强，因此该结构在高频段获得宽频带的高吸收性能。

5.2.3　小结

人工超材料吸收器本质上是一种谐振结构，由上层谐振单元、中间的介质层和下层金属功能层构成。谐振结构可以通过等比缩放自由控制其工作频段，因此人工超材料吸收器的工作范围可以覆盖射频、微波波段、太赫兹波段以致光波波段的宽广频谱空间，其在工程上有重要的应用价值。本节介绍了两种人工超材料吸收器的实例，分别基于偶极子谐振和表面等离激元谐振机制，实现了微波波段多频带和光波波段宽频带吸收。

5.3　人工超材料隐身技术

雷达是目前发现目标并对目标精确定位的主要探测装备,对飞行兵器的生存能力和突防能力构成严重威胁。采用隐身技术可以降低飞机的雷达截面(radar cross section, RCS)和可探测性,提高飞机综合作战效能。目前,缩减机体雷达截面的技术途径主要包括外形隐身技术、材料隐身技术等[32]。外形隐身技术[33]是通过适当的外形设计,消除雷达波照射到飞机表面上产生的镜面散射和角反射,将雷达波的主要散射能量规避到非探测方位,可减小特定方向上的雷达截面,提高机体隐身性能,但该技术会牺牲飞行器的气动性能。材料隐身技术[34]主要指吸波材料,利用吸波材料对电磁波的吸收特性实现电磁波的低反射。将吸波材料涂覆于机体表面,如机腹、进气道、弹体、机翼等部位,可以有效吸收雷达波。目前所使用的吸波材料多针对厘米波雷达。随着这两种隐身技术的综合应用,机体的散射截面显著减小。但对机载天线隐身设计来说既要保证自身工作频段信号的正常接收和发射,又要对带外信号呈低响应,外形隐身和吸波材料隐身等传统隐身方法不能有效地解决这一问题。但是基于频率选择表面技术的天线罩能够使天线工作频带内的信号正常通过,天线工作频带外的信号完全反射[35]。利用流线型频率选择表面天线罩将敌方雷达探测波散射到非重要方向,有效缩减飞行器雷达舱正前方的雷达截面,是机载天线隐身的重要手段。目前,随着反隐身技术的高度发展,常用的飞行服务站(flight service station, FSS)天线罩反射到其他方向的带外电磁波难以躲避双站雷达探测,天线隐身效果并不理想。

人工超材料是一种特殊的人造电磁材料,由亚波长的单元结构周期排列组成。普通材料的电磁响应由分子、原子决定,而人工超材料的电磁响应主要取决于单元的特性。由于其单元尺寸远小于工作波长,这种人工单元结构排列形成的人工超材料可以看作等效介质,其等效介电常数、等效磁导率灵活可控[36]。

为解决机载天线的雷达隐身问题,研究人员提出一种基于人工超材料的隐身天线罩设计。利用人工超材料单元的谐振叠加特性和频率选择特性,设计得到一种天线工作频带内宽带透波、高于天线工作频带处宽带吸波的天线罩。相比频率选择表面隐身技术,这种人工超材料天线罩对天线工作频带外的电磁波具有很好的吸收效果,能够进一步改善天线隐身性能。

5.3.1　人工超材料吸波原理

贾丹等[37]提出的吸波人工超材料由金属层和介质层组成,如图 5.27 所示。吸波人工超材料的金属层和介质层均为正方形薄板结构,金属层为铜,厚度为

0.017 mm，介质层为 FR4 介质基板（介电常数为 4.3，损耗正切角为 0.025），厚度为 0.2 mm。吸波人工超材料单元阵列周期 $p_正$ 是 5.9 mm，正方形金属结构的边长为 $w_正$。

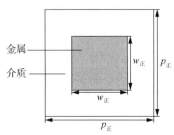

图 5.27　吸波人工超材料基本结构示意图

基于金属–介质交替构成的人工超材料的电磁响应可以用等效介质理论来描述。通过 S 参数反演理论可反演出人工超材料的等效介电常数和等效磁导率，如图 5.28 所示。图中给出了金属贴片边长为 3 mm、3.5 mm、4 mm 情况下的等效介电常数和等效磁导率的计算结果。图 5.28（a）中的实线为等效介电常数实部，虚线为等效介电常数虚部。图 5.28（b）中的实线为等效磁导率实部，虚线为等效磁导率虚部。

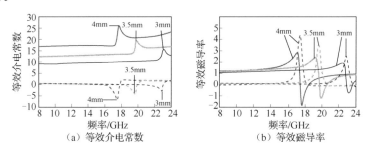

图 5.28　金属贴片边长为 3 mm、3.5 mm 和 4 mm 情况下的
等效介电常数和等效磁导率计算结果

从图 5.28 中计算结果可以看出，人工超材料的电磁响应特性与普通介质材料不同，该吸波人工超材料的等效介电常数和等效磁导率随频率改变而改变。当金属贴片边长为 4 mm 时，吸波人工超材料的等效介电常数和等效磁导率在 17.7GHz 频点产生畸变，说明该人工超材料在该频点发生谐振。在远离谐振频点的频率范围，人工超材料的等效介电常数约为 10，等效磁导率约为 1。在谐振频率附近，人工超材料对电磁波将产生强烈吸收。当金属贴片边长为 3.5 mm 和 3 mm 时，谐振频点移至 19.9 GHz 和 23.1 GHz 频点，说明通过改变金属贴片边长可控制人工超材料的吸收频带。

5.3.2　宽带吸波人工超材料天线罩设计

图 5.29 为人工超材料天线罩的单元结构示意图。如图 5.29（a）所示的宽带吸波人工超材料单元由八对金属层-介质层堆叠而成，金属层的宽度从上到下依次减小。如图 5.29（b）所示，金属层结构中底层金属宽度为 4 mm，最上层金属宽度为 2.9 mm。该宽带吸波人工超材料总厚度为 1.74 mm，单元组阵周期单元尺寸为 5.9 mm。

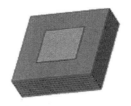
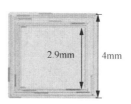

（a）宽带吸波人工超材料单元　　　　　　（b）金属层结构

图 5.29　人工超材料天线罩的单元结构示意图

本节采用 CST Microwave Studio 软件仿真吸波人工超材料的 S 参数如图 5.30 所示。该吸波人工超材料组成的天线罩的滤波特性不够理想。第一，在 17～22.5 GHz 频带内，人工超材料对电磁波能量的反射（S_{11}）高至约-5 dB，说明电磁波并没有被有效吸收，这会影响天线隐身性能。第二，在 10～16 GHz 频带内，人工超材料对电磁波能量的透射（S_{21}）低至约-5 dB，天线工作带内的电磁波透射率低，影响天线增益。

从图 5.28（a）的仿真结果可以看出，人工超材料的介电常数高达 10 以上，这会导致强烈的波阻抗失配。因此，本节提出在人工超材料层外部加载波阻抗匹配层，使人工超材料天线罩在天线工作带外具有良好的吸波特性和在工作带内具有良好的透波特性，如图 5.31 所示。波阻抗匹配层材料为聚四氟乙烯（介电常数为 2.1），厚度为 4.2 mm。

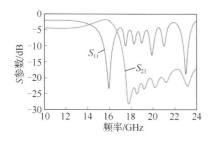
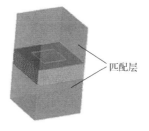

图 5.30　吸波人工超材料 S 参数仿真结果　　　图 5.31　加载波阻抗匹配层的人工超材料
结构示意图

加载波阻抗匹配层的人工超材料性能曲线如图 5.32 所示。图 5.32（a）为 S_{11}、S_{21} 仿真数据结果，借助此数据结果可计算出人工超材料的反射率、透射率和吸收率，如图 5.32（b）所示。从图 5.32（a）可以看出，加载匹配层后，在 $10\sim15.5$ GHz 带宽内，人工超材料天线罩的 S_{21} 由图 5.30 中的-5 dB 提高至图 5.32（a）中的-1 dB。从图 5.32（b）可以看出，在 $17.1\sim22.7$ GHz 带宽内，大部分频点的吸收率高于 80%，透射率几乎为 0，平均反射率仅约 10%，这将极大减小天线的雷达截面，进而提升飞机的隐身特性。

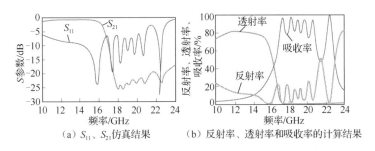

（a）S_{11}、S_{21} 仿真结果 （b）反射率、透射率和吸收率的计算结果

图 5.32　加载波阻抗匹配层的人工超材料性能曲线

图 5.33 为入射角度为 $0°\sim45°$ 的电磁波的吸收率和透射率仿真计算结果，其中，图 5.33（a）和图 5.33（b）是 TE 极化波的吸收率和透射率，图 5.33（c）和图 5.33（d）是 TM 极化波的吸收率和透射率。从仿真结果可以看出，当电磁波入射角度在 $0°\sim45°$ 时，该人工超材料的吸收率和透射率对入射角变化并不敏感，且 TE 极化波和 TM 极化波的响应特性基本一致，说明该人工超材料具有较好的宽角吸波性能和宽角透波性能，以及较好的极化稳定性。

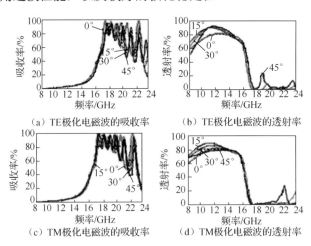

（a）TE极化电磁波的吸收率 （b）TE极化电磁波的透射率

（c）TM极化电磁波的吸收率 （d）TM极化电磁波的透射率

图 5.33　入射角度为 $0°\sim45°$ 的电磁波的吸收率和透射率仿真计算结果

5.3.3 人工超材料天线罩样件测试

采用印制板工艺加工八层铜箔 FR-4 介质薄膜结构，利用 FR-4 半固化片将多层印制板进行对准和黏合，得到人工超材料天线罩试验样件，如图 5.34 所示。人工超材料天线罩四周加工的孔用于实现人工超材料与波阻抗匹配层的固定装配。

在暗室环境中对人工超材料天线罩试验样件进行传输特性测试，人工超材料天线罩试验样件测试系统如图 5.35 所示。它主要包括矢量网络分析仪、发射喇叭和接收喇叭等。人工超材料天线罩放置在吸波墙预留的透波窗

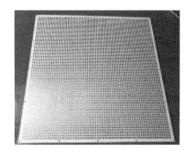

图 5.34　人工超材料天线罩试验样件

口处，且位于喇叭天线的远场范围。为准确获得人工超材料的反射率和透射率，试验采用对比法进行测试。首先，测试喇叭发出的信号对空气的透射能量，测试系统为加载人工超材料天线罩的吸波墙，如图 5.35（a）所示。然后，测试喇叭发出的信号对金属板的反射能量，测试系统为加载金属功能层的吸波墙，如图 5.35（b）所示。最后，测试喇叭信号通过人工超材料天线罩的透射能量和反射能量。

（a）加载人工超材料天线罩的吸波墙　　　　　（b）加载金属板的吸波墙

图 5.35　人工超材料天线罩样件测试系统

通过比较试验样件和金属功能层的反射能量，得到反射率的测试值；通过比较试验样件和空气的透射能量，得到透射率的测试值。图 5.36 为人工超材料天线罩试验样件的反射和透射的测试结果。

对比样件的测试结果和仿真结果发现，该人工超材料天线罩的反射和透射实测结果与仿真结果能够较好吻合，但样件的测试曲线不够平滑，这是由于测试环境不够理想且存在测试误差。

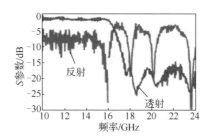

图 5.36   试验样件的反射和透射测试结果

5.3.4   小结

随着隐身技术的发展，机体隐身效果越来越好，机载天线的 RCS 逐渐成为飞机 RCS 的重要来源。由于机载天线同时承担着信息发送和接收的功能，无法直接使用吸波材料技术实现天线隐身。本节根据人工超材料的电磁特性，介绍了一种可以用于机载天线隐身的人工超材料天线罩。这种天线罩可以在天线工作频带内透波，在工作频带外吸波，从而缩减了天线的带外 RCS。

参 考 文 献

[1] 田英. 短距离无线通信技术综述[J]. 城市建筑, 2017, 27(8): 65-67.

[2] 朱忠奎, 罗春荣, 赵晓鹏. 一种新型的树枝状负磁导率材料微带天线[J]. 物理学报, 2009, 58(9): 6152-6157.

[3] 刘晓阳, 焦新光. 一种 K 波段电磁超材料的设计及其在微带天线中的应用[J]. 现代电子技术, 2017, 40(5): 93-96.

[4] 王海侠, 吕英华, 张洪欣, 等. 基于双 Z 形金属条的双入射型左手材料研究[J]. 物理学报, 2011, 60(3): 214-219.

[5] Zhang R, Fang D G, Sun Y X, et al. Computer-aided design of microstrip antenna array[C]// Conference on Environmental Electromagnetics. IEEE, New York: Institute of Electrical and Electronics Engineers, 2000: 170-173.

[6] Landy N I, Sajuyigbe S, Mock J J, et al. Perfect metamaterial absorber[J]. Physical Review Letters, 2008, 100(20): 207402.

[7] Kuznetsov S A, Paulish A G, Gelfand A V, et al. Matrix structure of metamaterial absorbers for multispectral terahertz imaging[J]. Progress in Electro-magnetics Research, 2012, 122(1): 93-103.

[8] Liu X, Starr T, Starr A F, et al. Infrared spatial and frequency selective metamaterial with near-unity absorbance[J]. Physical Review Letters, 2010, 104(20): 207403.

[9] Kuznetsov S A, Paulish A G, Gelfand A V, et al. Bolometric THz-to-IR converter for terahertz imaging[J]. Applied Physics Letters, 2011, 99(2): 023501.

[10] Schurig D, Mock J J, Smith D R. Electric-field-coupled resonators for negative permittivity metamaterials[J]. Applied Physics Letters, 2006, 88(4): 041109.

[11] 马岩冰, 张怀武, 李元勋. 基于科赫分形的新型超材料双频吸收器[J]. 物理学报, 2014, 63(11): 314-320.

[12] Sun L K, Cheng H F, Zhou Y J, et al. Broadband metamaterial absorber based on coupling resistive frequency selective surface[J]. Optics Express, 2012, 20(4): 4675-4680.

[13] Huang L, Chen H T. A brief review on terahertz metamaterial perfect absorbers[J]. Terahertz Science and Technology, 2013(6): 26-39.

[14] 刘亚红, 方石磊, 顾帅, 等. 多频与宽频超材料吸收器[J]. 物理学报, 2013, 62(13): 134102.

[15] Chao G U, Shaobo Q U, Pei Z B, et al. A wide-band metamaterial absorber based on loaded magnetic resonators[J]. Acta Physica Sinica, 2011, 28(6): 067808.

[16] He X J, Wang Y, Wang J M, et al. Dual-band terahertz metamaterial absorber with polarization insensitivity and wide incident angle[J]. Progress in Electromagnetics Research, 2011, 115(8): 231-239.

[17] Zhu B, Wang Z, Huang C, et al. Polarization insensitive metamaterial absorber with wide incident angle[J]. Progress in Electromagnetics Research, 2010, 115(8): 231-239.

[18] 马岩冰, 郑文泉, 张宇环, 等. 基于阿基米德螺旋结构的三频超材料吸收器[J]. 无线电工程, 2017, 47(2): 61-64.

[19] Chen H T. Interference theory of metamaterial perfect absorbers[J]. Optics Express, 2011, 20(7): 7165-7172.

[20] Martino G D, Sonnefraud Y, Tame M S, et al. Observation of quantum interference in the plasmonic Hong-Ou-Mandel effect[J]. Physical Review Applied, 2014, 1(3): 034004.

[21] Juan M L, Righini M, Quidant R. Plasmon nano-optical tweezers[J]. Nature Photonics, 2011, 5(6): 349-356.

[22] Hao E. Electromagnetic fields around silver nanoparticles and dimers[J]. Journal of Chemical Physics, 2004, 120(1): 357-366.

[23] Cheng Q, Jiang W X, Cui T J. Spatial power combination for omnidirectional radiation via anisotropic metamaterials[J]. Physical Review Letters, 2012, 108(21): 213903.

[24] Shen N H, Zhang P, Koschny T, et al. Exploration of metamaterial-based lossy anisotropic epsilon-near-zero medium for energy collimation[J]. Physical Review B, 2016, 93: 245118.

[25] Wang C, Gu J, Han J, et al. Role of mode coupling on transmission properties of subwavelength composite hole-patch structures[J]. Applied Physics Letters, 2010, 96(25): 251102.

[26] Zhang B, Zhao Y, Hao Q, et al. Polarization-independent dual-band infrared perfect absorber based on a metal-dielectric-metal elliptical nanodisk array[J]. Optics Express, 2011, 19(16): 15221.

[27] Kang L, Lan S, Cui Y, et al. An active metamaterial platform for chiral responsive optoelectronics[J]. Advanced Materials, 2015, 27(29): 4377-4383.

[28] Hao Q, Zeng Y, Wang X, et al. Characterization of complementary patterned metallic membranes produced simultaneously by a dual fabrication process[J]. Applied Physics Letters, 2010, 97(19): 193101.

[29] Berini P. Plasmon polariton modes guided by a metal film of finite width[J]. Optics Letters, 1999, 24(15): 1011-1013.

[30] Hu C, Li X, Feng Q, et al. Investigation on the role of the dielectric loss in metamaterial absorber[J]. Optics Express, 2010, 18(7): 6598-6603.

[31] Mattiucci N, D'Aguanno G, Alù A, et al. Taming the thermal emissivity of metals: a metamaterial approach[J]. Applied Physics Letters, 2012, 100(20): 201109.

[32] 桑建华. 飞行器隐身技术[M]. 北京: 航空工业出版社, 2013.

[33] 阮颖铮. 雷达截面与隐身技术[M]. 北京: 国防工业出版社, 1998.

[34] 刑丽英. 隐身材料[M]. 北京: 化学工业出版社, 2004.

[35] Wahid M, Morris S B. Band pass radomes for reduced RCS[J]. IEE Colloquium on Antenna Radar Cross-Section, 1991, 4: 1-9.

[36] Smith D R, Pendry J B, Wiltshire M C. Metamaterials and negative refractive index[J]. Science, 2004, 305(5685): 788-792.

[37] 贾丹, 何应然, 韩国栋. 一种宽带吸波的隐身天线罩设计[J]. 现代雷达, 2017, 39(3): 62-65.

6 人工超材料研究进展与发展趋势

根据目前对人工超材料的认识，只要实验制备技术允许，可以实现任意波段人工超材料，以提高频谱资源的利用率。为此，研究人员不断努力让人工超材料能够满足各个频谱的需要。随着人工超材料技术的飞速发展，人工超材料的研究已经从微波波段发展到可见光波段，甚至是紫外光波段。在提高各频谱资源利用率中，人工超材料的多频宽带特性、动态可调特性和微型化等特性必不可少，这些特性使人工超材料能够得到更广泛的应用。

6.1 宽带人工超材料

6.1.1 宽带人工超材料研究进展

宽带人工超材料的一个典型的应用就是吸波材料。2008 年，Landy 等[1]首次通过实验构造了微波波段的人工超材料窄带吸波结构，如图 6.1（a）所示；Landy 等构造的微波波段人工超材料在 11.65 GHz 附近吸收率几乎达到 100%（完美吸收），如图 6.1（b）所示；实验结果同时验证在频率 11.5 GHz 处吸收率达到 88%，如图 6.1（c）所示。Landy 等将其结果发表在物理顶级刊物 *Physical Review Letters* 上。

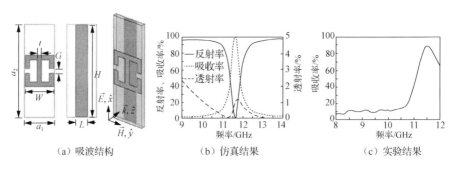

（a）吸波结构　　　　（b）仿真结果　　　　（c）实验结果

图 6.1　Landy 等构造的微波波段人工超材料

Landy 等设计的吸波结构是由表层金属开口谐振环、中间的介质层及底部的金属线组成，经理论分析，造成仿真和实验吸收损耗主要来自欧姆损耗和介电损耗，在 Landy 等设计的吸波结构中金属开口谐振环之间的欧姆损耗远小于介电损耗，因此认为影响吸波结构吸收性能的主要因素是介电损耗。但该结构吸收存在的两大问题：一是单频且带宽较窄，只能吸收 TE 或 TM 一种极化电磁波，并不能满足实际应用；二是其吸波性能对入射电磁波的极化方向与入射角都比较敏感。但是随后 Landy 等就利用矩形开口谐振环和十字形谐振单元组合结构实现了对入射电磁波的极化不敏感吸收[2]。几乎同时，对入射角度不敏感的人工超材料吸波结构也随之出现，2012 年，Tao 等[3]采用矩形开口谐振环设计的人工超材料吸波结构实现了对入射角的不敏感。2011 年，Yang 等[4]构造了微波波段的人工超材料吸波结构，在入射角度增大的情况下该人工超材料仍能保持较高的吸收率。虽然上述吸波结构解决了极化和入射角度敏感的问题，但这些结构不能解决全方位宽频带吸收问题。针对方位角问题，Cheng 等[5]采用 60 层同心电谐振结构首次通过实验实现了微波波段的全方位吸收。

人工超材料吸波结构的吸波机理是电磁谐振，使得吸波结构一般呈现比较窄的吸收频带，而在探测技术中往往要求吸波结构具有宽频吸收特性，因此宽频吸波结构的研究具有更深远的应用价值。因此在单频吸波人工超材料研究基础上，多频、宽频吸收的相关研究也陆续开展起来。2009 年，Wen 等[6]提出了双频吸波结构，其谐振结构如图 6.2（a）所示，该谐振器包含两个开口谐振环，能够产生两个不同的谐振响应。仿真结果在频率 0.5 THz 和 0.94 THz 附近吸收率都高达 99%以上，如图 6.2（b）所示。除了双频吸波结构，2013 年，Ni 等[7]通过在一个单元内放置不同的谐振单元，组合成一个多频吸波结构，如图 6.3（a）所示。吸波结构的仿真结果，如图 6.3（b）所示，在 9 GHz、12.5 GHz、18 GHz 和 23 GHz 的吸收率分别高达 96%、99%、99%和 98%的近完美吸收。

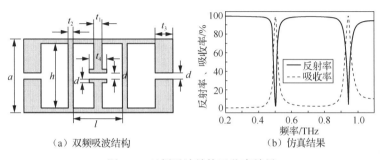

（a）双频吸波结构　　　　（b）仿真结果

图 6.2　双频吸波结构及仿真结果

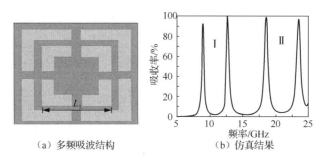

（a）多频吸波结构　　　　　　　（b）仿真结果

图 6.3　多频吸波结构及仿真结果

对于双频、多频吸波结构究其物理机制，都是基于不同尺寸的谐振单元在对应频点产生谐振，并将这些尺寸略有差异的谐振单元结构进行合理的组合。2012 年，Bouchon 等[8]把四个不同尺寸的正方形谐振单元嵌入一个周期内，Bouchon 吸波结构如图 6.4 所示，不同尺寸的正方形谐振单元，可以激发不同频点的谐振，因而实现了多频带吸波，但是该吸波结构在一些频点吸收率仍然较低，并不能很好地满足实际需要。

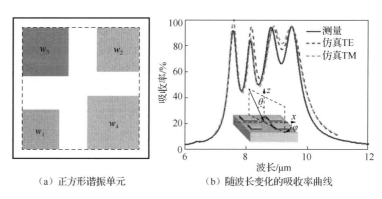

（a）正方形谐振单元　　　　　（b）随波长变化的吸收率曲线

图 6.4　Bouchon 吸波结构

目前人工超材料吸波结构的吸波带宽比较窄，不能满足对目标隐身的需求，因此宽频带人工超材料吸波结构的研究成为许多研究者关注的重点。2013 年，Shrekenhamer 等[9]设计了太赫兹波段吸波人工超材料，其吸波结构如图 6.5（a）所示，该结构在 2.625 THz 处吸收率能达到 81%，仿真结果如图 6.5（b）所示。2014 年，Tuong 等[10]通过改变谐振单元的对称性，实现了宽频带吸波人工超材料，吸波结构如图 6.6（a）所示，通过仿真得到吸波结构在 14～18 GHz 的吸收率达到 90%以上，仿真结果如图 6.6（b）所示。2015 年，Yoo 等[11]提出了将直径和高度不同的水珠代替金属谐振单元的水球状人工超材料，实现了微波波段的宽频带吸波，吸波结构如图 6.7（a）所示，该吸波结构在 8～18 GHz 的吸收率达到 90%以上，仿真结果如图 6.7（b）所示。通过实验测得当雷达发射出的探测电磁波入射到一般基底目标表面时，雷达能够清晰探测到目标，如图 6.7（c）所示，当雷达发射出探测电磁波入射到有水基底同时存在的目标表面时，雷达同样能够清晰地探测到目标；当雷达发射出的探测电磁波入射到由水珠基底组成的人工超材料吸波结构时，吸波材料能够完美地将入射电磁波吸收，达到很好的隐身效果，有力地证明了人工超材料吸波材料在隐身方面的应用价值。

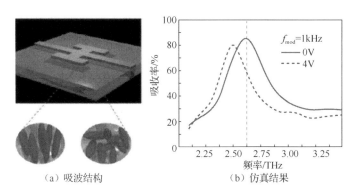

（a）吸波结构　　　　（b）仿真结果

图 6.5　太赫兹波段人工超材料

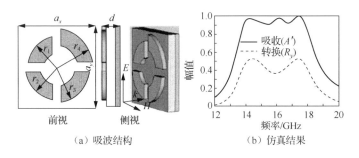

（a）吸波结构　　　　（b）仿真结果

图 6.6　宽频带吸波人工超材料

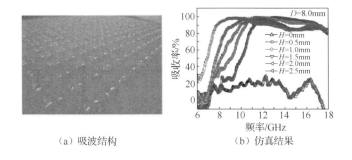

（a）吸波结构　　　　（b）仿真结果

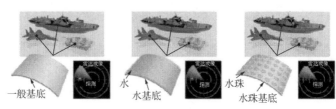

一般基底　　　　　　水　　　　　　水珠
　　　　　　　　　　水基底　　　　　水珠基底

（c）雷达实验结果

图 6.7　水珠状人工超材料

6.1.2　超宽带人工超材料研究实例

研究人员不断努力,在拓展带宽方面取得了许多成果,这里主要列举了郭文良[12]提出的新型五边形超表面结构,通过嵌入多个谐振单元和垂直叠加谐振单元两种结构优化方法对入射电磁波形成了超宽带吸收。

1. 建模与仿真

郭文良[12]提出的新型五边形超表面结构,如图 6.8 所示。将已经通过仿真软件优化得到的四个五边形贴片分别置于对应四分之一周期的中央,其中单元的周期为 $P×P = 6.76\ \mu m$,金属为电导率为 $4.56×10^7$ S/m 的金,其厚度为 0.1 μm,介质是折射率为 2.2 的 ZnS,其厚度 $t = 0.69\ \mu m$。为了解释超表面吸波结构吸波的物理机制,首先研究了单个五边形贴片的吸波性能,单个谐振单元示意图如图 6.8（a）所示,结构参数为 $w_1 = 1.91\ \mu m$、$w_2 = 2.25\ \mu m$、$w_3 = 2.52\ \mu m$ 和 $w_4 = 2.76\ \mu m$,对应的切角长度为 $L_1 = 0.83\ \mu m$、$L_2 = 0.88\ \mu m$、$L_3 = 1.23\ \mu m$ 和 $L_4 = 1.24\ \mu m$。这里 w_i（$i = 1$、2、3、4）是任意选取的,但 L_i（$i =1$、2、3、4）是为了尽可能地扩展吸波带宽的优化值。仿真软件是基于时域有限差分法的 CST Microwave Studio,x 和 y 方向上采用元胞边界条件,z 方向上采用开放边界条件。对于每一个独立的谐振单元,谐振波长随着谐振单元的边长 w 的变化而变化,而吸收频带会随切角长度 L 增大而降低,通过定性的分析我们得到 w_i 决定了吸波结构的谐振点,L_i 使吸波结构的吸收频带变得平滑,单个谐振单元吸收结果如图 6.8（b）所示。但如果将四个任意尺寸的谐振单元嵌入一个周期中并不能得到频带宽、吸收率高的吸波结构,经合理排布优化后的单层超表面吸波结构如图 6.9（a）所示,具体优化参数,即 $w_1 = 1.91\ \mu m$、$L_1 = 0.8\ \mu m$,$w_2 = 1.94\ \mu m$、$L_2 = 0.85\ \mu m$,$w_3 = 2.3\ \mu m$、$L_3 = 1.2\ \mu m$,$w_4 = 2.76\ \mu m$、$L_4 = 1.21\ \mu m$。仿真得到超表面吸波结构对 TE 和 TM 极化波在 8~12 μm 的吸收率都达到 90%以上,如图 6.9（b）所示,半波带宽为 50%。其结果明显比 Bouchon 等[8]提出的人工超材料吸波结构在吸收率和吸收频带方面都更优越，虽然与 Feng 等[13]提出的吸波结构的吸波性能一样，但 Bouchon 等提出的结构厚度更薄。

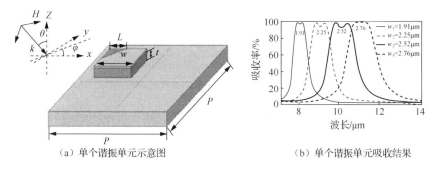

（a）单个谐振单元示意图　　　　　　（b）单个谐振单元吸收结果

图 6.8　新型五边形超表面结构

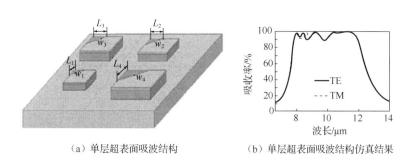

（a）单层超表面吸波结构　　　　　　（b）单层超表面吸波结构仿真结果

图 6.9　单层超表面吸波结构及仿真结果

2.　分析与讨论

　　为了理解单层超表面吸波结构产生宽频带吸波的物理机理，图 6.10 给出了单层超表面吸波结构在不同谐振点的电流分布，谐振单元 w_1 的谐振点 $\lambda_1= 8~\mu m$，如图 6.10（a）所示；谐振单元 w_2 的谐振点 $\lambda_2= 8.62~\mu m$，如图 6.10（b）所示；谐振单元 w_3 的谐振点 $\lambda_3= 10.27~\mu m$，如图 6.10（c）所示；谐振单元 w_4 的谐振点 $\lambda_4=11.19~\mu m$，如图 6.10（d）所示，可以得到谐振单元的尺寸跟谐振波长满足一定的正比关系。图中箭头的方向表示电流的方向，颜色的深浅表示电流的强度，由于五边形金属贴片的谐振电流方向和底层金属功能层的谐振电流方向相反，导致了谐振单元形成很强的电谐振，相邻金属贴片之间的耦合形成很强的磁谐振，电谐振和磁谐振的同时出现实现了单层超表面吸波结构对电磁波的完美吸收。为了更深刻地理解该结构的宽带吸收原理，这里同时还给出单层超表面吸波结构在不同谐振点的电磁场分布图（图 6.11），以便于我们分析不同位置及尺寸的五边形在谐振过程中所起的作用。

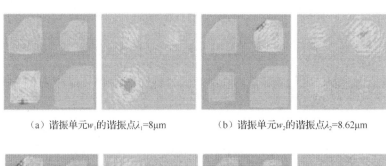

（a）谐振单元w_1的谐振点λ_1=8μm　　　　（b）谐振单元w_2的谐振点λ_2=8.62μm

（c）谐振单元w_3的谐振点λ_3=10.27μm　　　　（d）谐振单元w_4的谐振点λ_4=11.19μm

图 6.10　单层超表面吸波结构在不同谐振点的电流分布

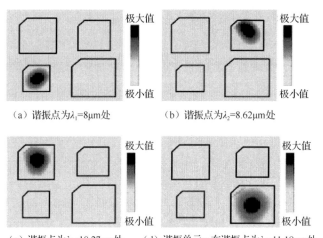

（a）谐振点为λ_1=8μm处　　　　（b）谐振点为λ_2=8.62μm处

（c）谐振点为λ_3=10.27μm处　　　　（d）谐振单元w_3在谐振点为λ_4=11.19μm处

图 6.11　单层超表面吸波结构在不同谐振点的磁场分布

　　由上面的分析得到，谐振单元尺寸的大小决定了吸波结构的谐振频点，接下来讨论切角长度 L 对吸波结构吸收率的影响。谐振单元尺寸与吸波结构谐振频点关系如图 6.12 所示。由图 6.12 中超表面吸波结构对 TE 极化波和 TM 极化波吸收率随切角长度 L 变化的曲线，可以看出当切角 L 增大时，单层超表面吸波结构的吸收频带都会变宽，但吸收率都会下降；当切角 L 变小时，吸收频带会减小，同时吸收率会减小。因此要使结构的吸收率尽可能高，吸波频带尽可能宽，对切角

L 和介质厚度的优化是重点。因此，在优化的切角长度 L 下超表面吸波结构对 8～12 μm 波长范围内的 TE 极化波和 TM 极化波吸收率都达到 90%以上。

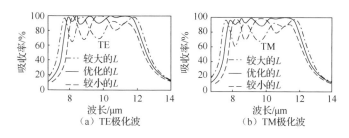

图 6.12　谐振单元尺寸与吸波结构谐振频点关系

　　以上所有的研究都是电磁波在垂直入射情况下讨论的，但实际应用中，单层超表面吸波结构的吸收率会随入射角的变化而变化，同时该结构对入射角的敏感程度也是评价其吸波性能优劣的重要方面。入射角在 0°～50°时，单层超表面吸波结构在不同入射角下的吸收率如图 6.13（a）所示。吸波结构在入射角为 0°～20°时吸收率仍然保持在 90%以上，当入射角继续增大时，吸收率在一些频点开始下降，这是因为波矢量不再垂直于吸波结构而导致了高阶模式的产生，使得结构不能产生较强的磁谐振。同时也研究了入射角分别为 5°、10°、15°时对超表面吸波结构吸收率的影响，如图 6.13（b）所示 TE 和 TM 偏振光在不同入射角下的吸收率。可以看出单层超表面吸波结构对入射角比较敏感，当 TE 和 TM 两种极化波，在入射角为 15°时，该结构的吸收率有明显的下降，这主要是由结构的不对称性导致的。单层超表面吸波结构的吸收率随着入射角增大有所下降，但其半波带宽并没有发生很大的变化，仍然保持在 75%以上。

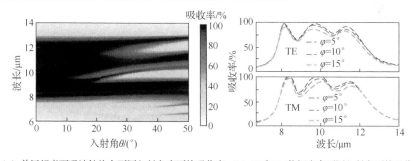

（a）单层超表面吸波结构在不同入射角度下的吸收率　（b）TE和TM偏振光在不同入射角下的吸收率

图 6.13　单层超表面吸波结构的吸收率随波长的变化

　　在二维平面内嵌入多个谐振单元和垂直叠加谐振单元这两种办法在一定程度上能够拓宽吸波结构的吸收频带，前面已经通过嵌入多个谐振单元达到了拓宽吸波频带的目的，下面在单层超表面吸波结构的基础上垂直叠加一层谐振单元形成双层超表面吸波结构，其结构如图 6.14（a）所示，它是由四对八个谐振单元同时嵌入周期 $P = 9.2\ \mu m$ 的单元结构组成，上下介质层分别为 Al_2O_3 和 ZnS，其中 Al_2O_3 的介电常数和损耗正切值分别为 2.28 和 0.04，ZnS 仍然采用单层超表面吸波结构的电磁参数。双层超表面吸波结构上层和下层的谐振单元有相同的边长 w_i 但有不同的切角长度 L_i，通过优化得到了双层超表面吸波结构的参数，其中 Al_2O_3 和 ZnS 介质的厚度分别为 $t_1 = 0.67\ \mu m$ 和 $t_2 = 0.59\ \mu m$，谐振单元的边长分别为 $w_1 = 1.76\ \mu m$、$w_2 = 2.21\ \mu m$、$w_3 = 2.68\ \mu m$ 和 $w_4 = 3.12\ \mu m$，底层的切角长度分别为 $L_{11} = 0.82\ \mu m$、$L_{21} = 0.87\ \mu m$、$L_{31} = 1.16\ \mu m$ 和 $L_{41} = 1.22\ \mu m$，顶层的切角长度为 $L_{12} = 0.60\ \mu m$、$L_{22} = 1.02\ \mu m$、$L_{32} = 1.47\ \mu m$、$L_{42} = 1.30\ \mu m$，以及吸波结构的总厚度为 $h = 1.56\ \mu m$。在入射角为 0° 时，双层超表面吸波结构在波长 5.17～13.73 μm 对 TE 和 TM 极化波的吸收率都达到 80%以上，TE 和 TM 极化波在不同入射角下的吸收率如图 6.14（b）所示，且 TE 和 TM 极化波的半波带宽分别达到了 92.5% 和 94.8%。与 Feng 等[13]提出的双层结构相比，双层超表面吸波结构的吸波带宽是其两倍。

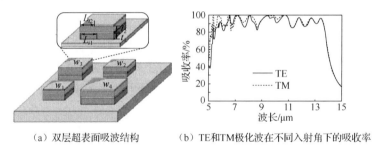

（a）双层超表面吸波结构　　　（b）TE和TM极化波在不同入射角下的吸收率

图 6.14　双层超表面吸波结构及 TE 和 TM 极化波在不同入射角下的吸波率变化

6.1.3　小结

本节主要介绍了超宽频带人工超材料的研究进展，并列举了一个超宽频带吸收结构的实例。嵌入排列和垂直叠加作为两种拓宽频带的方法，其原理是将多个谐振频率接近的谐振单元组合到一个人工超材料单元内实现超带宽，是较常用的拓宽频带的方法。

6.2　可调人工超材料

可调人工超材料可以通过施加外部信号（电场、磁场、激光辐射等）改变其电磁学性质。一方面，可以改变和扩展人工超材料的工作频段，另一方面，可以为调制器等各种主动光子器件的开发提供可能，因此可调人工超材料的发展对于人工超材料的应用有着重要的意义。

6.2.1　可调人工超材料的发展趋势与应用前景

1.　可调太赫兹与光学人工超材料发展趋势

尽管可调太赫兹与光学人工超材料研究取得了很多成果，但其在光学性能和调制性能的诸多方面仍然有待进一步的提高，如调制幅度和调制速率、调制的可重复性、调制所需的功率消耗、人工超材料结构的稳定性和持久性等。人们一方面将对现有结构设计和工艺进行进一步的改进和优化，另一方面将继续探索实现可调人工超材料的新机理、新方法和新材料等。

首先，在未来的发展中人工超材料的调制自由度和灵活性将得到进一步的提高。例如，在雷达和通信技术中，相控阵天线是一种极为重要的器件。如果能够像相控阵天线一样，对人工超材料的单个单元进行控制，无疑会使人工超材料器件的功能得到很大的提高。在微波波段和太赫兹波段，具有单元独立调控能力的可编程人工超材料研究取得了一些进展[14-16]。目前的可调光学人工超材料，基本上都是对整个单元结构阵列一起进行调制，因此研制出具有单元调控能力的可编程光学人工超材料将是一个颇具挑战性的目标，而类似的太赫兹和光学器件在光束控制、波前调控等领域具有广阔的应用前景[17,18]。

其次，可调人工超材料的研究将从原理验证进一步走向功能器件开发和应用。从应用的角度来说，二维结构人工超材料比三维结构人工超材料更易于加工、传输损耗相对较小且易于集成，在对光波的振幅、偏振及相位控制方面具有一定的优势，因而基于二维结构的可调光学人工超材料依然是研究的重点，特别是超表面的研究已经引起了研究人员的关注[19]，并且已经发展出了一些基于超表面的功能器件，如无像差平面透镜[20,21]、表面波与自由空间波耦合器[22-24]、偏振转换器[25]等，因此可调光学超表面将是一个非常有意义的研究方向。混合结构可调光学人工超材料在可调人工超材料中同样具有重要地位，而活性媒质的选择对其发展起关键作用。理想的活性媒质不但应该具有良好的可调光学特性和稳定性，还应该适用于较大规模的生产和加工，如半导体材料、液晶及硫系玻璃等在工业和生活中已经得到了广泛运用，基于这些活性媒质的可调光学人工超材料将会逐步走向实际应用。

最后，对新现象、新机理的探索以及新材料的应用依然是可调人工超材料研究中的重要课题。以光机械人工超材料为例，这种新型可调光学人工超材料在物理现象、机理和应用研究方面都有很多值得探索的问题。新的活性材料，特别是以石墨烯、拓扑绝缘体为代表的新材料，在可调太赫兹与光学人工超材料中的应用是非常有趣的研究课题。其中石墨烯是目前物理学和材料学研究的热点，具有很多独特的光学和光电子学特性[26-30]。基于石墨烯表面等离激元及其光电可调特性的可调太赫兹与光学人工超材料已经被证实。同时，以石墨烯为活性媒质的石墨烯/金属人工超材料（或者石墨烯/金属超平面）混合结构也将在可调太赫兹与光学人工超材料研究中占有重要地位。

2. 可调太赫兹与光学人工超材料的应用前景

太赫兹波段曾经被称为"太赫兹空白"，虽然近年来太赫兹波段研究取得了长足的进展，但高性能的太赫兹光学元件还是十分匮乏[31,32]。作为高频段人工超材料，可调太赫兹与光学人工超材料研究具有很强的应用前景。从最早的主动太赫兹调制器到最新的可调太赫兹完美吸收器和兆赫兹带宽近红外光光电调制器，可调人工超材料在光电调制器、可调滤波器、多色谱红外光焦平面探测器、可调平面透镜及非线性和自适应光学元件等光电功能器件的开发方面展现出很大的潜力[33-35]。

基于可调光学人工超材料的新型二维光学元件，不仅可以实现一些传统光学元件难以实现的功能，而且具有超薄、质量轻、体积小的优点，有利于实现光电功能器件的小型化和集成化。目前限制光学人工超材料应用的两个主要因素是加工和损耗。在中远红外波段和太赫兹波段，金属材料的损耗相对较小，还可以使用半导体材料或者石墨烯等取代金属材料，而且中远红外波段和太赫兹波段的人工超材料可以使用成熟的光刻技术进行加工，这为人工超材料器件的应用提供了可能。基于可调光学人工超材料的中远红外和太赫兹波器件在通信、医疗检测、国防、国土安全、航空航天等领域有可能发挥重要作用。当然，随着人工超材料研究的深入和微纳加工工艺的提高，基于可调光学人工超材料的近红外和可见光光学元件等很可能在不久的将来走入我们的生活，如可调的平面光学透镜等。

6.2.2　可调人工超材料的研究进展

在可调人工超材料的类型方面，人们设计了基于二极管可调人工超材料[36,37]、机械可重构人工超材料[38-42]和基于活性媒质的混合结构人工超材料[43-46]等。从调制方式来说，有热调制、电调制、磁场调制和光调制等。从被调制的电磁波特性来说，有振幅调制、共振频率调制、相位调制等。可调人工超材料在各个波段都有重要的研究价值。

1. 基于二极管可调人工超材料

尽管包括陶瓷[47,48]、高折射率半导体[49,50]在内的介质材料等都可以被用于制作人工超材料，但大多数人工超材料的单元结构都是由金、银等贵金属构成的。为了实现特定的电磁学性能，人们提出了多种人工超材料单元结构的设计方案，如金属开口谐振环[51]、不对称开口谐振环[52]、渔网结构[53]，以及它们的互补结构等。人工超材料谐振单元的电磁特性可以用多种模型来描述，其中 LC 等效电路模型可以较好地描述人工超材料的谐振特性，尤其是微波波段金属开口谐振环结构[54,55]。在该模型中，每个人工超材料单元结构都有一个分布电感 L 和一个分布电容 C，人工超材料单元结构的谐振频率 $f \propto (LC)^{-1/2}$。因此，如果能够通过一个外部信号改变人工超材料单元结构的电容或者电感，就可以改变其谐振特性[56,57]。一种典型的可调微波波段人工超材料设计方法是在每个构成人工超材料单元结构的开口谐振环上加一个具有可变电容的二极管，基于可变电容的微波段可调人工超材料如图 6.15 所示[37,58]。改变二极管的电容、单元结构和人工超材料的谐振频率也会随之改变，这种类型的可调人工超材料主要适用于微波波段。

（a）可变电容的二极管　　　　　（b）可调超材料

图 6.15　基于可变电容的微波波段可调人工超材料

2. 机械可重构人工超材料

通过改变人工超材料的几何结构，即构成人工超材料的谐振单元的形状、大小等或者改变单元结构之间的空间相对位置，同样可以对人工超材料的性质进行调控。改变谐振单元的形状和大小主要使得每个单元结构的谐振频率发生改变，改变单元结构之间的空间相对位置则改变了单元结构之间的近场相互作用。可重构人工超材料如图 6.16 所示，当不同层的单元结构位置发生水平方向相对运动时，人工超材料的谐振频率会发生改变[59]，基于这种原理的可调人工超材料称为可重构人工超材料。

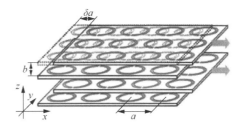

图 6.16　可重构人工超材料

　　而机械可重构人工超材料需要将可形变或者可重构的机械结构与人工超材料融合起来。Tao 等[60]利用表面微机械工艺设计制作了一种温控的可重构太赫兹波段人工超材料。如图 6.17（a）所示，它由自由悬空的平面开口谐振环共振器阵列构成，这些开口谐振环的支撑基底与由两种不同材料构成的悬梁臂相连接。由于两种材料具有不同的热膨胀系数，通过施加一个热信号（升温或者制冷），可以使得开口谐振环阵列随同悬梁臂一起朝平面外弯曲，从而改变人工超材料的电磁场谐振特性，实现对人工超材料的调控。但温度控制的动态响应速度比较慢，工作环境也受到很大限制（易受外界温度影响），因而人们开始转向对机械可重构人工超材料的研究。

　　MEMS 技术为机械可重构人工超材料提供了一个理想的平台。MEMS 技术在制作和驱动微机械系统方面已经成为一门非常成熟的技术。Fu 等[61]制作的基于 MEMS 技术的可重构太赫兹波段人工超材料如图 6.17（b）所示。可重构太赫兹波段人工超材料通过微机电驱动装置连续控制人工超材料单元结构中两个非对称开口谐振环之间的距离，实现了谐振频率高达 31%的连续调制。基于 MEMS 技术的机械可调太赫兹波段人工超材料具有良好的工作性能。然而，在红外光和可见光波段实现更高速度的调制则需要对传统的 MEMS 技术进行改进。为此，Ou 等[39]提出了一种基于纳米机电系统（nano-electromechanical system，NEMS）技术的可重构光子人工超材料，如图 6.17（c）所示，这种人工超材料是在厚度只有几十纳米的悬空氮化硅薄膜窗口上制作完成的。人工超材料的金属谐振单元由悬空的氮化硅悬梁臂支撑，每两个相邻悬梁臂之间是电绝缘的。当相邻悬梁臂上被施加不同电压之后，相互之间就会产生静电力，悬梁臂连同上面的金属纳米结构在静电力和机械弹性恢复力的相互作用下运动。通过控制电压大小，可以对相邻悬梁臂的间距进行控制，从而改变悬梁臂上金属结构之间的近场耦合及人工超材料的光学性质。实验表明，这种结构可以实现兆赫兹以上的调制带宽。理论分析表明，减小单元的尺寸或者使用更加坚固的材料能够进一步提高调制频率。目前，这种类型的人工超材料的动态调制信号对比度及结构的稳定性还有待进一步提高。

　　基于可伸展柔性基底的可重构人工超材料与以上基于 MEMS 可重构人工超材料相比则提供了一种十分简单有效的调制手段[62]。图 6.17（d）为基于可伸展柔性基底的可重构人工超材料[63]。当基底被拉伸或者收缩时，依附在基底上面的人工超材料谐振单元也一同被拉伸或者收缩。此时，单元结构内部结构以及单元结构之间的间隙会发生变化，由此引发近场耦合特性的变化及其光学性质的改变。利用聚二甲基硅氧烷（polydimethylsiloxane，PDMS）等柔性聚合物薄膜作为基底，人们设计制作了具有较好调制特性的太赫兹波段及光波波段可重构人工超材料[64-66]。这种人工超材料的一个不足之处是多次调制之后柔性基底容易疲劳和老化，使得弹性恢复性能变差。

（a）温控可重构太赫兹人工超材料

（b）基于MEMS技术的可重构太
赫兹人工超材料

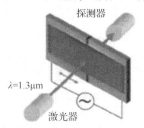

（c）基于NEMS技术的可重构光子
人工超材料

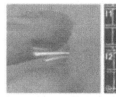

（d）可伸展柔性基底的可重构人工超材料

图6.17 机械可重构太赫兹与光学人工超材料

3. 基于光电媒质的混合结构可调人工超材料

电信号是实现对光动态调制的一项重要途径，同时具有重要的应用价值。在光学领域，将光电媒质与人工超材料结合，为电可调人工超材料的实现提供了一个很好的途径，使其得到了广泛的应用。在实现电可调人工超材料的研究中，半导体材料是最早使用的活性媒质。通过控制半导体的载流子浓度可以控制半导体的电子学性能，同样的方式也可以用来改变其电磁波和光学特性。

2006 年，Padilla 等[67]在本征砷化镓（GaAs）基底上制作平面开口谐振环阵列，通过实验首次证明利用砷化镓基底中的光激发自由载流子，可以在太赫兹波段实现对平面人工超材料光学特性的动态调制。随后，Chen 等[43]以掺杂的砷化镓为基底，在金属平面人工超材料与基底之间形成了一个有效的肖特基二极管，通过控制栅压来控制金属开口谐振环谐振单元底部载流子的注入与耗尽，首次实现了对太赫兹平面人工超材料透射率的实时动态电调制，电可调人工超材料如图6.18（a）所示，图中 n 表示 n 型掺杂半导体，指掺杂五价杂质元素。该器件在室温下栅压为 16 V 时，在 0.72 THz 透射率的相对强度改变达到50%，最大调制频率约为几千赫兹，其带宽主要受到器件较大寄生电容的限制。通过适当的人工超材料结构设计，类似的器件还可以实现对人工超材料谐振频率以及透射相位的动态调控[68,69]。

基于半导体材料的电可调人工超材料也可以用于红外光波段，最近 Jun 等[70]证明可以利用电调控的方法在中红外波段实现对平面人工超材料谐振与半导体纳米层的介电常数接近零模式之间耦合的动态调制，光学人工超材料/半导体混合结构如图 6.18（b）所示。这种新型的主动可调混合人工超材料器件很可能在新物理现象的探索和中红外光学器件开发方面有很好的研究意义。

　　另外一种常见的光电媒质是液晶，液晶人工超材料在太赫兹波段和光波波段有着更为重要的应用价值。液晶的光学性质与其分子排列方式有关。通过外部电压、磁场或者温度控制可以改变液晶分子的取向，使其特定方向的折射率发生超过 10% 的显著变化。液晶适应的电磁波频谱范围极广，几乎可以用于从微波、太赫兹到红外光和可见光的所有波段，因此液晶是实现光电可调人工超材料的一种非常理想的材料。Zhao 等[46]设计了一种工作在微波波段的可调人工超材料，是最早实现的液晶人工超材料之一。实验证明通过施加直流电场可以使这种人工超材料在 11 GHz 附近的谐振频率发生约 210 MHz 的移动。类似的，利用磁场也可以实现对微波波段液晶人工超材料的调控[71]。最近，人们利用液晶材料设计和制作了太赫兹波段强度与相位可调人工超材料[72]、基于液晶混合结构的太赫兹波段可调人工超材料完美吸收器如图 6.18（c）[73]，以及近红外波段可调人工超材料[74]等可调人工超材料。值得一提的是除了液晶的光电调制特性外，其液晶巨大的非线性光学响应最近也被用于非线性光学人工超材料的设计中[75]。

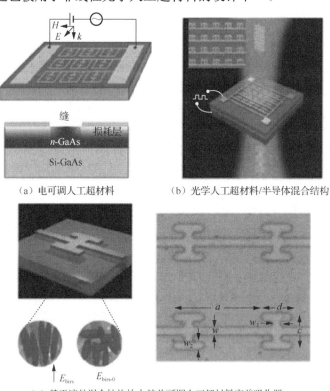

（a）电可调人工超材料　　　　　　（b）光学人工超材料/半导体混合结构

（c）基于液晶混合结构的太赫兹可调人工超材料完美吸收器

图 6.18　电可调人工超材料

当然，液晶材料自身也存在一些缺点和不足，如对温度较为敏感等，因此工作环境受到一定限制。同时液晶调制器的光电响应时间通常只有毫秒量级，相比于半导体材料而言要慢得多。这些特点限制基于液晶的可调人工超材料必须应用在工作环境不是特别苛刻和调制速率要求不高的场合。

4. 相变人工超材料

可调人工超材料分为可恢复调节人工超材料和非易失性可调人工超材料两种。其中用半导体和液晶作为活性媒质实现的可调人工超材料，只有当外加调制信号存在时人工超材料的光学特性才会发生改变，一旦调制信号消除，人工超材料就会恢复到原来的状态，即可恢复调节人工超材料。但是在很多应用场合，人们希望人工超材料能够在外在信号解除之后，依然能够将其激发的改变保留下来，这就需要一种具有记忆功能的活性材料，即非易失性可调人工超材料。

相变材料正好能够满足这一要求。相变材料通常具有两种或者多种稳定存在的状态或者亚稳态，并且可以在一定条件下在不同状态间转化。这几种状态的化学组成相同，但其原子或者分子排列却不一样，因而其物理性质会有很大的不同，如光学特性等。在光学人工超材料中，常用的相变材料有金属镓（Gallium）、二氧化钒（VO_2）、硫系玻璃（Chalco-genide glass）等。图 6.19（a）是以 VO_2 为基底的一种太赫兹相变人工超材料[76]。VO_2 加热时可以发生绝缘体-金属相变，其相变过程存在滞后现象和记忆效果，也就是说从绝缘体到金属的相变所需要的温度和从金属到绝缘体的相变温度是不一样的。在适当的温度，电流脉冲产生的热效应使 VO_2 基底发生相变致使人工超材料的谐振频率发生改变，最高可达 20%以上。

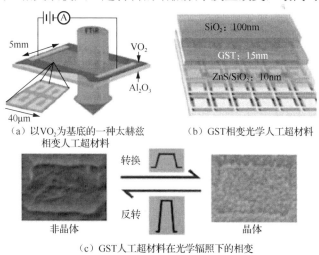

（a）以 VO_2 为基底的一种太赫兹　　　（b）GST 相变光学人工超材料
相变人工超材料

（c）GST 人工超材料在光学辐照下的相变

图 6.19　相变人工超材料

即便脉冲消失，这种改变也会继续维持，除非对温度进行复位操作。以 VO_2 作为活性媒质的相变人工超材料也可以工作在红外光波段[77,78]。然而，VO_2 在光波波段的吸收损耗较大，以 VO_2 作为活性媒质的光学人工超材料透射率较低。另外，VO_2 的相变温度不够高，需要对周围环境进行温度控制，且两个相变点的温度差别很小。从应用的角度来说，需要寻找一种易于生产和加工，且具有良好的稳定性和优越性的可调光学性质的相变材料。

2010 年，Sámson 等[79]将一层无定形态的镓-镧-硫玻璃溅射到平面人工超材料上，通过电流脉冲使镓-镧-硫从无定形态相变到结晶态，使人工超材料的谐振波长在近红外波段实现了 150 nm 的移动。整个结构厚度只有 370 nm，而透射率的最大调制对比度可以达到 4∶1。

2013 年，Gholipour 等[80]以另一种代表性的硫系玻璃 $Ge_2Sb_2Te_5$（简称 GST）为活性材料，成功在通信波长和中红外波段证明了一种可实现全光、双向、非易失性调制的相变光学人工超材料。这种人工超材料的结构如图 6.18（b）所示，其中 GST 为相变层，ZnS/SiO_2 和 SiO_2 分别作为缓冲层和覆盖层对结构进行保护并使其能够更好地在光照下发生相变。如图 6.18（c）所示，当一个峰值功率较低的宽光脉冲照射在 GST 人工超材料上时，可以使 GST 从低折射率的非晶体变化到高折射率的晶体，人工超材料的光谱也随之发生红移。而一个峰值功率高的窄脉冲则可以使其从晶体变化到非晶体。硫系玻璃的物理特性可以通过控制组成元素的相对成分及制作工艺进行设计，稳定性极好，且具有优越的电子学和光学特性，无论在信息存储还是光子学领域都具有很大的应用潜力[81]。基于硫系玻璃的相变光学人工超材料的研究对于人工超材料从实验室走向应用具有重要的意义。然而，由于硫系玻璃的相变温度较高，局部温度甚至可能超过金的熔点，使得相变过程中人工超材料结构容易被破坏。目前基于 GST 等硫系玻璃的相变光学人工超材料可承受的相变次数还难以达到实用的要求。要在保持其信号对比度的情况下提高其稳定性和耐高温性，需要进一步优化人工超材料结构，设计并根据需要选择合适的相变材料及相变温度。同时，在中远红外波段，可以探索用钼、钛等耐高温的金属材料来替代金、银等贵金属，用于制作人工超材料。

5. 非线性及超快全光可调光学人工超材料

在光学通信和全光信号处理中，超快全光调制具有重要的地位。超快全光调制通常利用的是材料的光学非线性。然而，传统光学材料的非线性效应往往较低，因此要求的泵浦光强度很高，并且需要较厚的非线性材料来增强作用距离。光学人工超材料可以有效地增强光与物质的相互作用，实现在较低光学强度下的非线性光学调制[82-84]。非线性光学人工超材料主要分为以下两种类型。

第一种是利用金、银、铝等金属本身的光学非线性。这些金属材料可以支持表面等离激元,被加工成纳米结构光学人工超材料后,在外在光场作用下,会激发表面等离激元,使得局部光场强度得到大幅增强[85],由此可以在相对较弱的光强下产生显著的非线性效应。图 6.20(a)是利用金纳米柱形成的非线性光学人工超材料[82],这种亚波长厚度的人工超材料在 10 GW/cm² 的泵浦光强下,透射率可以达到 80%。图 6.20(b)则是在一个纳米厚度金膜上加工非对称开口谐振环结构形成的一种平面光学人工超材料[85]。这种结构可以支持 Fano 谐振,将光场能量局域在纳米尺寸的范围内,有效地增强光学非线性[86]。实验研究表明,在约 890 nm 谐振波长附近,与没有做纳米结构的金相比,这种光学人工超材料的非线性被增强了约 300 倍。由于金属材料具有很快的非线性响应,利用金属本身非线性的可调光学人工超材料可以实现太赫兹波段的开关功能。

第二种是混合结构全光可调光学人工超材料。如果将具有超快光学可调特性的材料与光学人工超材料相结合,形成的混合结构则可以实现更强的超快光学反应。2009 年,Dani[87]报道了一种具有亚皮秒光学调制速度的渔网结构光学人工超材料。该人工超材料在两层金属中间有一层纳米厚度的非定形硅,利用硅的光激发载流子效应,可以改变硅的光学折射率。这里,光学人工超材料一方面可以提高硅对于泵浦光的吸收,使光生载流子效应增强,另一方面将硅折射率的变化转变成人工超材料谐振光谱的变化,使谐振波长附近透射率发生显著变化。类似的,如图 6.20(c)所示超快全光可调人工超材料则是将 ITO 与能够支持表面等离激元诱导透明的光学人工超材料相结合。Zhu 等[84]的实验表明,这种非线性混合结构人工超材料的阈值泵浦强度仅为 0.1 MW/cm²,反应时间为 51 ps。在泵浦光作用下,在通信波长附近,透明窗口的中心波长平移达到 86 nm。通过混合结构的方法,碳纳米管及石墨烯等材料也都可以被用于超快全光可调光学人工超材料。

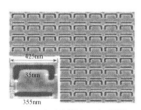
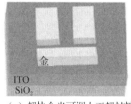

(a)非线性光学人工超材料　　　(b)平面光学人工超材料　　　(c)超快全光可调人工超材料

图 6.20 非线性及超快全光可调光学人工超材料

6. 光机械可调人工超材料

基于光机械诱导的非线性现象与传统非线性光学现象所依赖的材料不同,光机械诱导的非线性现象不仅不需要依靠材料的非线性，而且为弱光非线性现象的实现提供了一条途径。光机械诱导的非线性现象是利用光学力诱导光机械系统发生几何形变，包括光学梯度力和散射光学力，从而实现光学性质可调。在微纳光机械系统中，通过光学微腔、谐振子、亚波长波导等可以有效地增强光学力，产生光机械诱导非线性现象[88-90]。光学人工超材料为光机械学的研究提供了一个新的舞台。研究表明，光学人工超材料可以有效增强近场光学力[91-93]。如果能够将光学人工超材料与弹性材料或者可形变的机械结构结合在一起，就有可能利用光学力作为驱动力，实现人工超材料中的光机械诱导非线性现象[94]。

2012 年，Lapine 等[95,96]通过将磁性人工超材料与弹性材料结合，设计了一种可形变的微波波段人工超材料，即磁弹性人工超材料如图 6.21（a）所示。这种人工超材料在外部电磁波作用下，会激励磁谐振模式，同时在两层平行开口谐振环之间产生近场谐振电磁力，使其相互吸引或者排斥，进而使弹性材料被压缩或者拉伸。由于电磁力诱导的弹性-电磁相互作用可以引发显著的非线性效应并产生电磁双稳态等非线性现象。这种人工超材料被称为磁弹性人工超材料。

在光波波段，人工超材料的结构尺寸要比微波波段小得多，谐振单元间的光学力通常只有纳牛量级，甚至是皮牛量级。为了将这种近场光学力有效地转化为人工超材料重构的驱动力，需要将微纳机械结构与光学人工超材料有机融合在一起。机械可重构光学人工超材料的发展为这种融合提供了可能。Zhang 等[97]提出了光机械人工超材料的概念，如图 6.21（b）所示。这种人工超材料采用非对称的高折射率介质纳米粒子对作为谐振单元。光学谐振结构与可形变的纳米氮化硅悬梁臂结合在一起。在入射光场作用下，人工超材料可以激发高 Q 值（Q 值代表损耗与输入功率的比值，Q 值越高，说明损耗越大。）的 Fano 谐振，产生较强的近场谐振光学力并使纳米机械臂发生形变，进而引起光学性质的改变。数值计算表明，这种人工超材料在小于 0.2 mW/μm² 的光强下，就可以产生光学双稳态现象。不仅如此，由于这种人工超材料在垂直其平面的方向具有非对称性，因而对于沿前向和后向入射的光，其透射消光比可以达到 30 dB 以上。这种巨大的非线性非对称传输现象有可能为光隔离器的设计提供一种新的方案。当然，相比于非线性材料，光机械诱导非线性的响应速度要慢一些。提高材料的劲度可以使工作频率有所提高，但这却会使非线性系数降低。光机械诱导非线性在全光逻辑器件等高速应用的方面没有优势。但是其高的非线性系数以及可以使用不具有非线性的光学材料，使得其在自适应光学元件等新型光学功能器件的开发方面具有一定的潜力。

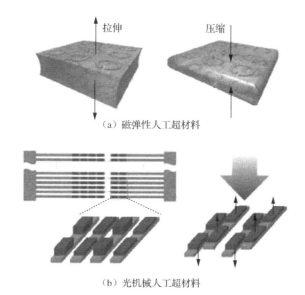

（a）磁弹性人工超材料

（b）光机械人工超材料

图 6.21　磁弹性人工超材料和光机械人工超材料

7. 石墨烯可调人工超材料

石墨烯是一种神奇的材料，一经出现就引起了物理、化学、材料等众多领域学者的研究兴趣。石墨烯最重要的性质之一就是具有可调的电子学和光学性质。石墨烯可以被视为一种无禁带半导体，通过化学或者静电掺杂等方式，可以有效地改变石墨烯的载流子浓度和费米能级[98]。近年来，人们意识到石墨烯的光电可调光学特性可以被用于高速可调光学器件，石墨烯在可调太赫兹与光学人工超材料研究中同样有重要应用[99]。

图 6.22（a）是 Papasimakis 等[100]研究的单层石墨烯铺在一个金属平面人工超材料上的扫描电子显微镜图。研究表明，尽管石墨烯厚度不到 1 nm，但却可以使人工超材料光学性质发生明显的变化。其中在谐振波长附近，有石墨烯和没有石墨烯时透射率的相对改变超过 250%。如果能够通过静电掺杂控制石墨烯的费米能级，就可以实现对人工超材料光学特性的光电调制，图 6.22（b）是一个集成在印刷电路板上的栅压控制的太赫兹石墨烯人工超材料[101]。在这一混合结构中，通过栅压可以控制与人工超材料相邻的石墨烯的费米能级。尽管单层石墨烯的厚度不到波长的百万分之一，通过与人工超材料结合，实验得到的透射振幅调制却可以达到 47%，而相位的最大调制可以达到 32.2°。基于同样的原理，石墨烯混合结构可调光学人工超材料也可以被用于红外光波段乃至可见光波段。图 6.22（c）是一个加载有一层石墨烯的可调表面等离激元天线阵列[102]，通过栅压控制石墨烯的费米能级，可以调控整个结构的光学损耗和谐振特性。Yao 等[103]利用类似的

结构，通过施加电压在中红外波段实现了对等离激元天线阵列谐振波长和振幅的调制，其中谐振波长的调制幅度达到 650 nm，约为 10%。石墨烯另外一个引人注目的光学特性就是可以支持中远红外光波段和太赫兹波段的表面等离激元，石墨烯表面等离激元可以极大地增强光与石墨烯之间的相互作用，并且其波长远远小于相同频率电磁波在自由空间的波长[104,105]。因此，与金和银等金属一样，通过制作一些亚波长结构，石墨烯本身便可以被加工成红外光波段和太赫兹波段人工超材料[106,107]。通过静电掺杂等方式，可以控制石墨烯表面等离激元特性。基于石墨烯表面等离激元的可调太赫兹波段人工超材料如图 6.22（d）所示，图中 D 表示接地端，S 表示输入端。Ju 等[108]将石墨烯加工成光栅形结构之后，证明其在室温下可以产生太赫兹等离激元谐振。改变微条带的宽度或者利用静电掺杂都可以在很宽的太赫兹频率范围内改变谐振峰的位置。石墨烯人工超材料可以用于实现中红外到太赫兹频率范围内的可调完美吸收器、偏振器、滤波器等光学元器件[109,110]。

（a）单层石墨烯铺在一个金属平面人工超材料上的扫描电子显微镜图

（b）栅压控制的太赫兹石墨烯人工超材料

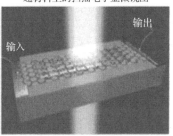

（c）加载有一层石墨烯的可调表面等激元天线阵列

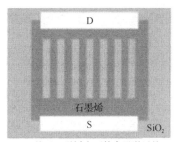

（d）基于石墨烯表面等离子激元的可调太赫兹人工超材料

图 6.22 基于石墨烯的可调太赫兹及光学人工超材料

6.2.3 小结

人工超材料的研究是过去十多年来物理学研究领域较活跃的课题之一。人工超材料的一系列物理概念和新颖现象极大地拓展了人们的思维并增进了人们对于电磁学的认识。随着研究的深入，人工超材料也逐渐从理论走向应用。可调太赫兹和光学人工超材料可以有效地拓展和增强光与物质的相互作用，在新型光学功能器件开发中具有重要价值。虽然本节中已经介绍了多种可调人工超材料，但是可调人工超材料仍将会是人工超材料研究中的热点课题，并将引起越来越多的关注。

6.3　微型化人工超材料

目前的人工超材料研究和发展面临着诸多困难，其中最突出的困难就是如何实现人工超材料的微型化、集成化。参照人工超材料研究的相关文献很少有关于人工超材料微型化方面的设计研究，即便存在也主要集中在双负人工超材料的设计方面。在关于单负人工超材料（等效介电常数为负或等效磁导率为负）的现有文献中，只有较少的文献涉及磁谐振人工超材料的微型化研究[111,112]，而涉及电谐振人工超材料微型化研究较多。本节中，将分别列举微型化电谐振人工超材料和微型化磁谐振人工超材料研究的实例供大家参考。

6.3.1　微型化电谐振人工超材料的研究进展

电谐振人工超材料由于在工作频率范围内具有较小的损耗，相对于磁谐振人工超材料具有较宽的工作频带特性，使其在工程应用中具有独特优势。

文献[113]提出了一种工字形结构如图 6.23（a）所示，唐明春等[114]以该结构为基础，分析其工作原理，进一步依据等效电路模型和电谐振人工超材料设计原理[115]，通过加载等效电感、等效电容和接地等有效手段降低其电谐振频率、实现其微型化设计，同时也为设计特定频率、特定性能人工超材料提供了明确、简捷的方法与途径。

微型化电谐振人工超材料的设计是将工字形结构置于矩形波导仿真器里面，并利用波导仿真原理设计出相应的波导环境。具体的尺寸为 $x \times y \times z = 4.064$ mm × 3.81 mm × 5.331 mm；边界条件的设置为：垂直于电场的边界（上下边界）为理想电边界，垂直于磁场的边界（左右边界）为理想磁边界，前后边界为开放边界。波导空间的其余部分全部由介质 Rogers /duroid 5880 填充，其相对介电常数为 2.2。对于有限长的工字形结构置于电磁场中，等效电路模型如图 6.23（b）所示，平行于电场 E 极化方向的杆中间部分具有等效电感 L，两臂之间均具有相等的等效电容 C。很显然，其等效电路模型满足镜像对称双回路电谐振器设计原理。

为了在相同尺寸下降低工作频率 ω，应降低相应的电谐振频率 ω_0，分别在两臂端加载平行于电场方向上的电感臂，图 6.24 为加载电感臂的电谐振结构及等效电路模型。其等效电路模型仍然满足镜像对称双回路电谐振器设计原理[115]。并且，对其中任一回路而言，均加载了相等的串联分布参数的电感 $2L'$，由 $\omega_0=(LC)^{-1/2}$ 可知其电谐振频率降低，相应的工作频率也随之降低。由 HFSS 仿真结果（图 6.25），可知其工作频率从 12.21 GHz 降到了 8.37 GHz 附近。进一步改变电感臂的长度来调谐工作频率可使工作频率在 8.37～12.21 GHz 随着电感臂长度的改变而线性连续变化，如图 6.26 所示中心工作频率随电感臂尺寸的变化，所以可以通过调节电感臂的尺寸设计该频率范围内任意工作频点的电谐振结构。

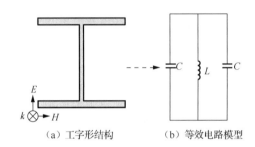

（a）工字形结构　　　　　　（b）等效电路模型

图 6.23　置于波导中的工字形结构以及等效电路模型

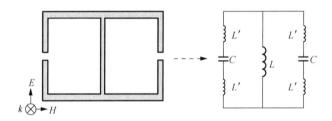

图 6.24　加载电感臂的电谐振结构及等效电路模型

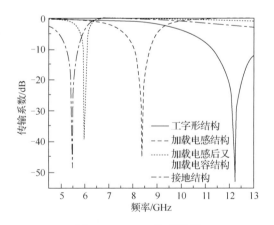

图 6.25　HFSS 仿真结果

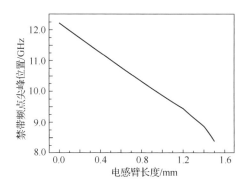

图 6.26 中心工作频率随电感臂尺寸的变化

电感臂的尺寸为 0.254 mm × 1.5 mm 时，为了进一步降低工作频率 ω，分别在已加载的电感臂端加载垂直于电场方向上的电容臂，图 6.27 为加载电容臂的电谐振结构及等效电路模型。其等效电路模型仍然满足镜像对称双回路电谐振器设计原理[115]。并且，对其中任一回路而言，均加载了相等的并联分布参数的电容 C'，同时由于上下两电容臂之间缝隙狭长，可获得较大电容值 C'[116]。由 $f \propto (LC)^{-1/2}$ 可知其电谐振频率降低，相应的工作频率进一步降低。为了便于比较，HFSS 仿真结果（图 6.25）可知其工作频率从 8.37 GHz 降到了 5.99 GHz 附近。进一步改变电容臂的长度来调谐工作频率，通过改变电容臂的长度，可使工作频率在 5.99～8.37 GHz 也呈线性变化，且禁带强度变化不大，中心工作频率随电容臂尺寸的变化如图 6.28 所示。可见，也可以通过改变电容臂的方法设计该频率范围内任意工作频点的电谐振结构。

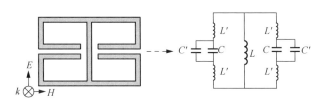

图 6.27 加载电容臂的电谐振结构及等效电路模型

电容臂的尺寸为 0.254 mm×1.25 mm 时，为了进一步降低工作频率，将图 6.27 的结构接地，图 6.29（a）为接地的电谐振结构。其等效电路模型如图 6.29（b）所示，满足镜像对称四回路电谐振器设计原理[114]。当电谐振结构接地时，该结构相对于地面形成了镜像结构，其对应的虚拟电路由虚线所包围的等效电路部分组成。对整个电路而言，中间杆部分的分布电感有较大的增加，相当于原来的两倍，但是也相应地增加了串联电容，使得该结构的总等效电容有一定的减小。综合考虑以上因素，谐振频率发生了一定的降低。为了便于比较，HFSS 仿真结果如图 6.25 所示，可知加载电容结构的工作频率从 5.99 GHz 降到接地结构的 5.46 GHz 附近，并且传输系数为-10 dB 的禁带工作带宽相应增加了 5%。

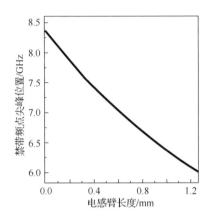

图 6.28　中心工作频率随电容臂尺寸的变化

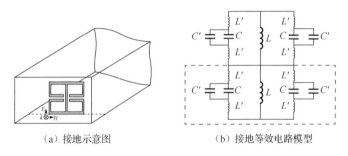

（a）接地示意图　　　　　　（b）接地等效电路模型

图 6.29　接地的电谐振结构

由图 6.25 可见，通过加载分布电感、分布电容和接地等手段，将工字形结构的工作频率 12.21 GHz 降到了 5.46 GHz，微型化效果明显。为了验证该电谐振人工超材料微型化设计思路的正确性，提取图 6.29（b）中相应电磁参数。利用文献[113]的 Nicolson-Ross-Weir 方法进行验证，等效介电常数和等效磁导率结果如图 6.30 所示，可见该结构的电谐振频率在 5.17 GHz，禁带出现在电谐振频率以上区域，即等效介电常数的实部为负。同时由等效介电常数的虚部变化曲线可知，在电谐振频率以上的工作频率范围内介电损耗可以忽略。该结构的等效磁导率曲线较为稳定，并且其中的等效磁导率的虚部曲线反映出其磁损耗也可以忽略。所以，图 6.29 接地的电谐振结构为微型化、低损耗的电谐振人工超材料。

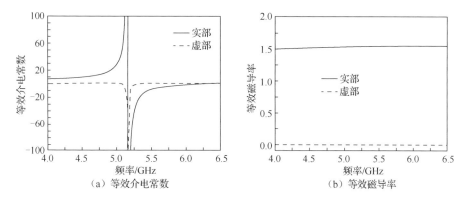

图 6.30 等效介电常数和等效磁导率

6.3.2 微型化磁谐振人工超材料的研究进展

2012 年，刘亚红等[117]提出一种基于金属化过孔的微型化双面环单元结构模型，利用该单元结构模型可以制备各向同性负磁导率材料，具有结构简单、制备方便等特点。通过对结构参数的优化设计，在电磁波平行入射和垂直入射情况下，可在同一频段实现负磁导率，而当电磁波以一定入射角倾斜入射时，磁谐振频率也保持不变。因此，该结构具有各向同性的优点，可以用于制备各向同性负磁导率材料。将该结构与金属线组合，该组合结构的微波传输谱呈现出左手透射峰，在左手透射峰区域折射率为负值。最重要的是，该双面环结构还具有微型化的优点，由于在单元结构中引入了金属化过孔技术，相当于增加了单元结构的电长度，可大幅度降低谐振频率，使其在低频段工作时仍能保持微型化的特点。

1. 样品制备

采用电路板刻蚀技术制备双面环单元结构样品，选用厚度为 1.5 mm 的聚四氟乙烯介质基板（$\varepsilon_r = 2.65$），单元结构的几何尺寸可以用以下参数表示：l 为双面环的边长，w 为线宽，g 为开口间隙，v 为双面环内臂的长度，d 为连接正反两面环的金属化过孔直径，制备得到的双面环结构的样品如图 6.31（a）所示。在双面环的两侧刻蚀金属线，金属线的线宽也为 w，长度为 f，制备得到的双面环与金属线的组合结构的样品如图 6.31（b）所示。

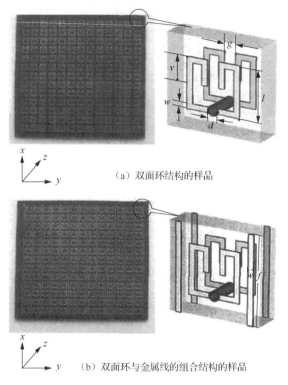

（a）双面环结构的样品

（b）双面环与金属线的组合结构的样品

图 6.31　制备得到的样品

2. 试验

试验采用 AV3618 矢量网络分析仪在微波屏蔽暗箱中测量样品的微波传输行为，试验装置示意图如图 6.32 所示。电磁波平行入射时，波矢 k 沿 y 轴方向（波矢平行于样品），电场 E 沿 x 轴方向，磁场 H 沿 z 轴方向。电磁波垂直入射时，波矢 k 沿 z 轴方向（波矢垂直于样品），磁场 H 沿 y 轴方向，电场 E 沿 x 轴方向。电磁波

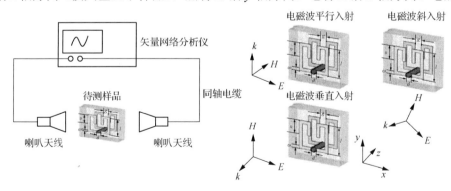

图 6.32　试验装置示意图

斜入射时,波矢方向与样品有一定的夹角,当波矢与双面环结构的环面平行时,定义入射角为 0°（平行入射）,当波矢与双面环结构的环面垂直时,定义入射角为 90°（垂直入射）。

3. 微型化结构单元

基于金属化过孔的双面环结构是一种微型化的磁谐振单元。由于在双面环单元结构中引入了金属化过孔技术,连通了基板两面的谐振环,增加了单元结构的电长度,与没有金属化过孔的单元结构相比,谐振频率大幅度地向低频方向移动,使其在低频工作时仍能保持小体积的优点。仿真和试验分别研究了无金属化过孔双面环和有金属化过孔双面环的微波波段电磁传输行为。图 6.33 为仿真结果,由此可见金属化过孔双面环的中心谐振频率为 10.24 GHz；而无金属化过孔双面环在 21.4 GHz 处发生谐振。如果使无金属化过孔双面环在 10.24 GHz 处发生谐振,则必须增加单元结构的几何尺寸,该实例通过在双面环结构中加入金属化过孔便可在不增加单元结构几何尺寸的条件下使谐振频率大幅度的向低频方向移动。通过双面环结构中引入金属化过孔技术使单元结构的几何尺寸减小了 50%,可用于微波波段紧凑型器件。

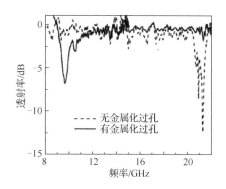

图 6.33　无金属化过孔双面环结构和有金属化过孔双面环结构的微波波段传输图

在滤波器的应用中,传统的多频带滤波器是将几个频带固定的滤波器组合到一起,通过电控开关来选取不同的滤波器[118-120],但是这种滤波器组一般体积较大,不符合当前滤波器中电路微型化、集成化的要求。因此,研究设计微型化的可调滤波器越来越受到关注[121-123]。

6.3.3　小结

目前的人工超材料研究和发展面临着诸多困难,其中最突出的困难就是如何实现人工超材料的微型化、集成化。本节介绍了两个微型化人工超材料实例,分别是微型化电谐振人工超材料和微型化磁谐振人工超材料。人工超材料技术正成为微型化、集成化光子器件的重要技术。

参 考 文 献

[1] Landy N I, Sajuyigbe S, Mock J J, et al. Perfect metamaterial absorber[J]. Physical Review Letters, 2008, 100(20): 207402.

[2] Landy N I, Bingham C M, Tyler T, et al. Design, theory, and measurement of a polarization insensitive absorber for terahertz imaging[J]. Physical Review B: Condensed Matter & Materials Physics, 2009, 79(12): 125104.

[3] Tao H, Bingham C M, Strikwerda A C, et al. Highly flexible wide angle of incidence terahertz metamaterial absorber: design, fabrication, and characterization[J]. Physics, 2012, 78(24): 1879-1882.

[4] Yang Q X, Zhou P H, Zhang H B, et al. A wide-angle planar metamaterial absorber based on split ring resonator coupling[J]. Journal of Applied Physics, 2011, 110(4): 044102.

[5] Cheng Q, Cui T J, Jiang W X, et al. An omnidirectional electromagnetic absorber made of metamaterials[J]. New Journal of Physics, 2010, 12(6): 063006.

[6] Wen Q Y, Zhang H W, Xie Y S, et al. Dual band terahertz metamaterial absorber: design, fabrication, and characterization[J]. Applied Physics Letters, 2009, 95(24): 241111.

[7] Ni B, Chen X S, Huang L J, et al. A dual-band polarization insensitive metamaterial absorber with split ring resonator[J]. Optical & Quantum Electronics, 2013, 45(7): 747-753.

[8] Bouchon P, Koechlin C, Pardo F, et al. Wideband omnidirectional infrared absorber with a patchwork of plasmonic nanoantennas[J]. Optics Letters, 2012, 37(6): 1038-1040.

[9] Shrekenhamer D, Chen W C, Padilla W J. Liquid crystal tunable metamaterial absorber[J]. Physical Review Letters, 2013, 110(17): 177403.

[10] Tuong P V, Park J W, Kim Y J, et al. Broadband reflection of polarization conversion by 90° in metamaterial[J]. Journal of the Korean Physical Society, 2014, 64(8): 1116-1119.

[11] Yoo Y J, Ju S, Sang Y P, et al. Metamaterial absorber for electromagnetic waves in periodic water droplets[J]. Scientific Reports, 2015, 5: 14018.

[12] 郭文良. 基于超材料的超宽带吸波研究[D]. 重庆: 西南大学, 2017: 29-31.

[13] Feng R, Ding W, Liu L, et al. Dual-band infrared perfect absorber based on asymmetric T-shaped plasmonic array[J]. Optics Express, 2014, 22 (Suppl 2): A335.

[14] Chen H T, Zhou J, O'Hara J F, et al. Antireflection coating using metamaterials and identification of its mechanism[J]. Physical Review Letters, 2010, 105(7): 073901.

[15] Hand T H, Cummer S A. Controllable magnetic metamaterial using digitally addressable split-ring resonators[J]. IEEE Antennas & Wireless Propagation Letters, 2009, 8(4): 262-265.

[16] Chan W L, Chen H T, Taylor A J, et al. A spatial light modulator for terahertz beams[J]. Applied Physics Letters, 2009, 94(21): 213511.

[17] Liu X, Starr T, Starr A F, et al. Infrared spatial and frequency selective metamaterial with near-unity absorbance[J]. Physical Review Letters, 2010, 104(20): 207403.

[18] Sun J, Timurdogan E, Yaacobi A, et al. Large-scale nanophotonic phased array[J]. Nature, 2013, 493(7431): 195-199.

[19] Yu N, Gaburro Z. Light propagation with phase discontinuities: generalized laws of reflection and refraction[J]. Science, 2012, 334(6054): 333-337.

[20] Aieta F, Genevet P, Kats M A, et al. Aberration-free ultrathin flat lenses and axicons at telecom wavelengths based on plasmonic metasurfaces[J]. Nano Letters, 2012, 12(9): 4932-4936.

[21] Ni X, Ishii S, Kildishev A V, et al. Ultra-thin, planar, Babinet-inverted plasmonic metalenses[J]. Light Science &

Applications, 2013, 2(4): e72.

[22] Huang L, Chen X, Bai B, et al. Helicity dependent directional surface plasmon polariton excitation using a metasurface with interfacial phase discontinuity[J]. Light Science & Applications, 2013, 2(3): e70.

[23] Lin J, Mueller J P, Wang Q, et al. Polarization-controlled tunable directional coupling of surface plasmon polaritons[J]. Science, 2013, 340(6130): 331-334.

[24] Sun S, He Q, Xiao S, et al. Gradient-index meta-surfaces as a bridge linking propagating waves and surface waves[J]. Nature Materials, 2012, 11(5): 426-431.

[25] Grady N K, Heyes J E, Chowdhury D R, et al. Terahertz metamaterials for linear polarization conversion and anomalous refraction[J]. Science, 2013, 340(6138): 1304-1307.

[26] Minovkoppensich F H L, Chang D E, Thongrattanasiri S, et al. Graphene plasmonics: a platform for strong light-matter interactions[J]. Nano Letters, 2011, 11(8): 3370-3377.

[27] Bonaccorso F, Sun Z, Hasan T, et al. Graphene photonics and optoelectronics[J]. Nature Photonics, 2010, 4(9): 611-622.

[28] Novoselov K S, Fal'Ko V I, Colombo L, et al. A roadmap for graphene[J]. Nature, 2012, 490(7419): 192-200.

[29] Lee S H, Choi J, Kim H D, et al. Ultrafast refractive index control of terahertz graphene metamaterials[J]. Scientific Reports, 2013, 3(7456): 2135.

[30] Bao Q, Loh K P. Graphene photonics, plasmonics, and broadband optoelectronic devices[J]. Acs Nano, 2012, 6(5): 3677-3694.

[31] Siegel P H. Terahertz technology[J]. IEEE Transactions on Microwave Theory and Techniques, 2002, 50(3): 910-928.

[32] Tonouchi M. Cutting-edge terahertz technology[J]. Nature Photonics, 2007, 1(2): 97-105.

[33] Wang L, Ge S, Hu W, et al. Graphene-assisted high-efficiency liquid crystal tunable terahertz metamaterial absorber[J]. Optics Express, 2017, 25(20): 23873-23879.

[34] Ou J Y, Plum E, Zhang J, et al. Erratum: an electromechanically reconfigurable plasmonic metamaterial operating in the near-infrared[J]. Nature Nanotechnology, 2013, 8(4): 252-255.

[35] Peralta X G, Wanke M C, Brener I, et al. Metamaterial based devices for terahertz imaging[C]// Proceedings of SPIE, Optical Interactions with Tissues & Cells XXI, 2010.

[36] Gil I, Bonache J, Garcia G J, et al. Tunable metamaterial transmission lines based on varactor-loaded split-ring resonators[J]. IEEE Transactions on Microwave Theory and Techniques, 2006, 54(6): 2665-2674.

[37] Shadrivov I V, Morrison S K, Kivshar Y S. Tunable split-ring resonators for nonlinear negative-index metamaterials[J]. Optics Express, 2006, 14(20): 9344-9349.

[38] Liu A Q, Zhu W M, Tsai D P, et al. Micromachined tunable metamaterials: a review[J]. Journal of Optics, 2012, 14(11): 114009.

[39] Ou J Y, Plum E, Jiang L, et al. Reconfigurable photonic metamaterials[C]// Lasers and Electro-Optics. IEEE, 2011: 1-2.

[40] Zhu W M, Liu A Q, Zhang X M, et al. Switchable magnetic metamaterials using micromachining processes[J]. Advanced Materials, 2011, 23(15): 1792-1796.

[41] Yamaguchi K, Fujii M. Electrically controlled infrared optical transmission and reflection through metallic grating using NEMS technology[J]. Applied Physics A, 2015, 121(4): 1353-1357.

[42] Gil I, Martin F, Rottenberg X, et al. Tunable stop-band filter at Q-band based on RF-MEMS metamaterials[J]. Electronics Letters, 2007, 43(21): 1153.

[43] Chen H T, Padilla W J, Zide J M O, et al. LETTERS Active terahertz metamaterial devices[J]. Nature, 2006, 444(6): 783-790.

[44] Young R M, El-Hinnawy N, Borodulin P, et al. Thermal analysis of an indirectly heat ulsed non-volatile phase change material microwave switch[J]. Journal of Applied Physics, 2014, 116(5):054504.

[45] Nikolaenko A E, De A F, Boden S A, et al. Carbon nanotubes in a photonic metamaterial[J]. Physical Review Letters, 2010, 104(15): 153902.

[46] Zhao Q, Kang L, Du B, et al. Electrically tunable negative permeability metamaterials based on nematic liquid crystals[J]. Applied Physics Letters, 2007, 90(1): 011112.

[47] Zhao Q, Kang L, Du B, et al. Experimental demonstration of isotropic negative permeability in a three-dimensional dielectric composite[J]. Physical Review Letters, 2008, 101(2): 027402.

[48] Zhao Q, Zhou J, Zhang F, et al. Mie resonance-based dielectric metamaterials[J]. Materials Today, 2009, 12(12): 60-69.

[49] Ginn J C, Brener I, Peters D W, et al. Realizing optical magnetism from dielectric metamaterials[J]. Physical Review Letters, 2012, 108(9): 097402.

[50] Zhang J, Macdonald K F, Zheludev N I. Near-infrared trapped mode magnetic resonance in an all-dielectric metamaterial[J]. Optics Express, 2013, 21(22): 26721-26728.

[51] Kraftmakher G A, Butylkin V S. A composite medium with simultaneously negative permittivity and permeability[J]. Technical Physics Letters, 2003, 29(3): 230-232.

[52] Fedotov V A, Rose M, Prosvirnin S L, et al. Sharp trapped-mode resonances in planar metamaterials with a broken structural symmetry[J]. Physical Review Letters, 2007, 99(14): 147401.

[53] Valentine J, Zhang S, Zentgraf T, et al. Three-dimensional optical metamaterial with a negative refractive index[J]. Nature, 2008, 455(7211): 376-379.

[54] Baena J D, Bonache J, Martin F, et al. Equivalent-circuit models for split-ring resonators and complementary split-ring resonators coupled to planar transmission lines[J]. IEEE Transactions on Microwave Theory and Techniques, 2005, 53(4): 1451-1461.

[55] Zhou J, Koschny T, Kafesaki M, et al. Saturation of the magnetic response of split-ring resonators at optical frequencies[J]. Physical Review Letters, 2005, 95(22): 223902.

[56] Reynet O, Acher O. Voltage controlled metamaterial[J]. Applied Physics Letters, 2004, 84(7): 1198-1200.

[57] Gil I, Garcia G J, Bonache J, et al. Varactor-loaded split ring resonators for tunable notch filters at microwave frequencies[J]. Electronics Letters, 2004, 40(21): 1347-1348.

[58] Shadrivov I V, Kozyrev A B, Van D W, et al. Tunable transmission and harmonic generation in nonlinear metamaterials[J]. Applied Physics Letters, 2008, 93(16): 161903.

[59] Lapine M, Powell D, Gorkunov M, et al. Structural tunability in metamaterials[J]. Applied Physics Letters, 2009, 95(8): 084105.

[60] Tao H, Strikwerda A C, Fan K, et al. Reconfigurable terahertz metamaterials[J]. Physical Review Letters, 2009, 103(14): 147401.

[61] Fu Y H, Liu A Q, Zhu W M, et al. A micromachined reconfigurable metamaterial via reconfiguration of asymmetric split-ring resonators[J]. Advanced Functional Materials, 2011, 21(18): 3589-3594.

[62] Pryce I M, Aydin K, Kelaita Y A, et al. Highly strained compliant optical metamaterials with large frequency tunability[J]. Nano Letters, 2017, 10(10): 4222-4227.

[63] Li J, Shah C M, Withayachumnankul W, et al. Mechanically tunable terahertz metamaterials[J]. Applied Physics Letters, 2013, 102(12): 121101.

[64] Lee S, Kim S, Kim T T, et al. Reversibly stretchable and tunable terahertz metamaterials with wrinkled layouts[J]. Advanced Materials, 2012, 24(26): 3491-3497.

[65] Pryce I M, Aydin K, Kelaita Y A, et al. Characterization of the tunable response of highly strained compliant optical metamaterials[J]. Philosophical Transactions, 2011, 369(1950): 3447-3455.

[66] Aksu S, Huang M, Artar A, et al. Flexible plasmonics on unconventional and nonplanar substrates[J]. Advanced Materials, 2011, 23(38): 4422-4430.

[67] Padilla W J, Taylor A J, Highstrete C, et al. Dynamical electric and magnetic metamaterial response at terahertz frequencies[J]. Physical Review Letters, 2006, 96(10): 107401.

[68] Chen H T, O'Hara J F, Azad A K, et al. Experimental demonstration of frequency-agile terahertz metamaterials[J]. Nature Photonics, 2008, 2(5): 295-298.

[69] Chen H T, Padilla W J, Cich M J, et al. A metamaterial solid-state terahertz phase modulator[J]. Nature Photonics, 2009, 3(3): 148-151.

[70] Jun Y C, Reno J, Ribaudo T, et al. Epsilon-near-zero strong coupling in metamaterial-semiconductor hybrid structures[J]. Nano Letters, 2013, 13(11): 5391-5396.

[71] Zhang F, Zhao Q, Kang L, et al. Magnetic control of negative permeability metamaterials based on liquid crystals[J]. Applied Physics Letters, 2008, 92(19): 193304.

[72] Buchnev O, Wallauer J, Walther M, et al. Controlling intensity and phase of terahertz radiation with an optically thin liquid crystal-loaded metamaterial[J]. Applied Physics Letters, 2013, 103(14): 141904.

[73] Yin Z, Lu Y, Xia T, et al. Electrically tunable terahertz dual-band metamaterial absorber based on a liquid crystal[J]. RSC Advances, 2018, 8(8): 4197-4203.

[74] Buchnev O, Ou J Y, Kaczmarek M, et al. Electro-optical control in a plasmonic metamaterial hybridised with a liquid-crystal cell[J]. Optics Express, 2013, 21(2): 1633-1638.

[75] Minovich A, Farnell J, Neshev D N, et al. Liquid crystal based nonlinear fishnet metamaterials[J]. Applied Physics Letters, 2012, 100(12): 121113.

[76] Driscoll T, Kim H T, Chae B G, et al. Memory metamaterials[J]. Science, 2009, 325(5947): 1518-1521.

[77] Dicken M J, Aydin K, Pryce I M, et al. Frequency tunable near-infrared metamaterials based on VO$_2$ phase transition[J]. Optics Express, 2009, 17(20): 18330-18339.

[78] Driscoll T, Palit S, Qazilbash M M, et al. Dynamic tuning of an infrared hybrid-metamaterial resonance using vanadium dioxide[J]. Applied Physics Letters, 2008, 93(2): 024101.

[79] Sámson Z L, Macdonald K F, Angelis F D, et al. Metamaterial electro-optic switch of nanoscale thickness[J]. Applied Physics Letters, 2010, 96(14): 143105.

[80] Gholipou B, Zhang J, Macdonld K F, et al. An all-optical, non-volatile, bidirectional, phase-change meta switch[J]. Advanced Materials, 2013, 25(22): 3050-3054.

[81] Eggleton B J, Lutherdavies B, Richardson K. Chalcogenide photonics[J]. Nature Photonics, 2011, 5(3): 141-148.

[82] Wurtz G A, Pollard R, Hendren W, et al. Designed ultrafast optical nonlinearity in a plasmonic nanorod metamaterial enhanced by nonlocality[J]. Nature Nanotechnology, 2011, 6(2): 107-111.

[83] Ren M, Plum E, Xu J, et al. Giant nonlinear optical activity in a plasmonic metamaterial[J]. Nature Communications, 2012, 3(3): 833.

[84] Zhu Y, Hu X, Fu Y, et al. Ultralow-power and ultrafast all-optical tunable plasmon-induced transparency in metamaterials at optical communication range[J]. Scientific Reports, 2013, 3: 2338.

[85] Schuller J A, Barnard E S, Cai W, et al. Plasmonics for extreme light concentration and manipulation[J]. Nature Materials, 2010, 9(3): 193-204.

[86] Luk'Yanchuk B, Zheludev N I, Maier S A, et al. The Fano resonance in plasmonic nanostructures and metamaterials[J]. Nature Materials, 2010, 9(9): 707-715.

[87] Dani K M. Subpicosecond optical switching with a negative index metamaterial[J]. Nano Letters, 2009, 9(10): 3565-3569.

[88] Rakich P T, Popović M A, Soljačić M, et al. Trapping, corralling and spectral bonding of optical resonances through optically induced potentials[J]. Nature Photonics, 2007, 1(11): 658-665.

[89] Marquardt F, Girvin S M. Optomechanics[J]. Physics, 2009, 2(40): 153-164.

[90] Butsch A, Kang M S, Euser T G, et al. Optomechanical nonlinearity in dual-nanoweb structure suspended inside capillary fiber[J]. Physical Review Letters, 2012, 109(18): 183904.

[91] Zhang J, Macdonald K F, Zheludev N I. Optical gecko toe: optically controlled attractive near-field forces between plasmonic metamaterials and dielectric or metal surfaces[J]. Physical Review B, 2012, 85(20): 205123.

[92] Zhao R, Tassin P, Koschny T, et al. Optical forces in nanowire pairs and metamaterials[J]. Optics Express, 2010, 18(25): 25665-25676.

[93] Ginis V, Tassin P, Soukoulis C M, et al. Enhancing optical gradient forces with metamaterials[J]. Physical Review Letters, 2013, 110(5): 057401.

[94] Thourhout D V, Roels J. Optomechanical device actuation through the optical gradient force[J]. Nature Photonics, 2010, 4(4): 211-217.

[95] Lapine M, Shadrivov I, Powell D, et al. Magnetoelastic metamaterials[J]. Nature Materials, 2012, 11(1): 30-33.

[96] Lapine M, Shadrivov I, Kivshar Y. Wide-band negative permeability of nonlinear metamaterials[J]. Scientific Reports, 2012, 2(5): 1-4.

[97] Zhang J, Macdonald K F, Zheludev N I. Nonlinear dielectric optomechanical metamaterials[J]. Light Science & Applications, 2013, 2(8): e96.

[98] Novoselov K S, Geim A K, Morozov S V, et al. Two-dimensional gas of massless Dirac fermions in graphene[J]. Nature, 2005, 438(7065): 197-200.

[99] Liu M, Yin X, Ulin-Avila E, et al. A graphene-based broadband optical modulator[J]. Nature, 2011, 474(7349): 64-67.

[100] Papasimakis N, Luo Z, Shen Z X, et al. Graphene in a photonic metamaterial[J]. Optics Express, 2010, 18(8): 8353-8359.

[101] Lee S H, Choi M, Kim T T, et al. Switching terahertz waves with gate-controlled active graphene metamaterials[J]. Nature Materials, 2012, 11(11): 936-941.

[102] Emani N K, Chung T F, Ni X, et al. Electrically tunable damping of plasmonic resonances with graphene[J]. Nano Letters, 2012, 12(10): 5202-5206.

[103] Yao Y, Kats M A, Genevet P, et al. Broad electrical tuning of graphene-loaded optical antennas[C]// Lasers and Electro-Optics, 2014: 1-2.

[104] Fang Z, Wang Y, Liu Z, et al. Plasmon-Induced Doping of Graphene[J]. ACS Nano, 2012, 6(11): 10222-10228.

[105] Grigorenko A N, Polini M, Novoselov K S. Graphene plasmonics[J]. Nature Photonics, 2012, 6(11): 749-758.

[106] Yan H, Li X, Chandra B, et al. Tunable infrared plasmonic devices using graphene/insulator stacks[J]. Nature Nanotechnology, 2012, 7(5): 330-334.

[107] Papasimakis N, Thongrattanasiri S, Zheludev N I, et al. The magnetic response of graphene split-ring metamaterials[J]. Light Science & Applications, 2013, 2(7): e78.

[108] Ju L, Geng B, Horng J, et al. Graphene plasmonics for tunable terahertz metamaterials[J]. Nature Nanotechnology, 2011, 6(10): 630-634.

[109] Thongrattanasiri S, Koppens F H, Gacía de Abajo F J. Complete optical absorption in periodically patterned graphene[J]. Physical Review Letters, 2012, 108(4): 047401.

[110] Fang Z, Thongrattanasiri S, Schlather A, et al. Gated tunability and hybridization of localized plasmons in nanostructured graphene[J]. Acs Nano, 2013, 7(3): 2388-2395.

[111] 陈宪锋, 沈小明, 蒋美萍, 等. 对称单负介质包层平面波导的模式特征[J]. 物理学报, 2008, 57(6): 3578-3582.

[112] 项元江, 文双春, 唐康淞. 含单负介质层受阻全内反射结构的光子隧穿现象研究[J]. 物理学报, 2006, 55(6): 2714-2719.

[113] Ziolkowski R W. Design, fabrication, and testing of double negative metamaterials[J]. IEEE Transactions on Antennas and Propagation, 2003, 51(7): 1516-1529.

[114] 唐明春, 肖绍球, 邓天伟, 等. 小型化电谐振人工特异材料研究[J]. 物理学报, 2010, 59(7): 4715-4719.

[115] 王甲富, 屈绍波, 徐卓, 等. 基于双环开口谐振环对的平面周期结构左手超材料[J]. 物理学报, 2009, 58(5): 3224-3229.

[116] Smith D R, Padilla W J, Vier D C, et al. Composite medium with simultaneously negative permeability and permittivity[J]. Physical Review Letters, 2000, 84(18): 4184-4187.

[117] 刘亚红, 刘辉, 赵晓鹏. 基于小型化结构的各向同性负磁导率材料与左手材料[J]. 物理学报, 2012, 61(8): 161-168.

[118] Pantoli L, Stornelli V, Leuzzi G. Low-noise tunable filter design by means of active components[J]. Electronics Letters, 2015, 52(1): 86-88.

[119] Safari M, Shafai C, Shafai L. X-band tunable frequency selective surface using MEMS capacitive loads[J]. IEEE Transactions on Antennas and Propagation, 2015, 63(3): 1014-1021.

[120] Guo J, Kui W U, Xiao Y C, et al. Study of an ultrawide tunable-range single-passband microwave photonic filter[J]. Journal of Optoelectronics Laser, 2014, 25(7): 1274-1278.

[121] 曹晔, 杨菁芃, 童峥嵘, 等. 基于高双折射光子晶体光纤与光纤环的超宽带可调谐微波光子滤波器[J]. 光子学报, 2016, 45(12): 29-33.

[122] 胡亮, 王志刚, 夏雷, 等. X 波段压控可调带通滤波器[J]. 微波学报, 2014, 11(25): 122-126.

[123] Yuan M H, Di Z. A tunable terahertz bandpass filter with a slit aperture flanked by symmetrically distributed parallel grooves on both sides[J]. Acta Photonica Sinica, 2015, 44(3): 0323003.